“十三五”国家重点图书出版规划项目
世界兽医经典著作译丛

小动物肿瘤基础

Saunders Solutions in Veterinary Practice: Small Animal Oncology

[英] Rob Foale　Jackie Demetriou　编著
董　军　主译
林德贵　审校

中国农业出版社
北　京

ELSEVIER

Elsevier (Singapore) Pte Ltd.

3 Killiney Road

#08-01 Winsland House I

Singapore 239519

Tel: (65) 6349-0200

Fax: (65) 6733-1817

Saunders Solutions in Veterinary Practice: Small Animal Oncology, 1/E

ISBN-13: 978-0-7020-2869-4

This translation of Saunders Solutions in Veterinary Practice: Small Animal Oncology, 1/E by Rob Foale and Jackie Demetriou was undertaken by China Agriculture Press and is published by arrangement with Elsevier (Singapore) Pte Ltd.

Saunders Solutions in Veterinary Practice: Small Animal Oncology, 1/E by Rob Foale and Jackie Demetriou 由中国农业出版社进行翻译，并根据中国农业出版社与爱思唯尔（新加坡）私人有限公司的协议约定出版。

小动物肿瘤基础：第 1 版（董军　主译）

ISBN：978-7-109-20460-7

■ 主　译

董　军

■ 副主译

季玲西　裴世敏　陈艳云

■ 翻译校对人员（排名不分先后）

季玲西　裴世敏　陈艳云　张璐爽　李　彬　姜秋月　马继权　张　迪　金艺鹏

■ 审　校

林德贵

■ 原书作者

Rob Foale

BSc BVetMed DSAM DipECVIM-CA MRCVS

英国萨福克郡迪克怀特转诊中心小动物医学顾问

英国诺丁汉大学兽医学院

小动物医学特聘讲师

Jackie Demetriou

BVetMed CertSAS DipECVS MRCVS

英国剑桥大学女王兽医学校医院

小动物外科讲师

译者的话

近年来，宠物在人们生活中占有非常重要的地位，就像主人的眼睛。一些主人甚至认为与宠物比与人的联系更加重要。宠物的健康已经成为主人关心的重要部分。

随着中国宠物饲养数量的不断增长，宠物老龄化程度越来越严重。肿瘤好发于老龄动物，由于营养水平的提高以及疫苗防控、医学治疗的日益发展，宠物寿命逐渐增加，生存时间越长，患肿瘤的概率就越大。随着患病率的增加，兽医将对癌症采取更多的诊断和管理措施。

癌症是宠物最主要的死亡原因，一个超过2 000例尸体剖检的研究证明了这个结论。研究显示，10岁以上的老龄犬中45%死于癌症，抛开年龄因素，则有23%死于癌症。在美国，每年大约400万只犬和400万只猫发生癌症。在1998年Mark Morris基金动物健康调查中，犬猫癌症是导致其他疾病的主要原因。2005年另外一个调查显示，肿瘤是主人最关心的宠物健康问题（41%），心脏病排第二（7%）。

在国内研究宠物肿瘤的人比较少，面临这样的挑战，临床兽医师开始关注宠物的肿瘤，他们迫切需要更多宠物肿瘤的知识。此外，越来越多的宠物主人想深入了解照顾癌症动物的更多方法。

中文版的出版要感谢中国农业出版社的邱利伟先生，在他的大力支持下才能使此书顺利地引进和出版。感谢中国农业大学动物医院全体职工，尤其是内科夏兆飞，外科潘庆山、薛琴，B超室姜晨，化验室郑兰，影像学谢富强、丛恒飞，病理室屈江燕等的帮助。因为肿瘤学不是一个人的工作，它需要的是一个团队，没有对宠物肿瘤大量病例的积累，也无法使此书顺利地与读者见面。感谢林德贵教授把我领进师门，带我进入小动物肿瘤学这门令我如痴如醉的学科中，还在百忙之中参与本书的审校。最后还要感谢我的夫人张秀环，我的儿子董翼鹏，我在此书中花费的精力，正是他们在背后付出更多的辛苦和努力，给我的大量支持。

董　军

2019年3月1日

于中国农业大学

序

我国现代小动物临床起步于20世纪80年代初期，北京农业大学兽医系（中国农业大学动物医学院的前身）石玉声教授（内科）、郭铁教授（外科手术）、温代如教授（小动物外科）、卢正兴教授（兽医影像学）和范国雄教授（病理学）等老一辈教师给我们讲授了小动物临床医学课程；经过夏咸柱院士（病毒学）和中国农业大学的万宝藩教授（外科）、陆刚教授（中兽医）、高得仪教授（内科）和何静荣教授（针灸）等前辈的实践和努力，进一步推动了中国小动物临床医学的发展，为我们这一代人从事小动物临床工作奠定了基础。

20世纪90年代是中国小动物临床大发展的开始，我们通过自身的勤奋努力，进一步推动了小动物临床诊疗事业在中国的正规化。我们不会忘记来自美国、日本、澳大利亚以及欧洲国家的专家学者给予我们的无私帮助。我们非常欣慰地看到自己的学生们已经成长起来，在分科越来越细的小动物临床诊疗工作中茁壮成长，董军博士在小动物肿瘤领域的进步就是一个很好的例子。

天道酬勤。董军在硕士研究生阶段就选择了小动物肿瘤作为研究方向，起步于病理诊断，并在博士研究生阶段将小动物肿瘤的诊断进一步深入。他勤奋好学，富有探索精神，在小动物肿瘤学中的探索还将一步一个脚印地前进。正是董军博士重建了中国农业大学教学动物医院组织病理学诊断室，帮助了师弟师妹们的研究工作；他在小动物肿瘤病理诊断和肿瘤化疗上的工作受到了国内同行的认同。

作为董军的导师和同事，我为他的工作和成绩感到骄傲。

本书内容先进，是一部学习小动物肿瘤疾病临床诊断、治疗和预防的实用工具书，这样的专业书籍越多越好。

林德贵

中国农业大学动物医学院

前言

本书系桑德斯（Saunders）兽医临床实用手册系列丛书之一，该套丛书拓宽了兽医教材的范围，在未来几年内将会发展成为一个涵盖伴侣动物临床主干学科的小型资料库。

读者需知作者的目的并不是覆盖所有知识点，因为桑德斯兽医临床解决方案系列丛书并不是标准的参考书，而是希望能够以简单易懂的方式对真实病例研究和临床上常见的情况提供有用的信息。本书包括常规病例和转诊病例，将帮助对宠物某些方面感兴趣和准备成为专科医生的临床工作者。病例是以症状而不是潜在病理学分类，因为这是兽医在临床中见到的最直观的情况。

希望本丛书还能够增加兽医学生研习兽医相关课程和参与动物护理的兴趣。

持续性专业训练对于许多兽医来说是必须的，对其他人来说也是值得推荐的做法。而桑德斯兽医临床实用手册系列丛书提供了经济的持续专业训练资源，可以与同事分享并且使用方便。本丛书也为工作繁忙的临床兽医师在面对具有意义和挑战的病例时，提供了快速权威的诊断及治疗方法。

本系列丛书的创作灵感来自Joyce Rodenhuis和Mary Seager，Robert Edwards负责校正。非常感谢丛书编辑和各位作者富有远见的创作想法和一直以来的支持与指导。

随着预防保健的发展，20世纪得以发展的营养学和基本饲养管理方法开始影响着宠物饲养的数量和寿命。肿瘤也不仅限于老年动物，而是随着宠物年龄的增加变得越来越常见。

肿瘤发病率变化的同时，治疗肿瘤的药物、手术技术和放疗设备也在发展。曾经某些一经确诊就要实施安乐死的恶性肿瘤病患，目前已可以通过治疗大大地延长生命，并具有较好的生活质量。

作者和编者希望此书有助于广大兽医明确现有的治疗手段，并激励读者提出新的治疗方法。

Fred Nind

目录

附录

1 怎样获取最佳活组织检查样本

在患瘤动物诊疗过程中，诊断是最重要的一步。大多数病例在手术前最好接受活组织检查，作为术前诊断，帮助临床兽医制订手术方案，为主人提供更精确的预后。获取肿瘤样本的方法有很多种，影响选择的因素如下。

- 肿瘤位置。
- 肿瘤可疑类型。
- 操作的安全性。
- 动物的体况。
- 费用。
- 设备。
- 外科医生的个人偏好。

除细胞学诊断之外，其他关于样本处理和组织学判读的技术见表1.1。

表1.1 活组织检查技术

活组织检查技术	优势	缺点	适应证/举例
细胞学检查	便宜 简单，快捷 所需设备最少 迅速出结果 限制最少	样本可能无诊断价值 不能用于评估组织结构	骨髓 淋巴结 皮肤/皮下肿物 体腔积液 压印涂片
粗针穿刺活检	侵入性较小 快捷 样本保护良好 具有很高的诊断价值 镇静或局麻条件下即可操作 便宜 操作方便	需要进行穿刺活检 比切开活组织检查的样本小	任何外部肿物 超声引导或开放手术过程下适用于任何内部病变（肾脏，肝脏，前列腺）
钻孔活组织检查	组织样本更大 操作简单	样本受限于钻孔的深度 仅用于浅表病变 侵入性操作 往往需要全身麻醉	浅表皮肤病变 手术过程中实质器官（肝脏，脾脏）活组织检查
切开活组织检查	肿物更大 若穿刺活检或钻孔活组织检查取样不能建立诊断时，可采用该方法	侵入性操作 大多需要全身麻醉 更昂贵 活组织检查通路可能会妨碍将来的手术	当其他诊断方法无诊断价值 溃疡和坏死病变（如口腔肿物）
切除活组织检查	既有诊断价值，也有治疗价值 可能物有所值 通常能获得诊断结果 可评估是否完全切除	大多数病例中，切除活组织检查可能会妨碍将来的治疗和预后	“良性”皮肤肿瘤，或不管什么类型都需切除治疗的肿瘤（乳腺肿物，单个脾脏肿物，单个肺脏肿物）

临床病例1.1——细胞学

动物特征

拳师犬，5岁，去势，雄性。

表现

左臀部皮下有一直径约为5cm的肿物。

病史

4个月以前，该犬的左臀部出现一个直径约为2cm的肿物。外科医生切除了肿物，但主人拒绝对肿物进行组织病理学检查，因此未能确诊。随后肿物复发，患犬转诊以进行进一步检查和治疗（图1.1）。

鉴别诊断

- 肥大细胞瘤。
- 软组织肉瘤。
- 皮脂腺瘤。
- 皮肤血管肉瘤。

诊断过程

由于该肿物性质未明，且病变复发，因此进一步治疗必须建立在确诊的基础之上。确诊后若可以进行手术切除，则应计划进行确定性手术。对该病例不建议进行切除活组织检查。可通过细胞学检查、细针抽吸或切开活组织检查做出确诊。由于该肿物位于皮下较深的位置，因此不适合进行钻孔活组织检查。对该病例最后选择了细针抽吸检查，因为该方法的侵入性最小，价格低廉，易于操作，而且能迅速得出诊断结果。

实施细针抽吸检查只需要如下设备：

- 21～23号的针头。
- 3～10mL的注射器。
- 镜检用玻片。
- 细胞学染色。
- 带有油镜的显微镜（图1.2至图1.7）。

诊疗小贴士

牢记：切除肿物后向主人解释治疗方案时，他们可能意识不到最终确诊的重要性。医师应该将组织病理学检查的费用考虑在内，作为“一揽子”外科手术的一部分。

诊疗小贴士

对于血管丰富的肿物或者含有液体腔洞的肿物，毛细管法可以提高诊断准确率，减少出血和积液的污染，同时提高样本的相对细胞数量。同样，注射器方法更适合实质性肿瘤，如软组织肉瘤。

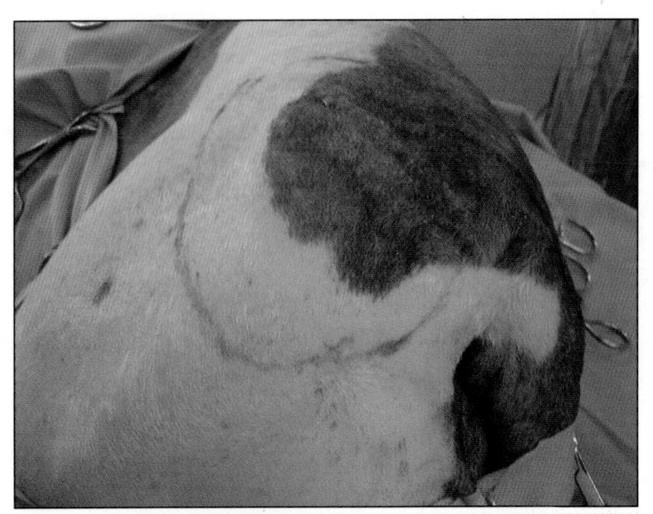

图1.1 病例1.1 治疗前肿物的外观

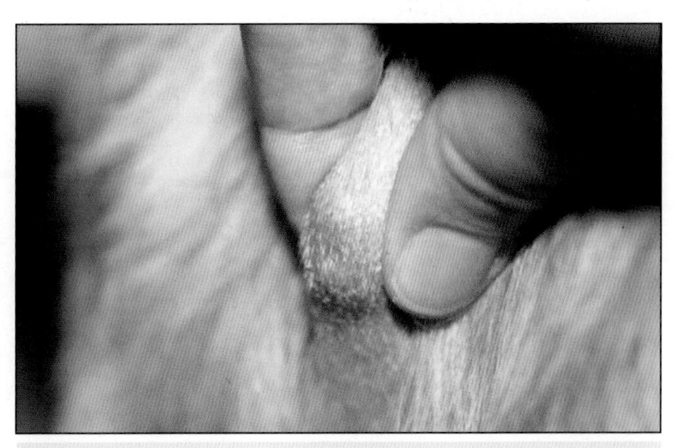

图1.2 病例1.1 第一步，穿刺区剪毛，准备，用一只手固定肿物

图1.2至图1.7 皮肤或皮下肿物的细针抽吸或毛细管抽吸法采样步骤

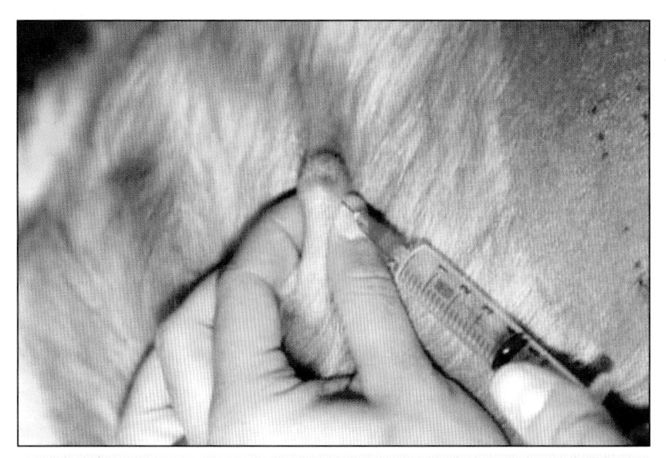

图1.3 病例1.1 第二步，用带有针筒的针头刺入肿物，施以负压。针头可在肿物内转换方向，一旦针头内出现液体，应停止抽吸

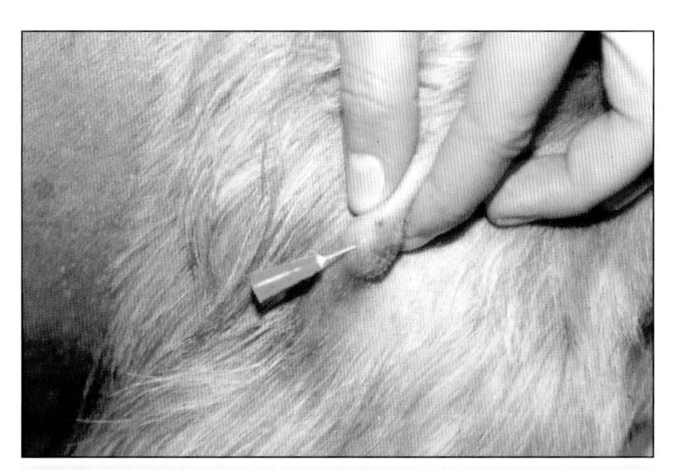

图1.4 病例1.1 第二步，用毛细管采样法代替。可用一不带针筒的针头刺入肿物并在其内前后来回快速移动，这样针芯内即可获取一定的细胞学样本

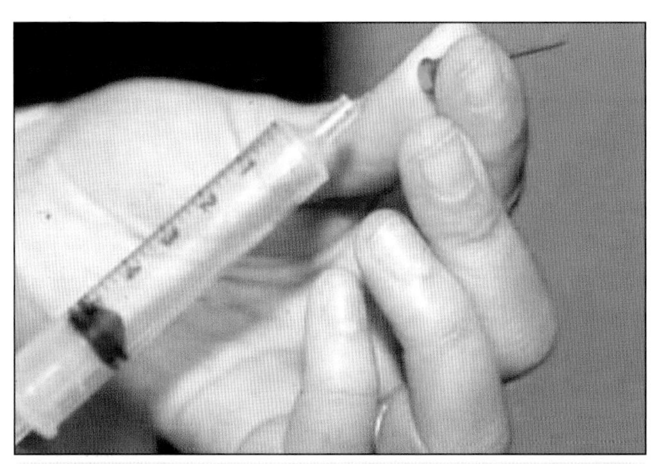

图1.5 病例1.1 第三步，针头在肿物内时释以负压，并移除整个注射器（针头一起移除）。向注射器内吸取一些空气，再次连接上针头（毛细管法采样时需连接一个无菌、充满气体的注射器）

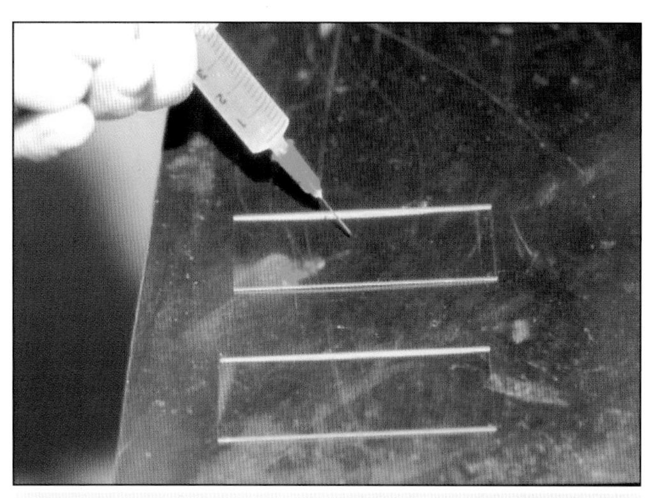

图1.6 病例1.1 第四步，将针头对准一个干净的玻片，利用排出空气的压力排出针头内的样本

图1.7 病例1.1 第五步，用另一个玻片盖在样本表面，轻轻将两个玻片往相反的方向拉过去。等玻片自然风干后染色

涂片需在1min内自然干燥，所以样本要足够薄。临床操作中最佳细胞染色方法为罗曼诺夫斯基染色法（如瑞氏染色、姬姆萨染色和迈-格-姬染色。最后一种是广泛应用于在空气中快速干燥后细胞标本涂片的染色方法——校者注），这些染色方法能显示出细胞质和细胞核结构的细节。这些方法较便捷，且能使细菌着色。“快速染色”法（如Diff-Quik）使用率高，也非常便捷，但这一染色方法有时令肥大细胞的颗粒着色不佳，从而导致潜在的诊断错误。在这种情况下，甲苯胺蓝染色能显示出肥大细胞的颗粒。低分化肥大细胞瘤中的颗粒非常少，若使用甲苯胺蓝染色可能非常有用。

护理小贴士

染液在正常使用时会失效，因此，需要根据厂家的建议及时更换染液。使用陈旧的染液染色会导致你的细胞学判读结果出现偏差，因此，及时更换染液非常重要。

诊断

从该病例采集的样本具有诊断价值，肿瘤被诊断为肥大细胞瘤（图1.8）。

肥大细胞瘤在分类上属于圆形细胞瘤，脱落的细胞离散分布，边界清晰，核呈圆形。其他圆形细胞瘤还包括淋巴瘤、组织细胞瘤、浆细胞瘤和传染性性病肿瘤（英国并无自然感染的病例，但可见于境外引进的犬）。肥大细胞瘤的胞质中含有嗜天青颗粒，罗曼诺夫斯基染色后颗粒呈红紫色，因此，一般情况下相对容易诊断，但肥大细胞瘤的分级不同，胞浆中的颗粒量也不同。对于非常有经验的细胞学家，细胞学样本也有肿瘤分级的指示作用，因为低级肥大细胞瘤分化良好，只有一个细胞核，并且有大量颗粒。分化程度越低，胞质内的颗粒越少，细胞核越明显，细胞的异型性越强，细胞核大小不均一的程度也随之增强。抽吸的样本也可用核仁组成区嗜银染色法进行分级，这样简单的穿刺样本可提供更多的诊断信息。然而，若想获取精确的分级，仍然需要进行组织病理学检查。

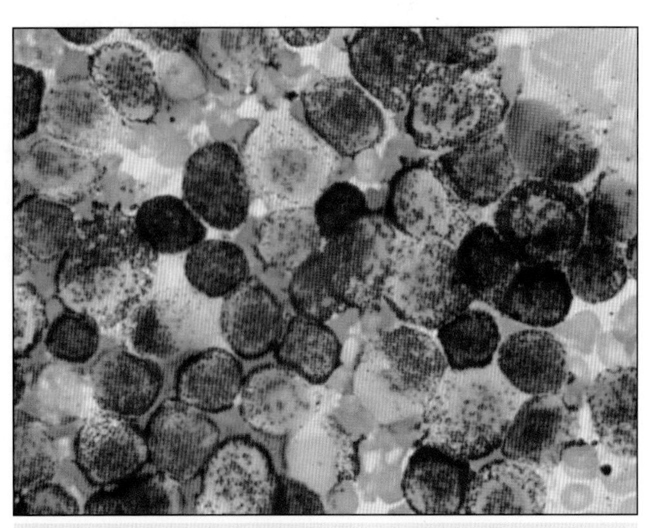

图1.8 病例 1.1 肥大细胞瘤抽吸，胞质呈典型的“颗粒样”外观

在这个病例中，通过细胞学检查就能确诊，但是仅靠细胞学检查并不能做出组织学分级。而将整个肿瘤切除后送检，可对肿瘤进行分级，并能评估肿瘤边缘是否完全切除。在此病例中，在术前确定肿瘤类型有助于确定手术方案。另外，借助胸部X线检查、局部淋巴结评估和肝脾超声检查对肿瘤进行分期。肿瘤应在距外侧缘和筋膜2cm处切除，伤口用局部皮瓣修复（图1.9和图1.10）。

结局

该病例手术后恢复良好。组织病理学检查证实该肿物为Ⅱ级（分化中等）肥大细胞瘤，边缘切除彻底，术后两年内未见复发。

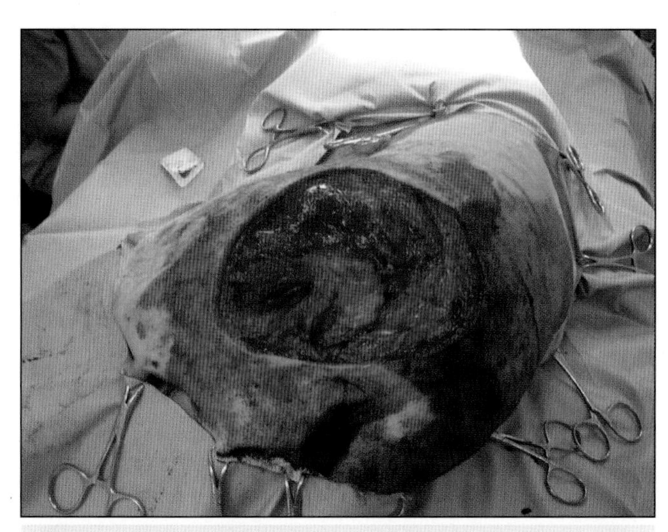

图1.9 病例 1.1 肿物外延 2cm 切除后的伤口外观

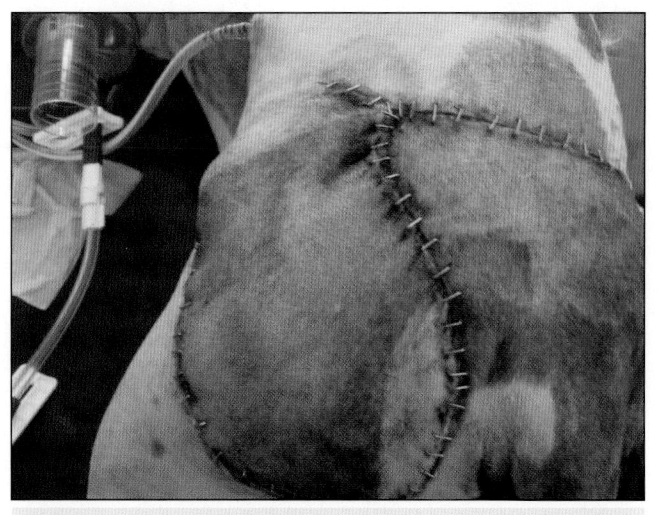

图1.10 病例 1.1 用局部的易位皮瓣进行缺损皮肤的重建

临床病例1.2——粗针穿刺活组织检查

动物特征

杂种犬，9岁，去势，雄性。

表现

右侧额窦处有一大小约为4cm × 4cm的肿物。

病史

该肿物于3个月前出现，逐渐增大（图1.11）。最初使用抗炎药物治疗，未见明显改善。X线检查发现右侧额窦处软组织密度升高，周围伴有骨溶解。胸部X线检查未见转移征象，细针抽吸细胞学检查结果表明肿物可能为鳞状上皮细胞癌（squamous cell carcinoma，SCC）。

图1.11 病例1.2 右侧额窦处肿物的外观，局部消毒，准备进行穿刺活检

鉴别诊断

- 额窦肿瘤。
  - 癌症。
  - 骨肉瘤。
  - 淋巴瘤。
- 原发性骨肿瘤。
  - 骨肉瘤。
  - 软骨肉瘤。
- 软组织肉瘤。

诊断方法

细胞学检查提示肿物可能为SCC。然而，在进行具有一定破坏性的手术之前需要组织学检查来证实这一诊断，从而制订完整的治疗方案，包括放疗或化疗。对于这一病例来说，治疗前侵入性最小的活检（从额窦处取样）方式为粗针穿刺活检。该病例经全身麻醉后进行颅骨MRI检查和取样。

粗针穿刺活检取样方便快捷。这一方法可用于体外或体内（常需超声引导）肿物的取样，对动物进行局麻或镇静即可实现，与切开活组织检查相比，本取样方法侵入性小，更加实用。该方法的初次穿刺通路很小，由于确诊后应切除活检通路，因此肿瘤破裂和肿瘤细胞种植性转移的风险很小。穿刺前需考虑好通路，以便手术时能完全移除活检针的通路。虽然穿刺是一次性的，但使用后用环氧乙烷消毒后可重复利用，若皮肤用手术刀切开后再进行穿刺，可延长穿刺针头变钝的时间，从而使该设备的寿命延长。典型的活检粗针型号为18～14G，由带有凹痕的管心针和外置套管构成（图1.12至图1.14）。

诊断

组织病理学检查证实该肿物为鳞状上皮细胞癌。MRI检查显示该肿瘤局限于额窦内，并未侵袭大脑，胸部X线检查也未发现任何转移征象。该病例的细胞学和组织病理学检查结果均被用于建立初步诊断，这对术前方案的制订非常关键。影像学检查结果提示该病例可进行手术切除，并于术后进行辅助放疗（图1.15和图1.16）。该肿瘤及其周围组织（包括右眼）和紧邻皮肤被全部切除，并用耳后皮瓣重建皮肤。

诊疗小贴士

若不熟悉粗针穿刺活组织检查这一技术，可先在水果（如苹果或奇异果）上练习。

若有可能，可利用初次活检通路分别取不同的样本，以此增加获取有诊断价值样本的机会。

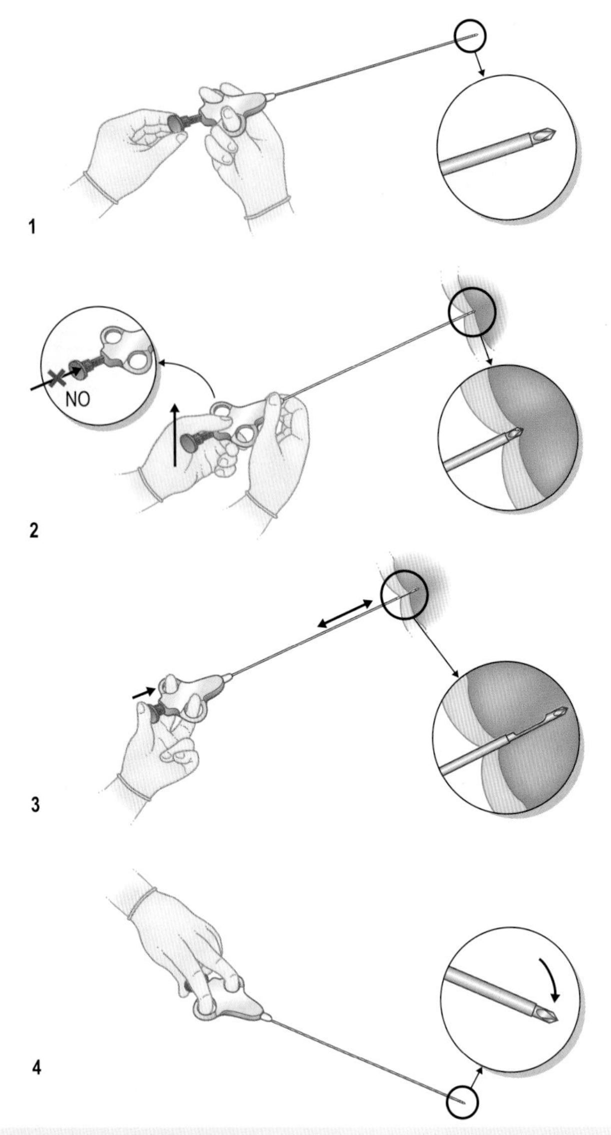

图1.12 粗针穿刺活组织检查技术

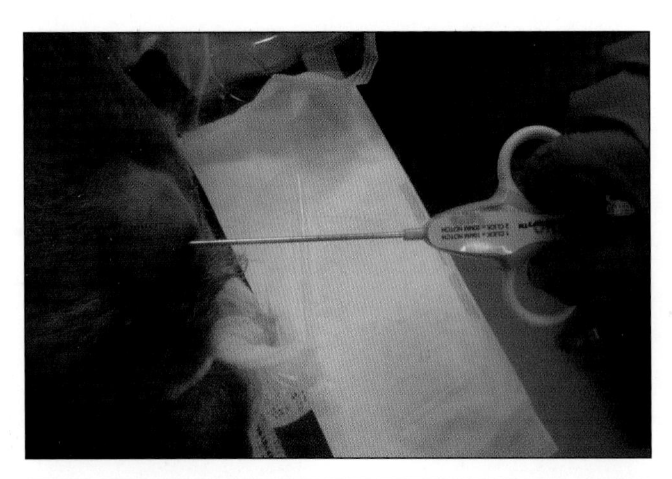

图1.13 病例1.2 第一步，首先使用11号手术刀做一个皮肤切口。将活检针插入肿物，然后启用弹簧装置取样。到达目的位置后，内部针芯迅速前进1～2cm，外部的套管针随即迅速前进，以抓取采集到的样本，然后将整个活检粗针退出

图1.13和图1.14 粗针穿刺活组织检查

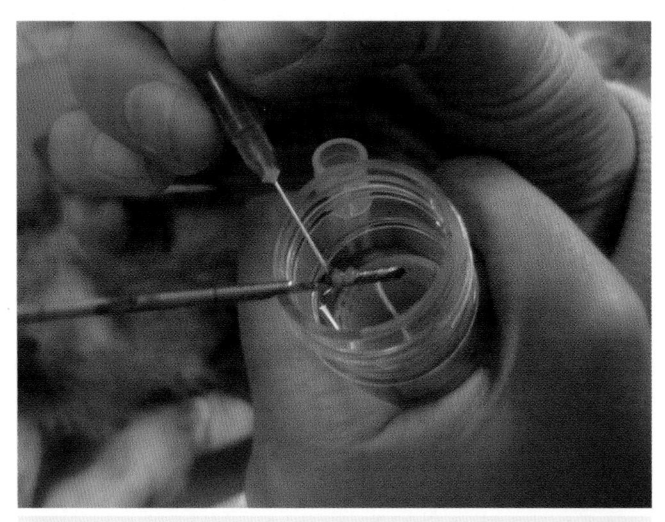

图1.14 病例1.2 第二步，回抽出外部的套管针后，可使用细小的针头将内部针芯凹痕处的组织样本轻轻移入装有福尔马林的容器内。也可将样本置于载玻片上滚动，制成压印涂片，用于细胞学评估

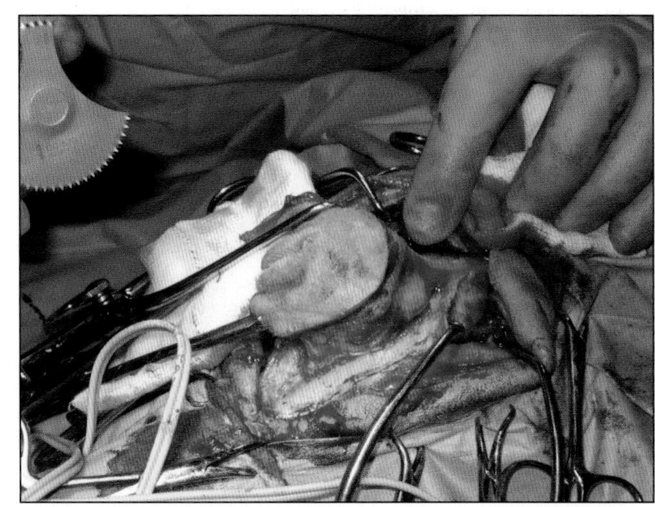

图1.15 病例1.2 术中额窦肿物和上覆皮肤的照片

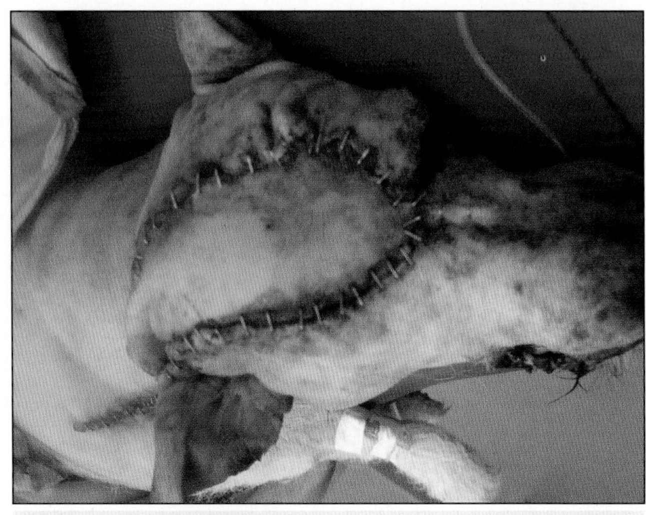

图1.16 病例1.2 术后的照片

临床病例1.3——钻孔活组织检查和切除活组织检查

动物特征

德国牧羊犬，7岁，雄性。

表现

急性腹腔出血。

病史

该病例因急性黏膜苍白、呼吸急促和腹水前来就诊。腹腔穿刺检查显示腹水为血性腹水。腹部X线检查和超声检查显示脾脏有一不对称的肿物，大小约为10cm×8cm。未见其他异常，胸部X线检查也未见异常。

诊断选项

在这个病例中，由于以下3种原因未能进行术前活组织检查。第一，无论是否能知道肿瘤类型，对这种病例的治疗方案都不会改变，无论肿物是否为良性，都需进行部分或全部脾脏切除术；第二，由于血液的稀释作用，脾脏细针抽吸的诊断价值不大；第三，对任一例怀疑为血管肉瘤的病例使用细针抽吸或针刺取样后出针时，都可能引起肿瘤细胞散布。此外纵使脾脏上硬实而未破裂的肿物，在细针抽吸或针刺活检时也可能会引起肿瘤破裂，从而造成腹腔出血。出于这些考虑，外科医生决定进行开腹探查，并摘除脾脏。术中发现肝脏表面也分布有许多小结节（直径5mm），外科医生采用皮肤钻孔活组织检查法进行活检（图1.17和图1.18）。

诊断

组织病理学检查结果为脾脏血管肉瘤，肝脏组织病理学检查证实已发生肝脏转移。这一病例提示在诊断和临床分期时，对同一个病例可以采用不同的活组织检查技术。

结局

兽医对这只犬进行了心电图检查，以确定右心耳是否也出现血管肉瘤，心电图结果正常。该犬每2周缓慢静脉注射一次多柔比星，计划给药5次。然而该病例于第4次给药前（术后第10周）突发虚脱和腹腔出血，出血可能源自于肝脏的转移灶。最后该犬被施以安乐术。

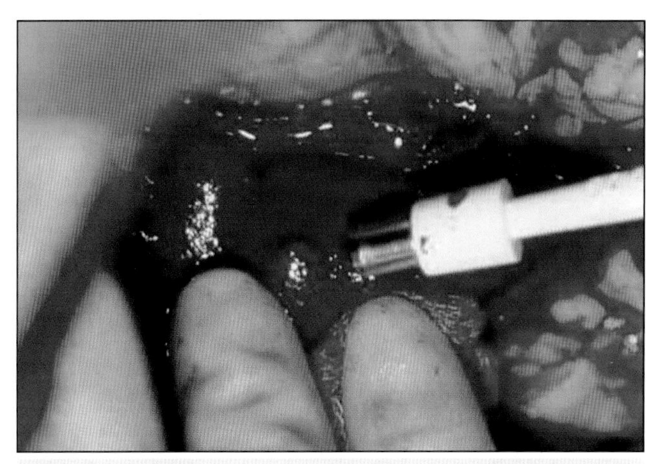

图1.17 病例1.3 钻孔活组织检查操作中，钻孔器正对病变部位，旋转至合适的深度。用非创伤性组织钳小心抓取样品，然后用虹膜剪从样品的基部剪断

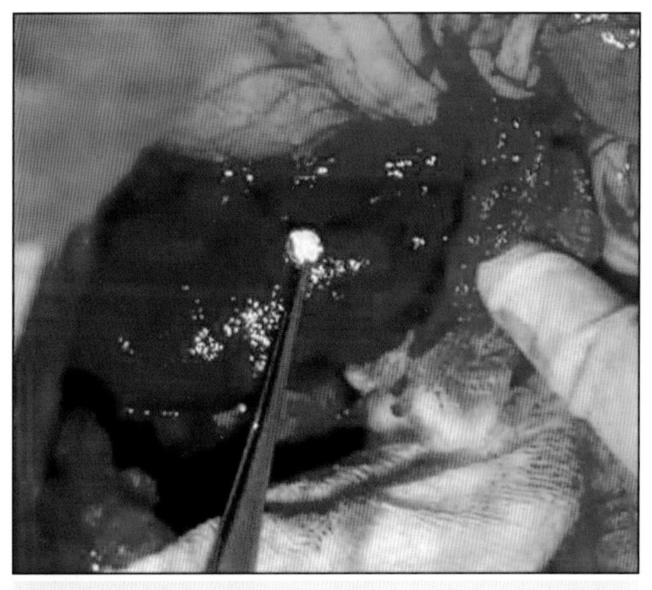

图1.18 病例1.3 创伤处可用止血物质填塞，从而起到有效止血的作用

诊疗小贴士

术中对肝脏或脾脏进行活组织检查时，可优先选用钻孔活检术。这种方法获取的样本比针刺活检获取的样本浅，但是更宽，并且可用止血剂（如商品化的胶原或明胶）有效控制创伤处的出血。

临床病例1.4——切开活组织检查

动物特征

拉布拉多犬，4岁，雌性。

表现

左侧下颌骨牙龈肿物。该肿物为增生性，易碎。

病史

该肿物因口臭和口腔出血而引起主人的注意（图1.19）。X线检查发现该犬的左侧下颌骨犬齿周围出现骨质破坏。左侧下颌淋巴结增大。胸部X线检查未见明显转移。

鉴别诊断

- 齿龈瘤。
  - 纤维性。
  - 骨化。
  - 棘皮瘤。
- 鳞状上皮细胞癌。
- 恶性不含黑色素的黑色素瘤。
- 纤维肉瘤。

诊断过程

术前需检查局部淋巴结和口腔肿物。若不能完全切除，术前确定肿瘤类型可提示预后，且有助于确定辅助治疗方案。通过细针活组织检查容易评估局部淋巴结。建立诊断需要的样本量较大，口腔肿瘤发生溃疡、坏死和炎症的概率也较大，且病灶可深入至表面以下。细胞学、针刺活检或钻孔活检可能均无诊断价值，这种情况下建议使用切开活组织检查术。由于一些增生性肿物需要去除神经，因此进行切开活组织检查。

这一操作应在无菌条件下进行，使用手术刀片切开肿物。如果是对皮肤肿物取样，除了要取到肿物的样本外，还要连带一部分正常组织。可以缝合创口，也可以如该病例的情况一样，在有效止血后待其自行二次愈合（图1.20和图1.21）。

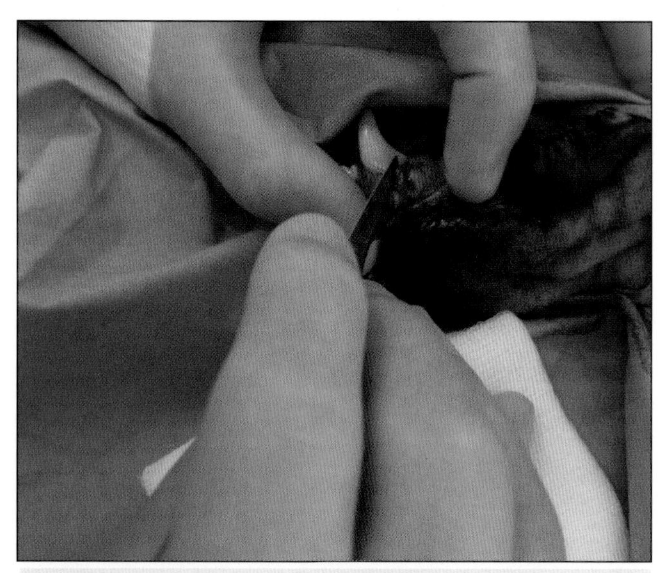

图1.20　病例1.4 用10号手术刀进行切开活组织检查。可直接按压进行止血

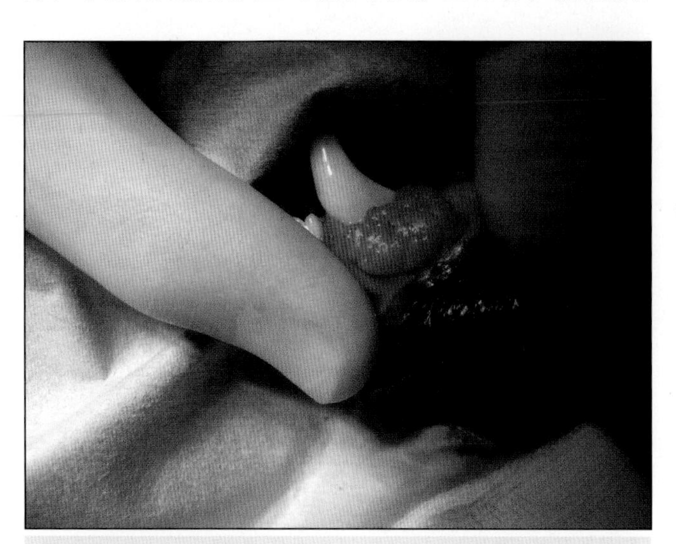

图1.19　病例1.4 切开活组织检查前的口腔内肿物外观

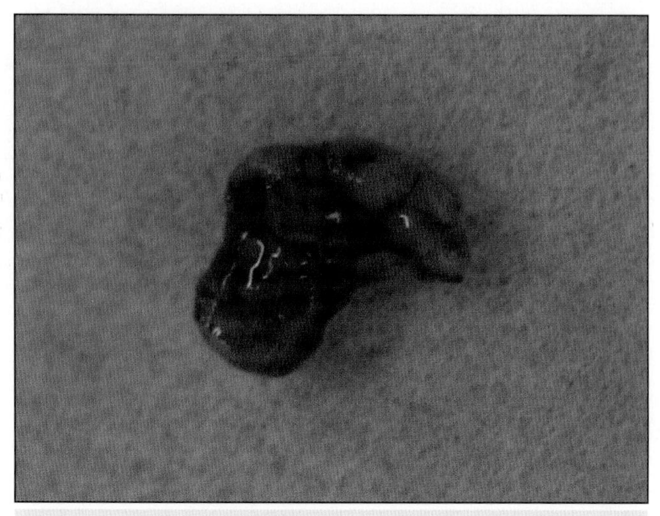

图1.21　病例1.4 从下颌骨肿物上获取的活组织样本

诊疗小贴士

采用切开活组织检查术时需注意，深度一定要超过表面炎症灶。

牢记：切开活组织检查的通路一定要在最终的手术中完全切除。

诊断

左侧下颌淋巴结抽吸检查结果为反应性炎症。切开活组织检查结果显示该肿物为棘皮型齿龈瘤。该病例接受了单侧下颌骨切除术，切缘完整。

结局

术后立即用阿片类药物和非甾体类抗炎药（NSAID）控制症状，阿片类药物连续应用48h，而NSAID连续应用5d。该犬于术后当晚即可顺利采食软食，出院时医嘱术后10～14d内仍需饲喂软食。该犬在术后2年内未见肿瘤复发。

2 患瘤动物的手术原则

大多数患有肿瘤的动物都需要在确定手术方案前获取诊断结果。了解肿瘤类型和肿瘤分级有助于外科医生回答以下问题：

1. 动物需要手术吗？
2. 动物可能治愈吗？
3. 边缘需要怎么切除？
4. 推荐进一步的诊断，即需要做临床分期吗？
5. 术前或术后有无其他辅助治疗？
6. 是否需要额外的手术完成充分重建？
7. 外科医生能胜任这一类型的手术吗？

手术切缘

在大多数病例中，除了主要肿瘤的切除，肿瘤手术成功的关键在很大程度上还取决于切除边缘达到正常组织。然而，由于肿瘤常常会出现“卫星式”或“跳跃式”转移（图2.1），因此即使切除肿瘤附近的组织也不能保证实现完全切除。所以，在大多数情况下切除的范围越大，完全切除的可能性越大。肿瘤类型、肿瘤生物学行为和局部解剖结构等因素决定了切除的范围。例如，切除中级和低级肥大细胞瘤时，若沿肿瘤边缘再向外切

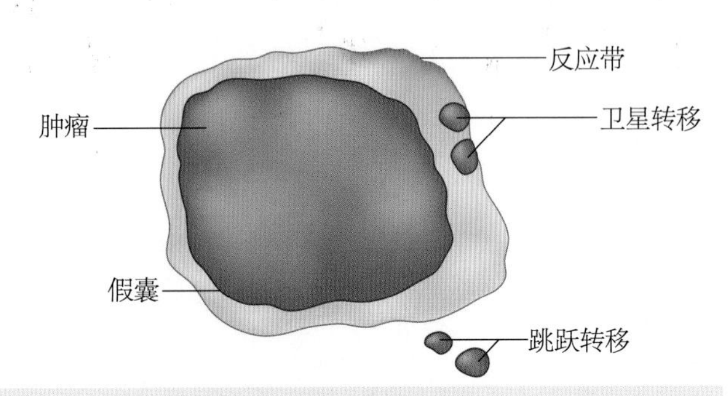

图 2.1　典型的软组织肉瘤的组织结构示意图，肿瘤可向外发生转移

除2cm，则大多数肿瘤能被彻底切除。同时不要忽略瘤体深度的边缘。然而，肿瘤通常会被解剖学屏障自然抵挡，如筋膜、韧带和肌腱，这些组织结构对肿瘤的散布转移有抵御作用，因此，如果手术过程中见到筋膜层，提示肿瘤切除深度足够。

根据手术切缘的解剖位置，有以下4种肿瘤切除的基本类型：

1. 囊内切除。在囊内将肿物/肿瘤切除。这一方法只适用于良性病变。
2. 沿边缘切除。沿肿瘤活性区域切除，包括全部或大部分假囊。这一方法对恶性肿瘤来说是不够的，因为它们可能发生“卫星式”或“跳跃式”转移。不过，对良性肿瘤（如脂肪瘤），这种切除方法的切除范围已足够。
3. 大面积切除。肿瘤在被切除时，假囊、活性区、边缘和部分正常组织均被切除。不需破坏肿瘤和囊壁，边缘切除范围取决于术前对活组织检查和肿瘤生物学行为的判读。鉴于侵袭性的恶性肿瘤有“跳跃式”转移的可能，即使采用这种方法，仍有转移的风险。这一方法适合大多数中级肥大细胞瘤和低级/中级肉瘤的切除。
4. 根治手术。切除肿瘤时，同时切除肿瘤附近大面积的组织。这种方法适用于高级恶性肿瘤（尤其是已越过筋膜层的肿瘤）的切除。这种手术适用于四肢骨肉瘤（截肢）、指/趾骨癌（截肢）、胸壁肉瘤（切除肋骨）的治疗。

外科手术技术

对于局部侵袭和/或恶性肿瘤，第一次就尝试完全切除一般会带来好的结果。若先前的切除活组织检查结

果显示肿瘤为软组织肉瘤，则完全切除和治愈的可能性会随之下降。这是由于首次手术时肿瘤会受到破坏，引起肿瘤细胞向周围组织散布。另外，正常肿瘤边缘受到破坏后，使得“正常”和“异常”组织之间难以区分，局部皮肤创口也难以闭合。考虑到这些因素，二次手术需切除更多的边缘（图2.2）。当然也有例外，例如，肿瘤类型（如乳腺瘤、单个的肺脏和脾脏肿物）不影响治疗方案，在这种情况下可进行切除活组织检查。

对已知的恶性肿瘤应连同适量正常组织一并切除。切除局部侵袭性肿瘤时，切线距肿瘤外侧面至少2cm，而深部应达到筋膜层。切除肿瘤周围组织的操作也不可取，因为这样做会使肿瘤细胞散布，导致复发。应尽量避免破坏肿瘤，并且要从未发生病变的正常组织处切除整个肿瘤（图2.3和图2.4）。

切除肿瘤时需谨慎操作，不可牵拉肿瘤，可选择其他方式，例如，用缝合线、Allis组织钳或开腹海绵固定肿瘤（图2.5）。闭合手术通路前最好用灭菌生理盐水冲洗创面，以减少肿瘤细胞的残留。

切除肿瘤的手术常被认为是“污染手术”，因此，推荐采取下列操作以减少肿瘤细胞的散布。

- 闭合正常组织前需更换手套（如闭合腹壁）。
- 同次麻醉情况下若需进行不同的手术，切除肿瘤前优先进行“干净”的手术。

一些肿瘤的瘤细胞容易脱落，如上皮肿瘤比间质细胞肿瘤更容易脱落。因此，瘤细胞转移至正常组织。

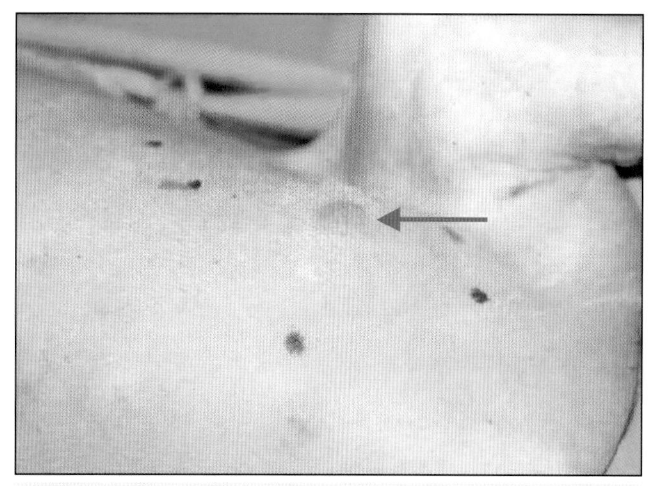

图2.3　通过细针抽吸检查诊断出的肥大细胞瘤（红色箭头指示其位置），兽医沿其周围2cm用灭菌记号笔标记切除边缘线

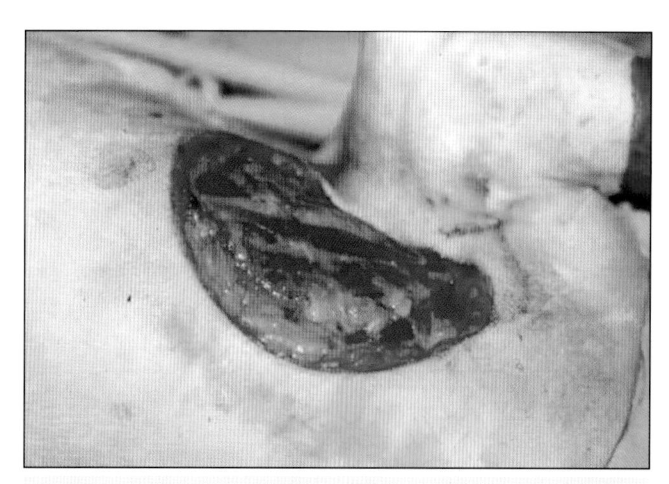

图2.4　沿肿瘤外侧面切除2cm边缘，包括其下一层筋膜层后的外观。组织病理学检查证实该肿物为中级肥大细胞瘤，且边缘切除完整

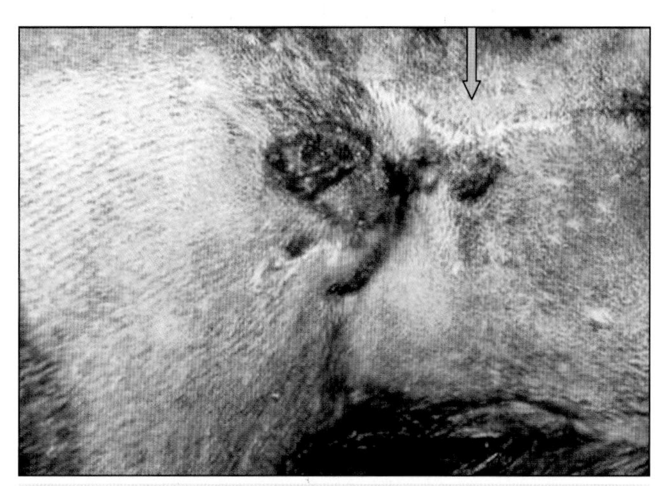

图2.2　犬侧胸壁肥大细胞瘤在切除活组织检查（边缘切除不完整）后复发（箭头指示术后形成的伤疤）。由于复发肿瘤和伤疤都要切掉，使二次手术的难度增大

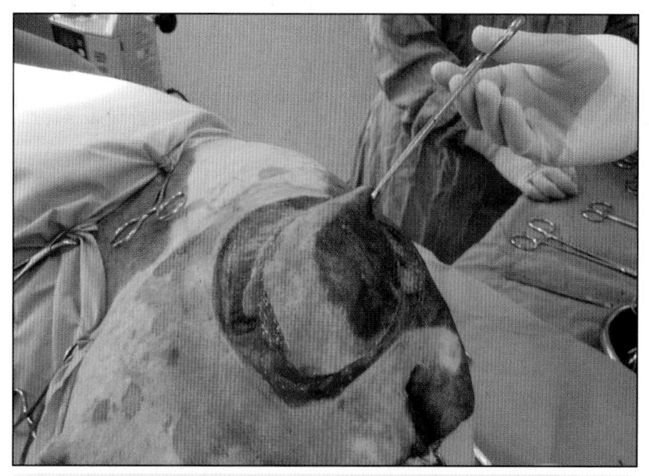

图2.5　一例肥大细胞瘤切除术术中的图片，组织分离时用Allis组织钳夹住肿瘤

手术联合其他治疗

如果肿瘤不能完全切除，可进行联合治疗，如手术、放疗和/或化疗的联合应用。因此，在为动物主人制定并提供联合治疗计划之前，都不应该因为肿瘤没有完全切除、或切除无效而放弃肿瘤患病动物的治疗。事实上，多种治疗方式联合应用越来越普遍，比单一治疗更有优势，且不良反应较小。因此，术前向肿瘤学家咨询是非常有用的，这样可使所有的临床病例都能获得合适的治疗。

临床病例2.1——手术和放疗

动物特征

匈牙利维斯拉犬，7岁，去势雄性。

表现

右侧肘关节侧面有一直径约为4cm的肿物。

病史

肿物于2月前出现，动物就诊时肿物直径达4cm。

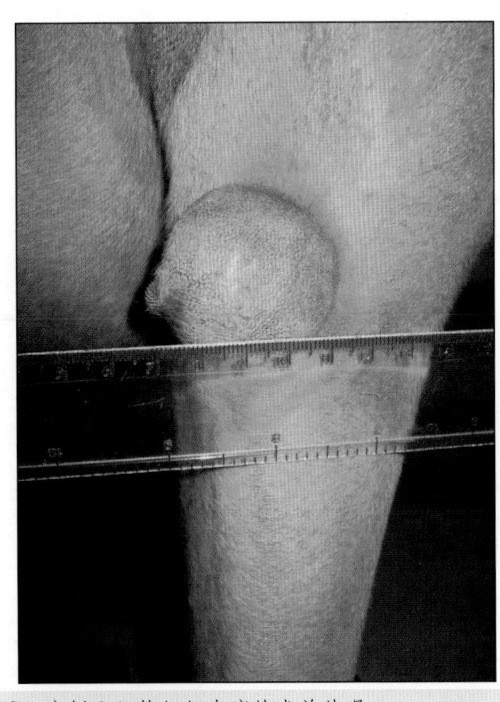

图2.6　病例2.1 软组织肉瘤的术前外观

图2.6至图2.8　软组织肉瘤的减灭术

粗针穿刺活组织检查结果表明肿物为中级软组织肉瘤（图2.6）。胸部X线检查未见转移征象，触诊未见局部淋巴结肿大。

诊断过程

该病例就诊时肿物已进行了分期，因此，看起来只要控制局部病变即可。软组织肉瘤具有局部侵袭性，肿

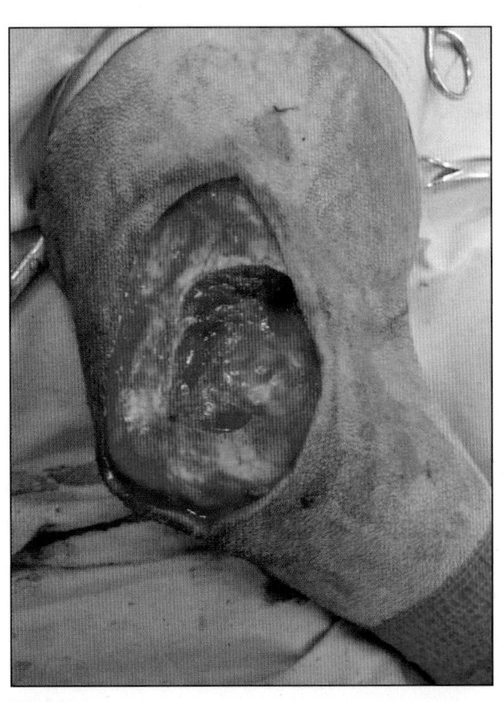

图2.7

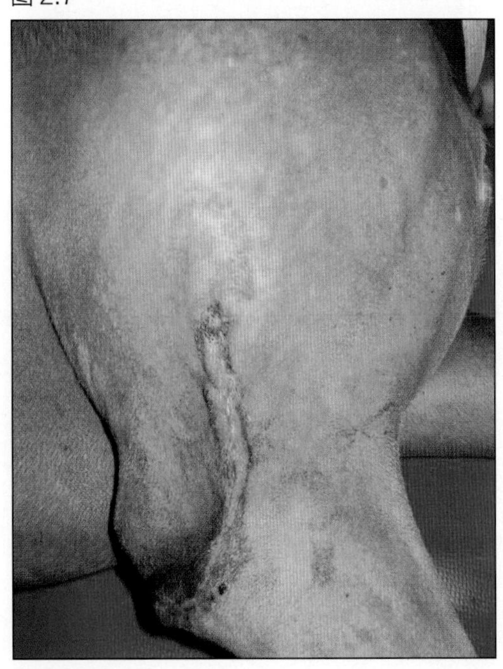

图2.8

图2.7和图2.8　病例2.1 软组织肉瘤进行减灭术，无张力一期缝合，放疗前创口愈合良好，无并发症

诊疗小贴士

若细胞减灭术后需进行放疗，术前最好向肿瘤学家咨询。术前术后均需拍摄详细的照片，这对放疗计划非常重要（图2.6至图2.8）。

瘤细胞能到达假囊之外，因此，切除肿瘤时要沿肿瘤边缘切除2～3cm的正常组织，并向下切至一层筋膜的深度。为达到这一目标，可使用局部皮瓣进行重建，如胸背轴型皮瓣，这样可以确保伤口闭合的张力适中。如果无法进行放疗时，仅进行手术治疗，也是一个合理选择。手术治疗的不利之处在于这种大面积手术会使皮瓣重建失败的几率增大，因此可进行“减瘤手术”或更保守的治疗，这样可以移除大部分肿瘤组织（肿瘤细胞减灭术），然后对微小的残余病灶进行术后放疗。该病例最后采取了这一治疗手段。

结局

从拆线10d后确保伤口愈合，该病例共进行4次放疗，每周1次，每次剂量为900cGy。此后每6个月复查1次，跟踪2年，未见复发。

临床病例2.2——手术和化疗

动物特征

杜伯曼犬，6岁，去势，雄性。

病史

2周以来右前肢跛行，且逐渐加重。

临床症状

该犬于10d前一次散步后开始跛行，转诊外科医生使用了短期非甾体类抗炎药进行治疗，但治疗无效，且跛行迅速加重。这次就诊时动物几乎无法承重，右前肢桡骨远端肿胀。右前肢经X线检查显示其桡骨远端出现伴随骨膜反应的骨溶解，见图2.9。

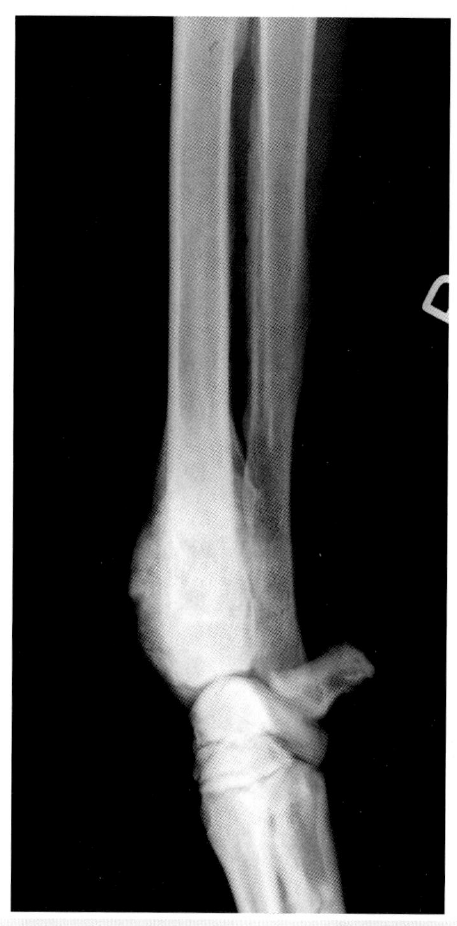

图2.9 病例2.2 桡骨侧位X线检查，桡骨发生骨肿瘤（图片由迪克怀特转诊中心的Martin Owen博士惠赠）

鉴别诊断

- 原发性骨肿瘤。
  a）骨肉瘤。
  b）软骨肉瘤。
- 转移性骨肿瘤。

诊断流程

根据X线检查结果，该病例被诊断为骨肿瘤，并且可能是原发性骨肿瘤。患犬疼痛程度较深，并非不能承重引起。由于无论肿瘤类型是否确定，治疗方案都一样（患犬需截肢），因此，不推荐进行活组织检查，但了解肿瘤类型可确定术后是否需要进行化疗。因此，需对该病例仔细检查肩前淋巴结，不过未触诊到肿大。胸部左侧位和右侧位的吸气X线检查未见转移性病变。该病例的右前肢被截除1/4。组织病理学检查证实肿瘤为骨肉瘤。

结局

该犬术后交替用卡铂和多柔比星化疗，每3周给药1次，连续给药6次，同时用二磷酸盐辅助治疗。术后12个月内未出现肺转移的征象。

诊疗小贴士

四肢骨患有骨肉瘤的犬若术后用上述方案化疗，其预期寿命会显著延长，因此，应该与主人讨论，在术后2周进行所有建议的治疗。

患癌动物术前和术后注意事项

虽然外科手术技术（包括边缘的评估，根据肿瘤类型及生物学特征制定术前计划等）对于肿瘤外科是尤为重要的，但是仍然有一些其他的因素需要考虑。

抗生素预防

在半污染或污染级手术的围术期内应用抗生素有利于病例恢复。然而，围术期抗生素的使用也取决于患病动物和创伤等方面的因素。需考虑的患病动物因素包括老龄、营养不良和其他癌症患病动物的并发病，这些都会导致感染的概率增加。需考虑的局部因素包括局部创口免疫、血液供应等，这些都会影响感染率。出于这些原因，癌症患病动物的感染率明显高于患其他病的动物，因此，围术期抗生素的选择也会受影响。更重要的是如何在术中应用抗生素效果才能达到最佳。有证据表明术前使用抗生素比术后使用效果好。事实上，还有研究显示仅在术后使用抗生素不仅对预防感染无效，反而还会增加感染率。癌症患病动物术前使用抗生素的目的包括：

- 永远不要将抗生素当作外科技术、良好感染有效控制和动物护理的替代品。
- 抗生素的给药时间很关键。整个手术过程内切口位置的抗生素浓度需保持在最小抑菌浓度（MIC）范围内，因此，推荐术前30～60min内静脉给药，这样可以保证术中创口的药物浓度在MIC范围内。
- 抗生素的给药频率取决于每种药物的药代动力学。一些药物如β-内酰胺类，推荐每2～3h给药1次，以保证药物在组织中的浓度在MIC范围内。
- 无证据表明术前使用抗生素后，在手术期间继续使用抗生素有助于动物的恢复。

营养和输液治疗

肿瘤对营养状况有很大影响，原因有很多，本章不做详细介绍。众所周知，如果不治疗，动物会出现很多与蛋白-能量营养不良有关的并发症。

- 伤口愈合延迟。
- 贫血和低蛋白血症。
- 免疫功能下降。
- 胃肠道、心肺功能不良，最终衰竭。

由于上述这些并发症，兽医在患癌动物进行手术的前后都要优先考虑饲喂问题，不仅需要计算患病动物的营养需求，还要考虑食物类型和如何补充营养（肠内或肠外）。可以给患病动物放置各种饲管（鼻道饲管、食管造口术、胃造口术、结肠造口术）帮助肠内获取营养物，作为手术的辅助疗法，其应用越来越广泛，而且很多不需要侵入性操作，通过内镜或腹腔镜即可实现。除了营养，术前、术中和术后输液治疗也同样重要，尤其是对于那些脱水的动物。

护理小贴士

所有住院动物，尤其是癌症患病动物，每天都要计算其能量需求，并做出饮食管理计划。如果可能，所有患癌动物都要接受高质量的营养治疗。

镇痛

很多前来进行手术的癌症患病动物都有因肿瘤而导致的不适或明显的痛感，这些表现在术前和术后都会影响兽医的镇痛方案。如果怀疑动物因肿瘤而不舒服，则需要对动物进行镇痛治疗。治疗初期推荐使用非甾体类抗炎药和阿片类药物，如丁丙诺啡。对于有明显痛感的患病动物（如溶骨性骨肿瘤），之前的痛感会出现“发条效应”，痛感会随时间逐渐加重，这一表现和接受痛觉的中枢神经系统反应机制有关。因此，诊断时要确保它们感觉不到疼痛，这一阶段内，良好的镇痛药能减轻

“发条效应”。手术前需做好镇痛计划，治疗前先给予高质量的镇痛药，术后也要维持镇痛效果。在作者的诊所中，如果患病动物有疼痛表现（心率加快、呼吸加快、血压升高等），治疗前应先给予非甾体类抗炎药和美沙酮，术中给予芬太尼。动物于术后24～48h内会经历疼痛的阶段，出院前应给予阿片类镇痛剂和非甾体类抗炎药，后者还要连续给药5d。决定使用何种非甾体类抗炎药有些难度，因为不同的动物对不同的镇痛药有不同的反应。由于吡罗昔康和美洛昔康还有抗肿瘤作用，因此，治疗时可考虑这些药物，尤其是对于患有上皮肿瘤的动物。

“抑制疼痛”的术后给药方案也稍有不同，兽医可采纳“疼痛评分”系统，如“疼痛综合测量评分”（Composite Measure Pain Score，CMPS）系统，这一系统根据动物的行为表现共分为6个等级，各项评分的总分即为疼痛评分。在作者的诊所中，每个动物都在术后每2～4h进行1次评分，这样做，能保证更加精确地使用镇痛药。这一方法也能用来精确评估多种镇痛药（如使用阿片类药物的同时恒速注射利多卡因或氯胺酮），确保治疗毒性最小，而镇痛效果最大，从而优化动物的康复时间。

3 患瘤动物的化疗原则

若要给癌症病患提供高质量、又安全的化疗服务，首先需要了解化疗的作用机制和适用范围。在化疗期间可能会非常痛苦，所以从一开始，我们就要考虑到让动物承受化疗痛苦有违道义。因此，如果有可能的话，应该尽量避免化疗毒性（大多数病例）。然而，为了达到这一目标，我们不得不降低药物剂量（和人相比），因此化疗成功率（在缓解率、维持时间等方面）也随之下降。

虽然肿瘤形成是在基因水平上发生的一系列事件的复杂结果，但是肿瘤细胞和正常细胞的不同之处只有如下6个主要方面。

- 具有自给自足的生长能力。
- 对天然抗生长信号不敏感。
- 可逃逸程序性细胞死亡（细胞凋亡）。
- 具有无限复制的潜质。
- 具有维持血管生成的能力。
- 对组织有侵袭性，会发生转移。

正常细胞生长/分化和细胞自然死亡之间失衡可导致肿瘤形成。因此，了解细胞周期是了解肿瘤生物学行为的基础。细胞周期有4个阶段，见图3.1。

大多数细胞处于G_0期，但G_0期细胞可能会发展成肿瘤细胞。另外，细胞周期在临床上也很重要，因为很多肿瘤治疗手段只能影响分化中的细胞，因此，细胞周期特异性治疗手段会影响治疗效果，从而影响治疗方案的选择。一般来讲，化疗分为细胞周期特异性和非细胞周期特异性两种。

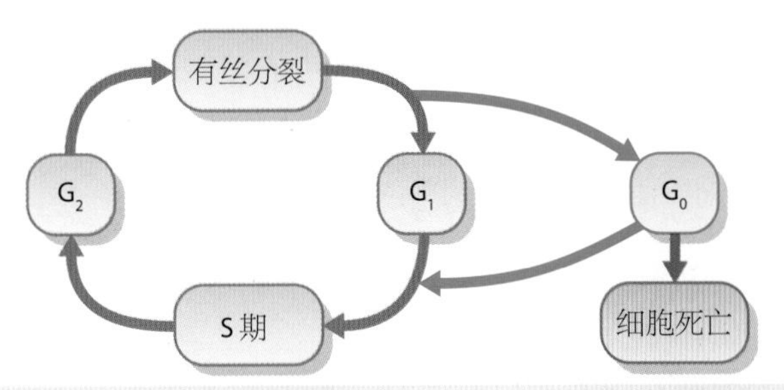

图 3.1 细胞周期的四个阶段。S 期 =DNA 合成期；G_1 期 =RNA 和蛋白质合成期；G_2 期 =RNA 和蛋白质合成二期；G_0 期 = 静止期

化疗药物可通过破坏DNA而起到抑制细胞复制的作用，并诱导细胞凋亡，它们也可干扰细胞周期的某一阶段。分化中的细胞对DNA损伤更敏感。

肿瘤生长的基本概念

大多数肿瘤在疾病晚期才能被发现，而这个阶段肿瘤含有数以百万计的肿瘤细胞（直径为1cm的肿物内约含有10^9个细胞，而直径约为20cm的肿物内含有10^{12}个细胞）。肿瘤细胞生长符合“龚珀兹”生长动力曲线，即肿瘤在早期阶段细胞分裂迅速，呈指数增长，但随着细胞数目增加，分裂速度开始下降。由于大的肿瘤含有很多细胞，相比小的肿瘤来说只有小部分细胞处于分裂期，因此，只有很少的细胞对化疗药物敏感。与此相反，理论上讲，小肿瘤中分裂期细胞的比例较高，对化疗更加敏感。图3.2将详细阐述这一原理。

该图也阐述了减瘤手术、化疗、放疗等手段都可能有助于肿瘤疾病的治疗。通过减灭肿瘤细胞，曲线可能会左移，这种做法为成功辅助治疗打开一扇窗，比不做减瘤手术效果好得多。很显然，肿瘤的遗传抗性、血液供应、类型和分级等都会影响这一原则，因此，这一原则不是在所有条件下都适用。然而，理论上讲，化疗和放疗对微小的肿瘤最有效，所以，如有可能，最好同时采取多种治疗手段。

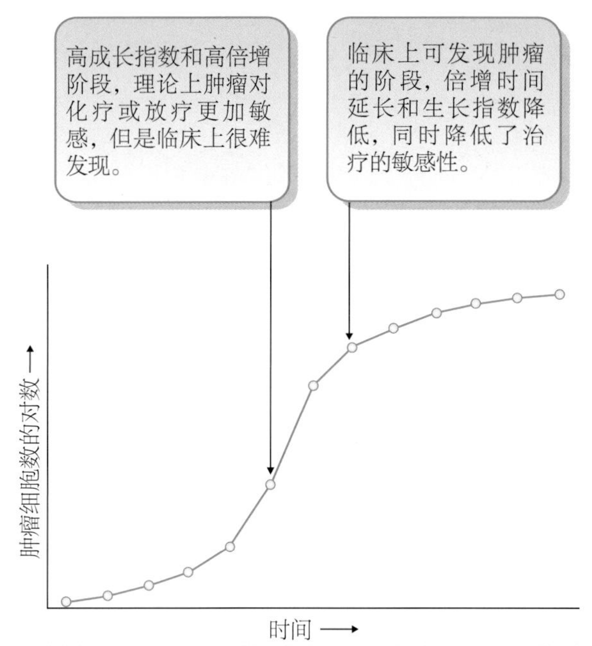

图 3.2 肿瘤细胞生长速率和临床诊断及治疗反应的关系

化疗适应证

兽医诊疗工作中，除了淋巴增生性疾病，如淋巴瘤，一般的肿瘤疾病若只采用化疗这一种治疗手段，很可能收效甚微。化疗主要有以下4种适应证：

1. 已知（或高度怀疑）动物患有对化疗非常敏感的肿瘤疾病，如淋巴瘤、多发性骨髓瘤和传染性性病肿瘤。
2. 作为一种手术的辅助治疗手段，目的在于根治或减少潜在的微转移（如犬骨肉瘤或血管肉瘤）。
3. 若手术治疗不可行，以及需对全身性或转移性肿瘤病例进行姑息治疗时。
4. 化疗提高组织对放疗的敏感性。

我们的目标：在控制肿瘤、延长存活时间的同时，还能维持良好的生活质量。

给药剂量和给药时间

化疗药应达到这样一个目标，在最短时间间隔内达到最大强度的化学治疗（剂量强度）。任何引起药物剂量降低的原因都会降低药物的疗效，因此，使用最佳给药剂量至关重要。可通过一些方法提高化疗效果，如同一个治疗方案中使用作用机制不同的化疗药，即“联合化疗”。为了达到最佳治疗效果，同时规避化疗毒性，需要遵循下列原则：

- 治疗方案中药物剂量与最大耐受剂量接近（事实上大多数病例的最有效剂量常接近中毒剂量）。
- 不要同时应用有交叉毒性反应的药物。
- 使用对某种肿瘤有效的化疗药物。

临床诊断的肿瘤（大约10^9个细胞，或更多）中，其肿瘤细胞可能性质不同。由于肿瘤有固有的遗传稳定性，因此肿瘤本身可能会形成耐药细胞系。当一个肿瘤内的细胞含量大于10^6个时，可能已经形成耐药性。这种现象促使多种药物联合化疗方案的发展，因为每种药物的“抗肿瘤谱”不同，作用机制和毒性也不同。联合化疗的目标如下：

- 最大限度地杀死肿瘤细胞，而且能保持化疗毒性在可接受范围内。
- 拓宽不同性质肿瘤细胞的治疗范围。
- 阻止/延缓新耐药细胞系的产生。

毒性

临床最常见的毒性反应包括骨髓抑制、脱毛和胃肠道毒性（即所谓“BAG”不良反应，取骨髓抑制、脱毛、胃肠道毒性英文词汇首字母而成）。

骨髓毒性

由于化疗药物会杀死快速分裂的细胞，且这一作用是非选择性的，因此，它们也能杀死骨髓中快速分裂的造血干细胞，从而引起骨髓毒性。骨髓毒性可通过全血细胞计数（CBC）和血涂片检查来评估。当患病动物的中性粒细胞计数小于2.5×10^9个或血小板计数小于50.0×10^9个时，最好延迟化疗。和骨髓毒性有关的临床症状包括败血症、点状和斑状出血、黏膜苍白和虚弱等。在作者的经历中，食欲不振、精神萎靡是白细胞减少症患病动物的主要并发症，而发热是最常见的临床表现。通常只有出现临床症状的动物才需要治疗，进行这些治疗时应注意下列情况。

- 严格遵循无菌操作。
- 若出现血小板减少症，需保证创伤最小，并严格控制出血。
- 对尿液、血液及任何其他可能有价值的渗出液进行培养。
- 如有需要，应使用广谱抗生素，并采取输液治疗和/或输血治疗。

重组人粒细胞单核细胞集落刺激因子（GM-CSF）可刺激中性粒细胞（内源性）的生成，但在兽医诊疗中应用并不广泛，因为一般情况下，骨髓抑制会在给药5d后自然消退，另外，使用GM-CSF几周后，体内会产生针对GM-CSF的抗体。

只有血细胞计数恢复到参考范围内之后才能继续给药（化疗药），但再次开始治疗时需降低剂量。大多数出现化疗诱导白细胞减少症的动物经治疗后效果良好，通常在住院3～5d后即可恢复。

脱毛

这一并发症并不常见，但毛发持续生长的犬会出现这一症状，如阿富汗猎犬和英国古代牧羊犬。作者也曾见过西高地白㹴和苏格兰㹴经多柔比星治疗后，其眼眶周围和面部出现脱毛（图3.3和图3.4）。猫可能会出现胡须脱落的症状，尤其是长期用长春新碱治疗的猫，但总体来讲，猫的脱毛现象没有犬的那么严重。停止化疗后，脱落的毛发会再度生长。

胃肠道毒性

胃肠道毒性的临床症状包括呕吐、厌食和腹泻。这些症状可能源自于胃肠道上皮细胞直接损伤，也可能和化学感受器触发区或更高的呕吐中枢的传出神经刺激有关。腹泻是一种相对常见的不良反应，但只持续24～36h。若要避免化疗后出现明显的胃肠道毒性，使用多柔比星或卡铂治疗后，可连续5d给予止吐药（马罗皮坦或胃复安）。

对化疗诱导的腹泻可采用保守治疗（禁食12～24h，口服补液，并于3～5d内连续饲喂清淡易消化的食物）效果良好。一些病例还需要甲硝唑治疗5～7d。如果动物出现腹泻时还表现出全身症状，则需进行CBC检查，以确保动物没有出现白细胞减少症。另外，还应对粪便进行细菌培养，筛查致病菌，随后用合适的抗生素治疗。然而若化疗药剂量合适，给药频率恰到好处，且动物主人听从兽医团队的建议，胃肠道毒性和骨髓毒性一样，很少会成为主要的化疗不良反应。

图3.3 一只患有肠系膜淋巴肉瘤的贝灵顿㹴在使用多柔比星（改良 Madison-Wisconsin 化疗方案的药物之一）治疗后出现全身脱毛的现象。这只犬化疗后症状得到持久性的完全缓解，停止治疗后毛发得以再生

图3.4 一只患有多中心性淋巴瘤的西高地白㹴使用多柔比星（Madison-Wisconsin 化疗方案的药物之一）治疗后出现眼眶周围脱毛

除了“BAG”不良反应，还有其他一些和化疗相关的问题。

1. 心脏毒性。心脏毒性是多柔比星治疗的一种常见并发症。多柔比星蓄积会诱发扩张型心肌病（dilated cardiomyopathy，DCM），给药期间动物也会出现短暂性心律不齐。在人类医学中，和多柔比星有关的心肌病备受质疑，因为当多柔比星累积剂量达500mg/m^2时，其发病率为1%左右，而累积剂量达600mg/m^2时，发病率为10%左右。然而，在兽医诊疗中，与人相比，犬对多柔比星的心脏毒性更为敏感，而且由于多柔比星是犬淋巴瘤化疗的常用药物，这一毒性作用就更易表现出来，而这些品种的犬更易患DCM。目前推荐多柔比星的累计剂量不应超过某些品种的180mg/m^2。一些兽医则认为小型犬在有心电监护的情况下，多柔比星的推荐剂量可达240mg/m^2，但这种做法的安全性尚未得到某些品种的证实。易患DCM的犬种在应用多柔比星治疗时要倍加小心，推荐对病例同时进行常规心电监护和超声心动检查。使用多柔比星治疗时，给药时间需超过20min，且连续进行心电监护时，同时进行心脏听诊。

2. 出血性膀胱炎。这一症状见于使用环磷酰胺化疗后，是环磷酰胺的代谢产物丙烯醛引起的，丙烯醛对膀胱上皮有直接损伤作用。环磷酰胺诱导的出血性膀胱炎很难治疗，需建议主人用干性化学试纸条进行尿液检查，一旦尿中出现血液，则停止继续使用环磷酰胺治疗，而改换其他烷化剂（苯丁酸氮芥和美法仑）。通常根据症状来治疗膀胱炎，据报道抗生素、抗炎药、黏多糖等都有助于患病动物恢复。静脉注射二甲基亚砜（DMSO）对一些病例有效，在作者的诊所中有成功应用的经验。使用环磷酰胺治疗时使用呋塞米也能降低这一症状的出现频率。
3. 神经毒性。报道显示，长春新碱（外周神经病变）、5-氟尿嘧啶（抽搐、定向障碍）、顺铂（耳聋）都会引起神经毒性。5-氟尿嘧啶的神经毒性多见于猫，因此，这种药物禁用于猫。
4. 严重的蜂窝组织炎。若给药时发生皮下渗漏，多柔比星、放线菌素D、长春新碱、长春花碱和氮芥等都能引起局部严重的蜂窝组织炎。针对这种情况，治疗措施如下：

- 一旦怀疑或已经发生渗漏，应立即停止输液。
- 仔细检查留置针及其周围组织，查找血管周围肿胀或“血管膨胀”的现象。
- 一旦确认发生了渗漏，应尽量抽药液，并回抽5mL血液。
- 向组织渗漏区放上冰袋和固醇类膏剂。若发生多柔比星渗漏，可静脉输注右雷佐生。
- 向外科专家咨询如何灌洗和处理创口。治疗跟软组织受损程度有关，可交替用干-湿敷料移除坏死组织、仔细更换绷带、手术重建、甚至可能截肢（最坏的情况）。

出于这一原因，所有的化疗药物均需经留置针输注，不要直接用钢针或蝶形针输注。放置留置针时要严格遵循标准的无菌操作流程，以确保留置针安全地固定于合适的位置（图3.5至图3.12）。

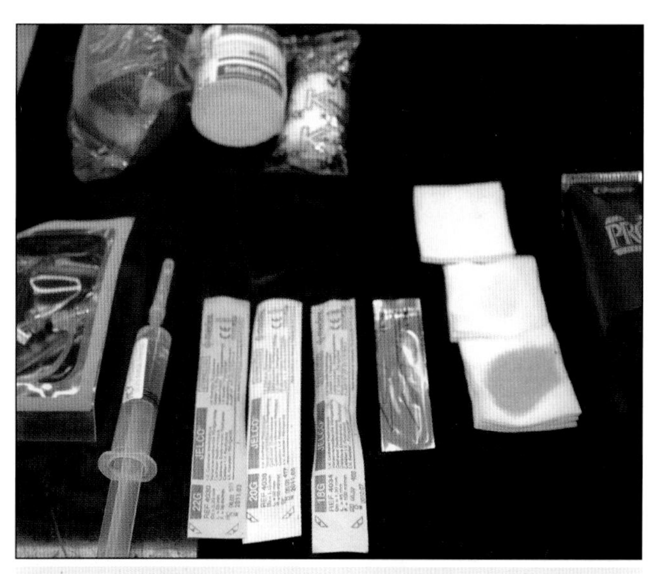

图3.5 为放置化疗留置针做准备

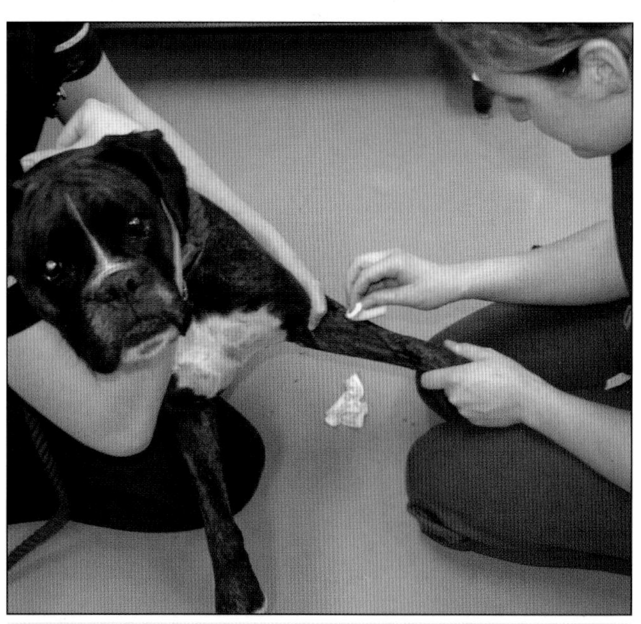

图3.6 准备静脉输液区剪毛，用抗菌药物（如洗必泰）消毒，待其干燥

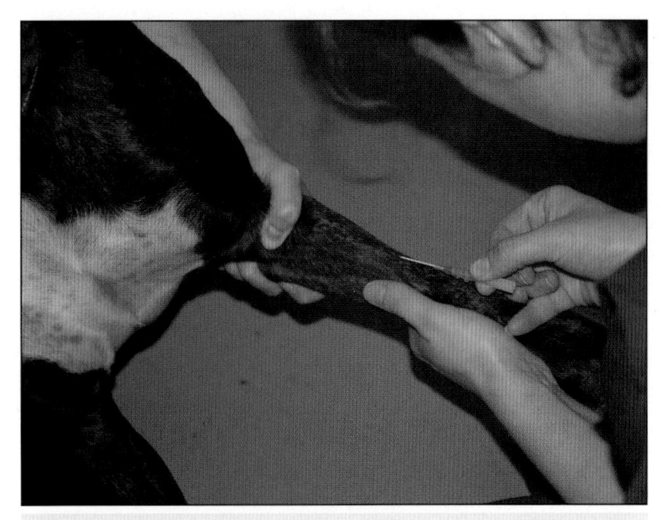

图 3.7 适当保定动物，放置留置针，若留置针导管通过静脉后没有留在静脉腔内，应马上更换静脉

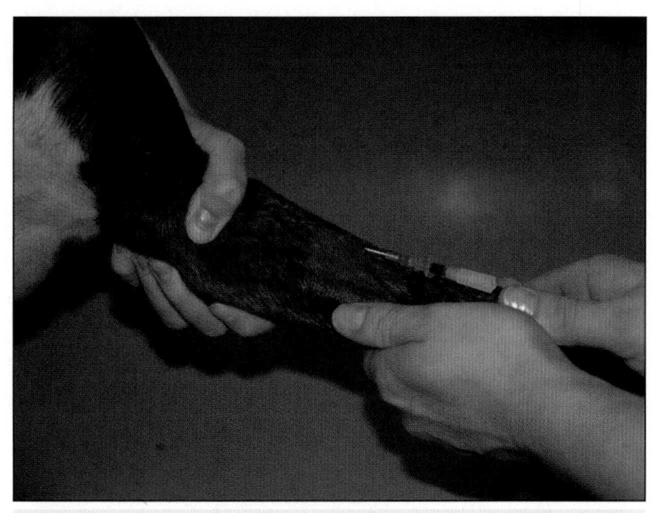

图 3.8 一旦针芯内出现血液，需小心向前推进留置针导管

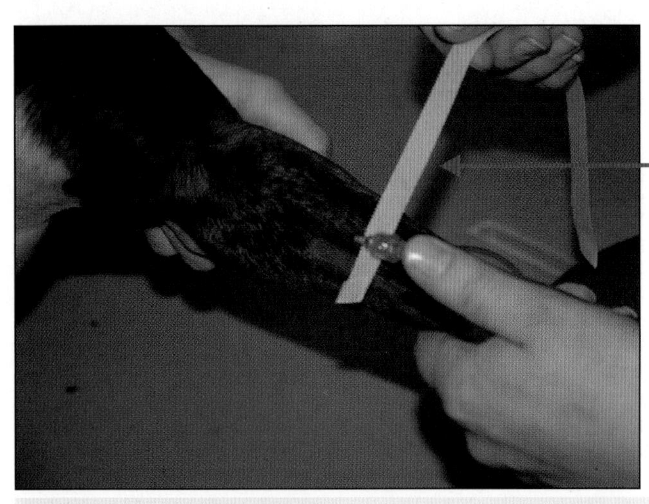

胶带缠绕腿部之前，缠绕留置针上下两侧，确保留置针与腿部固定牢靠

图 3.9 一边小心推进留置针，一边移除内芯。将导管用胶带固定于初始位置，如图 3.8 所示

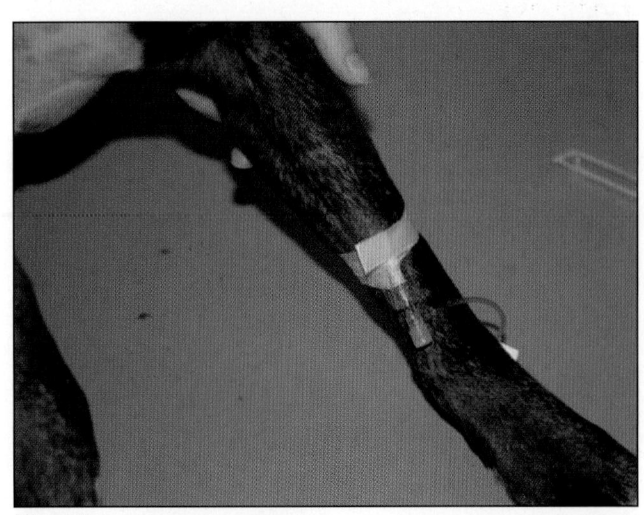

图 3.10

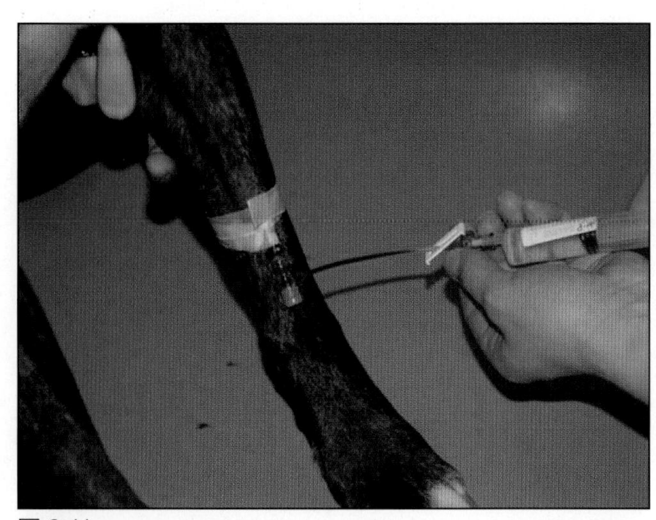

图 3.11

图 3.10 和图 3.11 一旦用胶带固定好留置针，将三通管固定好，然后通过回抽血液评估留置针导管是否通畅。一旦放置好留置针，小心用 10mL 灭菌生理盐水彻底冲洗

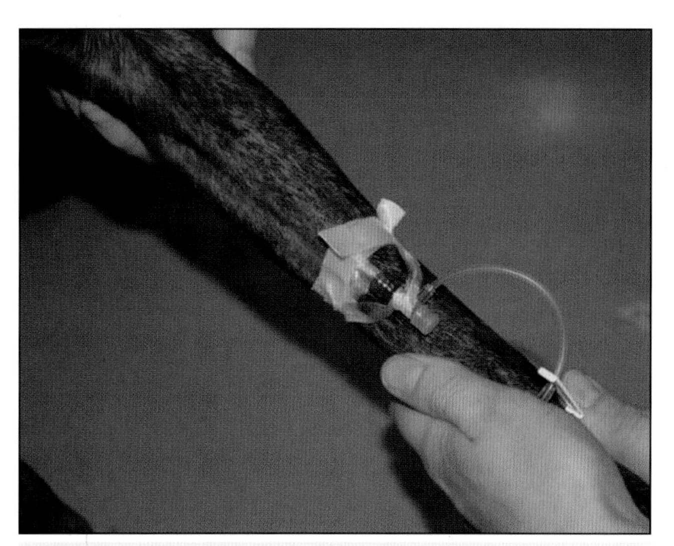

图 3.12 用同样的方法固定好三通管，然后用绷带包扎整个留置针，以保证清洁，并防止动物移除留置针

兽医化疗常用药物

结合如下病例将阐述兽医临床常用化疗药物的作用机制和毒性作用。

病例3.1

一只7岁已绝育拳师犬因在常规免疫体检时发现全身淋巴结病变前来就诊。肩前淋巴结和腘淋巴结经细针抽吸检查证实为淋巴瘤。流式细胞检查证实肿瘤为B细胞淋巴瘤，腹部超声检查显示肝脏和脾脏无明显变化，胸部X线检查显示肺脏无明显变化。该病例被确诊为Ⅲa级多中心淋巴瘤（附录1），主人选择用大剂量COP化疗方案治疗，这一方案包括环磷酰胺、长春新碱和泼尼松龙3种药物。

1. 环磷酰胺是烷化剂的一种，这类药物还包括苯丁酸氮芥、美法仑、洛莫司汀和羟基脲。这类药物通过插入烷化基团与DNA双链结合，从而抑制蛋白质合成。它们对细胞周期无特异性作用。环磷酰胺经静脉给药或口服给药后，能被迅速吸收，在肝脏内转化为其活性形式，然后以无活性形式通过尿液排出。环磷酰胺可用于淋巴瘤、白血病、软组织肉瘤和猫乳腺瘤的治疗，并且通常和其他药物一起应用。环磷酰胺的主要毒性为骨髓抑制（给药7～14d后出现白细胞最低点，其后5～10d内恢复）和无菌性出血性膀胱炎（可见于首次给药或长期给药，常于给药早期出现）。若在使用环磷酰胺的同时用美司钠（巯乙磺酸钠）可以预防环磷酰胺代谢产物丙烯醛的产生，同时使用呋塞米，可降低出血性膀胱炎的发生率。然而，由于兽医临床中出血性膀胱炎的发生率很低，因此，使用环磷酰胺化疗时这两种药并不是常规用药。如前文所述，环磷酰胺诱导的出血性膀胱炎很难治疗，虽然停药后症状可能会消失，但是有时这种症状会维持数月，大大增加治疗难度。出血性膀胱主要的鉴别诊断是细菌性膀胱炎，可通过膀胱穿刺采集尿样，然后进行全面的尿液分析和尿液培养。任何病例怀疑发生或已经出现环磷酰胺诱导的出血性膀胱炎，则应立即停止使用环磷酰胺，更换为其他烷化剂（图3.13）。
2. 长春新碱是从植物中提取的一种生物碱，和长春花碱一样，来源于长春花类植物。这类药物通过结合有丝分裂时出现的微管蛋白，抑制纺锤体的形成和功能，导致有丝分裂中期受阻。长春新碱只能静脉注射给药，经肝脏代谢后，通过粪便排泄。长春新碱可用于淋巴瘤、传染性性病肿瘤（仅用这一种药物就可达到高的有效率）的治疗，对肥大细胞瘤也有效。在转移性血管肉瘤的治疗中，可联合多柔比星和环磷酰胺，即所谓的VAC化疗方案（VAC：V即Vincristine

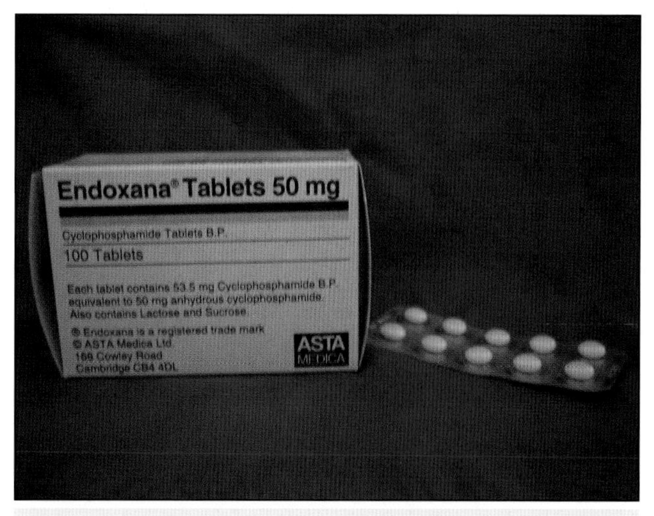

图 3.13 环磷酰胺可通过静脉或口服给药

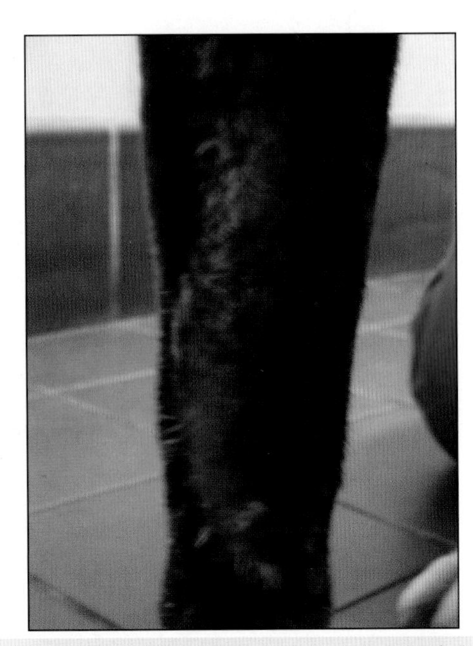

图3.14 一只斯塔福德郡斗牛㹴在接受长春新碱化疗时，由于未使用留置针而出现药物外渗，从而导致皮肤和皮下组织损伤。外科兽医认为药物没有渗漏至血管外，但该犬于给药12h后开始出现不适的症状

长春新碱，A即Adriamycin多柔比星，C即Cyclophosphamide环磷酰胺——校者注）。长春新碱的毒性包括不慎渗漏引发严重的血管周围反应（图3.14）、便秘（犬不常见，可见于猫）和外周神经疾病。这种药物可引起中度骨髓抑制，和L-天门冬酰胺酶一起使用时，骨髓抑制的毒性可能会增强。

3. 泼尼松龙。这是一种类固醇激素，通过结合细胞浆中的受体，干扰DNA复制，阻止细胞分裂。泼尼松龙对淋巴细胞有直接的毒性作用。该药经过肝脏代谢，其无毒代谢产物主要经过尿液排泄。泼尼松龙的毒性作用主要表现在其糖皮质激素作用方面，包括多饮、多尿、多食、医源性库兴氏综合征、嗜睡、行为变化等。泼尼松龙对淋巴增生性肿瘤疾病和肥大细胞瘤的效果较好。

病例3.2

一只12岁已绝育的杂种猎犬，因10d来渐进性嗜睡和食欲不振前来就诊。饮水增多，未见呕吐。它还有间歇性跛行的症状，主人以为它患有关节炎。患犬CBC检查显示白细胞计数显著升高，伴有严重的血小板减少症和中度非再生性贫血。腹部超声检查和胸部X线检查未见明显异常，随后对患犬进行骨髓抽吸检查，最终发现该犬患有慢性粒细胞性白血病（chronic lymphocytic leukaemia，CLL）。该犬用苯丁酸氮芥和泼尼松龙进行治疗。

- 苯丁酸氮芥（“瘤可宁”）和环磷酰胺一样，都是烷化剂，经肝脏代谢为活性形式，最后经尿液和粪便排泄。仅有片剂。该药也可用于淋巴瘤的维持化疗。在治疗淋巴细胞白血病时还可作为环磷酰胺的替代品。该药比环磷酰胺的效果差，但毒性比其他药物的小。根据作者的经验，该药的耐受性比较好，犬猫均可使用，一些淋巴瘤病例可同时使用该药和泼尼松龙来代替环磷酰胺进行治疗。

病例3.3

一只8岁已去势的杰克罗素㹴，因嗜睡、疑似尿失禁、烦渴前来就诊。临床检查显示该犬有轻度淋巴结病变，伴有巩膜充血。血清生化检查显示该犬有显著的高球蛋白血症，蛋白电泳结果为单克隆γ-球蛋白升高。骨髓抽吸检查发现大量肿瘤性浆细胞，最后，该犬被诊断为多发性骨髓瘤，并采用美法仑和泼尼松龙联合化疗，控制良好。

- 美法仑（“爱克兰”片，美法仑注射液）是一种氮芥的苯丙氨酸衍生物，为一种烷化剂，在兽医中用于治疗多发性骨髓瘤，在一些肿瘤（如淋巴瘤）的治疗中，氮芥还可代替环磷酰胺。也会引起骨髓抑制（特别是延长给药），症状为血小板减少症，但发生率比较低。

病例3.4

一只5岁雄性金毛寻回猎犬，因主人发现其右后肢膝关节掌侧处“肿块”前来就诊。临床检查发现该犬全身淋巴结病变，且肝脾增大。细针抽吸检查发现在肿大的淋巴结中50%以上的细胞为淋巴母细胞，因此，该犬被诊断为Ⅳa期多中心淋巴瘤。该犬的治疗方案为改良Madison-Wisconsin化疗方案，药物包括L-天门冬酰胺酶、长春新碱、环磷酰胺、多柔比星和泼尼松龙。

- 多柔比星（“阿霉素”）是一种抗肿瘤抗生素，通过和DNA结合形成稳定的化合物而抑制DNA合成，从而起到抗肿瘤的作用。该药需用0.9%生理盐水稀释，然后缓慢静脉输注，每次给药的时间需在20min以上。作者使用多柔比星时，常用0.9%生理盐水稀释，或直接将多柔比星加入生理盐水袋（100mL）中，请注意，注入多柔比星之后要保证有20mL的无菌生理盐水冲洗注射袋，以保证达到最佳给药剂量，移除留置针前还要保证将留置针冲洗干净。多柔比星经肝脏代谢，50%的代谢产物排泄汇入胆汁，也会经肾脏排泄，偶尔引起给药后2d内尿液变色。多柔比星是一种广谱抗肿瘤药，很多种类的肿瘤都有效，如淋巴瘤、肉瘤、癌和乳腺瘤。然而该药也会引起显著的毒性反应。给药5min后可能会出现速发型组胺介导的过敏反应，甚至休克，因此建议给药前先注射马来酸吡胺（扑尔敏）。给药后，一些病例还可能会出现胃肠道毒性、脱毛和骨髓抑制等情况，尤以中性粒细胞减少最为明显。胃肠道毒性包括呕吐（用药后2～5d）、厌食（用药后24～48h）和腹泻（用药后3～7d）。动物通常于给药后7～10d出现白细胞最低点，14d后即可恢复。正如前文所述，该药也会引起明显的心脏毒性，有明显的剂量限制作用，因此建议大多数动物的累积剂量为180mg/m^2（图3.15）。

- L-天门冬酰胺酶是细菌的一种酶，能夺取生长细胞的氨基酸，从而导致蛋白质合成障碍。然而，很多肿瘤细胞能使内源性天门冬氨酸的合成增加，因此，很快会产生对L-天门冬酰胺酶的耐药性。另外，由于动物接触异种细菌蛋白也会产生抗体，因此，再次给药时过敏的风险很高。过敏反应常于给药1h内出现。少数犬用过该药后会出现急性胰腺炎。该药可以皮下注射或肌内注射，代谢后经尿液或粪便排泄。L-天门冬酰胺酶和其他药物连用可用于治疗淋巴瘤和淋巴细胞性白血病，单独使用时并不能使淋巴瘤得到真正的缓解。另外，最近一项研究发现，不管CHOP化疗方案中有无L-天门冬酰胺酶，都不会影响淋巴瘤的缓解率和缓解时间，因此，在淋巴瘤的治疗中，这一药物的使用尚存争议。当其他细胞毒性药物可能会引起免疫抑制时（如同时出现淋巴瘤和埃里希体感染），可当作补救治疗药物。在联合化疗方案中，该药也可在第一次给药时使用。

该金毛寻回猎犬达到完全缓解，于治疗6个月后停药，然后于治疗13个月后复发，补救治疗用药为洛莫司汀（“CCNU”）。

- 洛莫司汀经口服给药，犬需每3周给药1次，而猫可以每3～6周给药1次。它是一种烷化剂，对淋巴瘤、肥大细胞瘤、某些脑部肿瘤和纤维肉瘤有一定效果。该药在肝脏中被氧化代谢后，代谢产物经尿液排泄。洛莫司汀的主要毒性为白细胞减少症，可在治疗7～14d后出现严重白细胞减少。动物使用这一药物治疗后可能会出现致命的肝脏毒性作用，毒性风险会随治疗次数增加而增加。因此，对于使用洛莫司汀治疗的动物，建议常规监测肝脏功能（监测血清ALT活性），若肝脏功能指标升高，应立即停药（图3.16）。

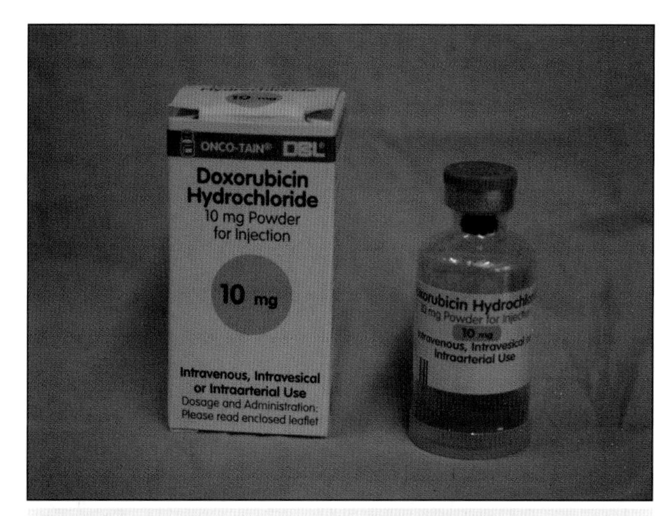

图3.15 在分类上多柔比星是一种抗肿瘤抗生素

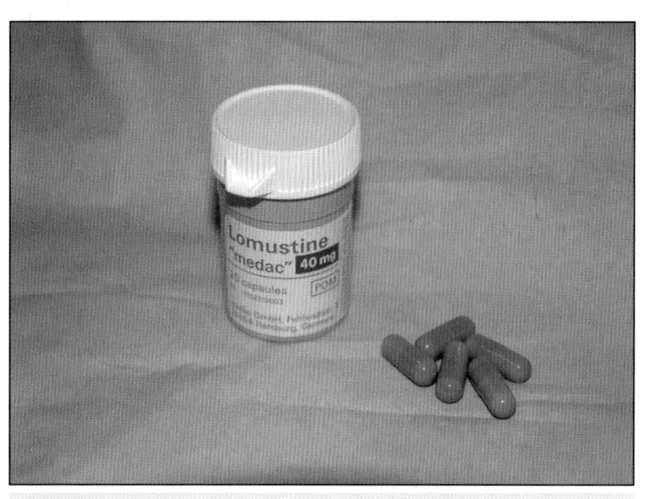

图3.16 洛莫司汀是一种烷化剂

病例3.5

一只4岁已去势拉布拉多犬，左肩处出现多发性、红斑性皮肤肿块，细针抽吸检查结果为肥大细胞瘤，组织学检查证实肿瘤为Ⅲ级。由于组织学检查提示肿瘤具有侵袭性，主人选择使用长春花碱和泼尼松龙辅助化疗。

- 长春花碱是长春花植物的一种生物碱，只能静脉注射给药，通常14d给药1次。和长春新碱相似，该药通过干扰微管装配抑制纺锤体形成起到抗瘤作用。该药阻碍谷氨酸的利用，因此可阻止嘌呤合成、柠檬酸循环和尿素形成。给药后经肝脏代谢，主要排泄汇入胆汁。长春花碱和长春新碱的耐受性都很好，但一些犬使用该药后会出现轻度中性粒细胞减少症、厌食和呕吐等症状（图3.17）。

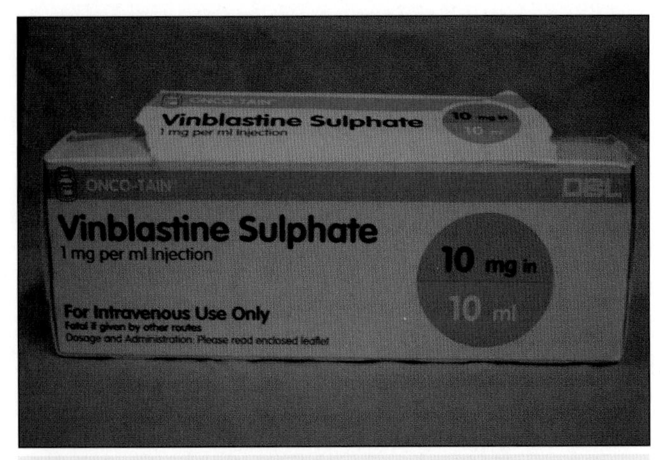

图 3.17 长春花碱是长春花植物的一种生物碱

该犬于治疗初期反应良好，20d后已经触诊不到肿瘤，且除了多饮多食外，该犬未出现其他不良反应。然而不幸的是，在第6次给药时（治疗第12周时），该犬突发头颈部凹陷性水肿和青紫色瘀斑（图3.18），同时还出现了气喘和呕吐的现象。由于恶化过于迅速（可能是肥大细胞脱颗粒释放大量组胺引起的），主人选择对其施行安乐术。

图 3.18 病例 3.5 Ⅲ级肥大细胞瘤患犬肿瘤复发，出现严重的面部水肿、口腔出血和皮肤瘀斑。该犬极度虚弱、呕吐

病例3.6

一只6岁已绝育德国牧羊犬，因进行性嗜睡和极度烦渴前来就诊。临床检查发现其黏膜红染。CBC检查显示其红细胞数极度升高（红细胞压积PCV达78%）。胸部X线检查未见明显异常，血气分析表明该犬不缺氧，而且其血清促红细胞生成素在最低限。其他诊断性检查也未见异常。该犬被诊断为原发性红细胞增多症。开始采取放血和补液治疗，然后单独使用羟基脲进行化疗。

- 羟基脲能阻断核苷酸向脱氧核苷酸的转化，放在有丝分裂期能抑制DNA的合成。经口服给药，通常每天1次，根据临床效果或其不良反应可调整用药，改成每2d 1次或每3d 1次。经肝脏代谢，经肾脏排泄入尿液。该药的耐受性较好，但一些病例也会出现胃肠道毒性和骨髓抑制。长期用药也能出现营养不良。

该犬于治疗后完全缓解，并且未出现明显的不良反应。其PCV仍处于参考范围的上限（48%～53%）。维持21个月后复发，最后主人选择对其施行安乐术。

病例3.7

一只9岁已去势卷毛比熊犬，因血尿前来就诊，但该犬无疼痛性尿淋漓的症状，之前被诊断为膀胱移行细胞癌（transitional cell carcinoma，TCC），该病例接受了手术治疗，切除膀胱内肿物，然后辅以米托蒽醌和吡罗昔康化疗。

- 米托蒽醌是一种抗肿瘤抗生素（和多柔比星相似），其作用为抑制拓扑异构酶Ⅱ。该药对很多种类的肿瘤都有效，如淋巴瘤、鳞状上皮细胞癌（squamous cell carcinoma，SCC）和TCC，单独使用时缓解维持时间较短。该药还可用作猫口腔SCC的放疗敏感增强剂。该药可以像多柔比星一样，用0.9%生理盐水稀释后静脉输液，每3周1次，连续

5个循环。该药的主要毒性为骨髓抑制，但和多柔比星不同的是，该药并不会引起过敏反应、心肌病变、心律不齐、结肠炎和组织损伤（药物渗漏）。

- 吡罗昔康是一种非甾体类抗炎药，而非细胞毒性化疗药，但在犬TCC的治疗中，有一定的抗肿瘤效果。该药的作用机制尚不明确，可能跟抑制COX-2（很多肿瘤会表达，包括人的膀胱癌和犬膀胱肿瘤）有关。PGE2（前列腺素E2）可能会促进肿瘤细胞生长，并具有免疫抑制和促进肿瘤血管生成作用，研究表明吡罗昔康和米托蒽醌联用能延长犬TCC的无症状期。该药可经口服给药，每天1次，和食物一起服用即可，唯一的（较低）风险是胃肠道溃疡。该药在欧洲还未被批准用于动物的治疗，但有其他获批的NSAIDs，因此使用此药的处方医师有可能存在责任风险（图3.19）。

该卷毛比熊犬12个月内表现良好，12个月后再次出现血尿。腹部影像学检查证实肿瘤复发，但这次肿物在膀胱颈处。细胞学检查（尿沉渣细胞学）证实为TCC复发，主人拒绝进一步治疗，最后患犬被施行安乐术。

病例3.8

一只4岁已绝育杜伯曼犬，因7d来右前肢进行性跛行前来就诊。X线检查显示骨骼溶解，伴有明显的皮质溶解和溶骨区周围呈栅栏状的新骨形成。骨骼活组织检查证实肿瘤为骨肉瘤，全面分期检查未发现明显的转移征象，右前肢被截肢，然后用多柔比星和卡铂交替进行辅助化疗，每3周给药1次，连续治疗6次。

- 卡铂是一种铂类化合物，在人类医学中，为减轻顺铂的毒性作用，才发展出卡铂这一药物。作为一种重金属化合物，它能结合DNA双链内或链间，抑制蛋白质合成，因此，这一药物并非细胞周期特异性药物。卡铂的抗肿瘤谱和顺铂的相似，主要用于骨肉瘤的治疗，但对SCC、肺癌、TCC、肛周腺癌、卵巢癌和间皮瘤（作者还曾经用该药成功治疗了软组织肉瘤）都有一定效果，并且其肾毒性较小。该药需静脉输注，吸收代谢后经尿液排泄。尽管由于卡铂的半衰期比顺铂的长，但是其在尿液中的浓度非常低。然而，代谢产物还是具有细胞毒性的物质，因此工作人员和兽医在处理犬的尿液时要多加小心。虽然如此，其毒性远低于顺铂。已报告的主要毒性作用是骨髓抑制（给药后11～14d出现白细胞检测值最低点），作者发现少数犬于给药后可出现明显的胃肠道不良反应。肾毒性非常少见。和顺铂（会导致猫出现致命的肺水肿）不同的是，卡铂也可用于猫（猫的用药剂量为200mg/m^2，犬的用药剂量为300mg/m^2），且耐受性好，若给药恰当，将非常有效（图3.20）。
- 这个病例也可以使用顺铂治疗，单独使用顺铂或顺铂与多柔比星联合应用。由于顺铂能引起强烈呕吐，并且其代谢产物对泌尿系统有严重的损伤作用，因此，顺铂的应用并不广泛。顺铂也需要经静脉输注，与蛋白质结合后，以其活性形式经尿液排泄，治疗24h后必须采集患犬的尿样。顺铂

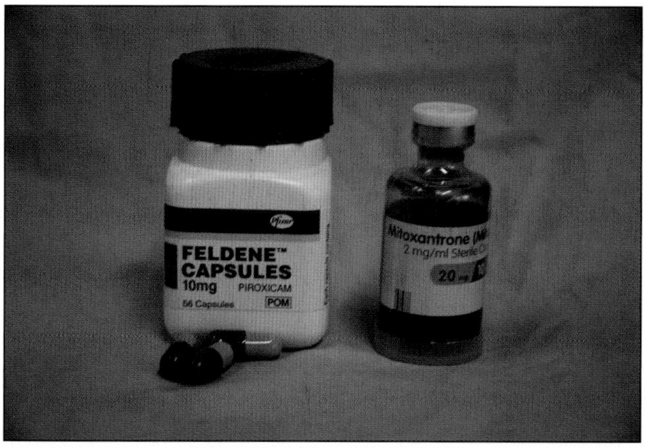

图3.19 吡罗昔康是一种非甾体类抗炎药，而非细胞毒性化疗药

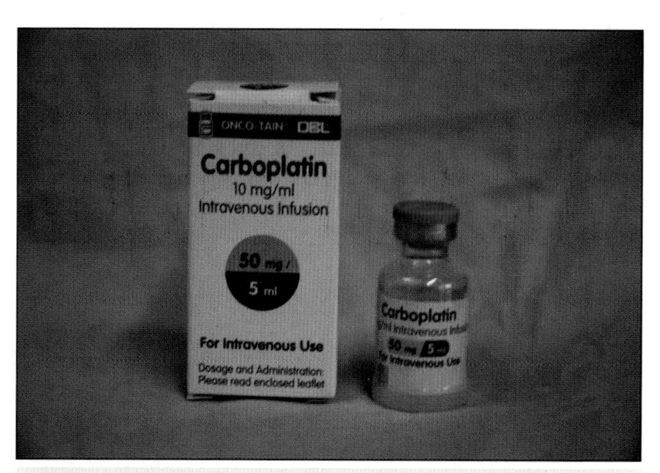

图3.20 卡铂是一种含铂的化合物，为减轻顺铂的毒性作用，才研发出卡铂这一药物

的毒性作用主要包括强烈致呕（即很多犬在用药1h后发生呕吐，使用止吐药物后此类呕吐症状也未见明显好转）和肾脏毒性，因此，给药结束后仍需静脉输注生理盐水来稀释尿液。

该犬同时使用美洛昔康镇痛，11个月内表现良好，此后该犬再次出现嗜睡和不愿运动的症状。胸部X线检查显示其肺部有多个转移病灶。主人拒绝进一步治疗，最后患犬被施行安乐术。

诊所内化疗药的安全处理

请注意：下一部分仅提供一些操作指南和建议，不能将这些建议当作诊所内实际处理细胞毒性药物的规定性指令。作者建议任何准备处理细胞毒性化疗药物的临床医师需联系安全主管，先完成专门的CoSHH培训。任何未接受过专业培训的工作人员若在操作过程中受到任何伤害，作者和出版商均不承担任何责任。

由于细胞毒性化疗药有潜在的危险，因此，兽医诊疗工作中，安全操作处理已经成为一个严肃的安全与健康问题。细胞毒性药物有蓄积致突变、致癌和致畸的作用，因此，不管是工作人员还是动物主人，给药时应尽量减少与化疗药和给药动物代谢物的接触，这绝对是一件生命攸关的大事。人医处理化疗药时需严格遵照HSE的操作流程，兽医诊疗中也应遵守这些规定。英国的所有诊所必须先起草标准化操作流程，结合2002版的CoSHH法规，当地法规对每种拟采用药物的使用也有相关规定。

在处理化疗药时，首先须了解什么时候最有可能接触到细胞毒性药物。最有可能接触到药物的时间节点包括：

1. 从加压注射器内回抽针头时。
2. 从不同设备中转移药品时。
3. 打开玻璃安瓿时。
4. 注射器排空时。
5. 设备功能障碍，或运行不良时。
6. 细胞毒性药物片剂碎裂时。
7. 处理用细胞毒性药物治疗动物的排泄物（包括呕吐物）时。

最常见的接触形式包括吸入雾化颗粒、经皮肤吸收、经未保护的手-脸接触和经手-嘴（饮食或抽烟）接触等。为避免出现这些情况，可参照如下建议操作：

1. 所有参与细胞毒性药物存储、操作、给药的员工和照顾化疗动物的员工都要接受全面的培训，所有操作均要遵照标准流程。
2. 药物存储。所有的化疗药均需单独存放于安全的加锁区域，且需远离其他药物。这些药物还要远离食物/饮水，存储在贴好标签的防震盒子里（如特百惠带锁盒子）。每个打开的瓶子都要单独放在有拉链的袋子（有多种用途）里，然后将袋子放在容器中。一些特殊的药物需要用记号笔醒目地在瓶子上标注有效期和浓度，因为这些药物一旦重新配制，只能保存一定时间。处理药物时，需仔细阅读药物说明书和厂家关于药物存储的温度和时间要求，还要从厂家那里获取化学药品安全说明书，了解这些药物的物理性质和化学性质，以及其他处理药品时应采取的预防性措施。所有装化疗药的盒子都要贴好标签（包括危害警告标签）（图3.21）。
3. 药物准备。最好在工作时记下所有计算好的药物剂量，即使是常规的重复给药。强烈建议重复检查给药剂量，最好与同事合作完成。一旦计算好药物剂量，工作人员需穿好防护服，还要带上一次性的无粉手套（因为粉末会吸收化疗药物），可佩戴一双或两双手套；最好再戴上半面罩式呼吸防护器（虽然外科用口罩很方便，但是此处不推荐），并穿上袖口紧收的非渗透性长袍（防水外科手术长袍即可），佩戴护目镜。操作者还同时穿上防水套袖（图3.22）。所有的临床医师和助手都需要穿戴防护服。任何准备怀

图3.21 化疗药需小心存储在贴有标签的容器中，并放置在安全的位置

孕或可能已怀孕的员工、哺乳期的员工和发生免疫抑制的员工都要避免处理和接触化疗药物。

在配制化疗药时需倍加小心。理论上，所有细胞毒性化疗药物均需在Ⅱ级生物安全柜（垂直风向的通风橱）中操作（图3.23），外科医师也要遵守这一规定。由于只有肿瘤专科中心才有这样的设备，建议根据具体情况，把病例转诊至当地的肿瘤专家处治疗，因为他们那里会有这些设备，从而能安全给药。另一种选择是在当地普通医院药房按照要求准备药物，但是通常这种做法难以实现且不方便。这些说明只是为了强调确保配制、给药和管理细胞毒性药物过程中安全的重要性。

临床医师在配药时至少要穿上防水长袍，戴上腈手套、有机玻璃护目镜和外科口罩（最好是防毒面具）。口罩要紧贴脸部，以确保通过口罩呼吸，而不是通过其边缘的空隙换气。混合药物时必须要保证在垂直风向的通风橱区域操作，从而避免气流经通风口或风扇处吹向其他地方，要远离其他工作人员。操作台上最好放置一层可吸收性塑料垫，以防污染。同时推荐使用带有“Luer”锁的注射器和化疗针，以减少接触不紧密时产生气溶胶的概率（图3.24）。化疗针或密封瓶系统都是安全设备，用它们从药瓶的顶部进针，可以防止瓶内高压产生气溶胶，从而导致操作人员吸入药物。

如果没有化疗针，则必须谨慎操作，使药瓶内维持负压或无压力状态；不要向小瓶内加压。选择和所用药物容积接近的注射器，确保安全操作，以减少药物溢出或洒出风险。为维持瓶内负压，可向瓶内注射少量适宜的稀释液，然后抽吸出一些空气。在小瓶顶部和退针区用酒精浸泡过的纱布包裹好（图3.25）。如有需要，可轻轻转动小瓶来充分溶解药物。将小瓶倒置，慢慢抽出药物。确保不要用注射器向外排出空气，因为注射器内可能含有细胞毒性药物的微粒。

4. 注射给药。首先要选择合适的静脉留置针，妥善放置好留置针并将其固定好。最好使用型号稍小的留置针，这样可以保证静脉导管周围血液循环畅通，药物能迅速被循环血液运输走。如果怀疑留置针放置不够完美，可能会引起药物外渗，则需果断舍弃这一留置针，换另一条腿重新放置。一旦放置好留置针，最好用10mL（至少5mL）灭菌生理盐水冲洗留置针导管，确

图3.22 作者（RF）和助手在给一只拉布拉多寻回猎犬注射多柔比星，除了穿好防护服，还要在注射器的下面垫上可吸收垫料，防止药液溢出，并且在注射器的周围包裹一层浸满酒精的纱布

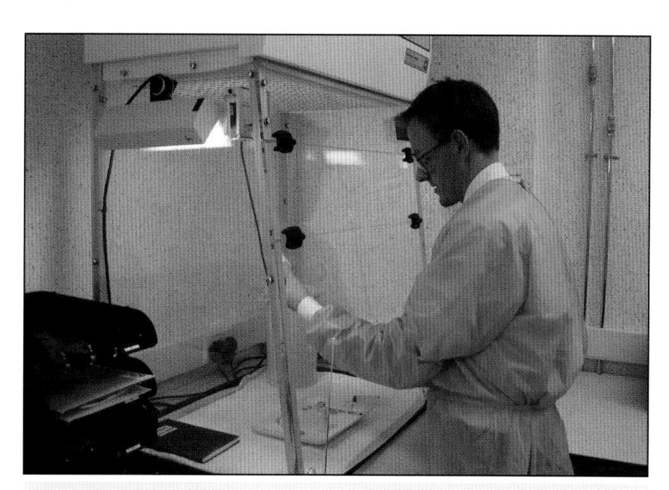

图3.23 作者（RF）正在一个垂直风向的通风橱（符合安全处理化疗药要求）中处理化疗药物。注意，要穿上防护服，以防药物溅出

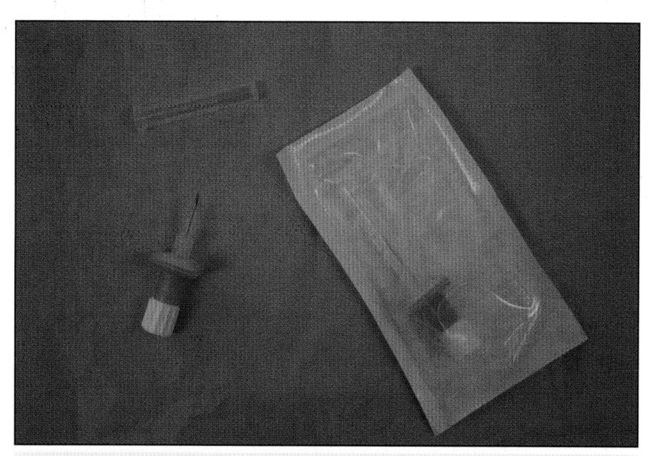

图3.24 化疗安全针，用于配药和从小瓶内抽吸细胞毒性药物，可减少气溶胶的产生

保留置针放置良好，且静脉导管开放。冲洗液中不能添加肝素，因为肝素可能会使一些药物（如多柔比星）出现沉淀。任何接口都要紧密连接。药物输注完毕后，应再次用生理盐水（至少10mL）冲洗留置针。移除留置针时也要小心，且勿使药物倾洒。

如果化疗药（如环磷酰胺）为片剂，用药前不能破坏原来的包装。负责给药的人及其助手都要戴上一次性手套，并且在动物舒适的情况下迅速给药，保证药物被完全吞咽。

在舒适安静的环境下给药是非常重要的。给药期间需要在房门上贴上警示标志，且在给药期间限制通行（图3.26）。

应将所有已污染/怀疑被污染的材料（包括手套）放进贴好标签的细胞毒性物质垃圾袋（图3.27）。

这个袋子须经二次包裹，并贴好标签，然后存储在一个非渗透性的细胞毒性垃圾容器内（图3.28）。

垃圾必须按照相关规定在合适的地点焚烧。处理患病动物身上的任何用品都要戴上手套，并且单独清洗。

5. 发生倾洒时该怎么办？所有诊所在处理细胞毒性药物时都要有“清除”方案，以备细胞毒性药物处理过程中出现倾洒的现象。操作流程应遵循以下建议：

- 一旦出现倾洒事件，应立即限制通行，让相关工作人员单独处理这一问题。
- 解决这一问题的员工应像实施化疗药治疗一样必须全面穿戴防护服，还要穿上防水的靴子。
- 用塑料可吸收垫（如尿失禁垫）来吸取所有液体。
- 如有碎玻璃，应尽可能避免玻璃刺穿手套，需将所有碎玻璃放入防穿容器中（如利器盒）。
- 用潮湿的塑料可吸收垫（如尿失禁垫）去除所有粉末。
- 将所有被污染的材料都放在贴有标签的防水袋里，和常规处理化疗药物的方式一样，要确保这些污染材料的处理方式正确。
- 用大量清水冲洗所有被污染的台面（切记这样可能会生成气溶胶），然后用清洁剂清洗，重复3次。
- 结束后丢弃掉所有的防护服，防护服的处理方式和处理污染材料的方式一样，然后认真洗手。

6. 所有诊所都应该准备一套“倾洒套装”，来应对意

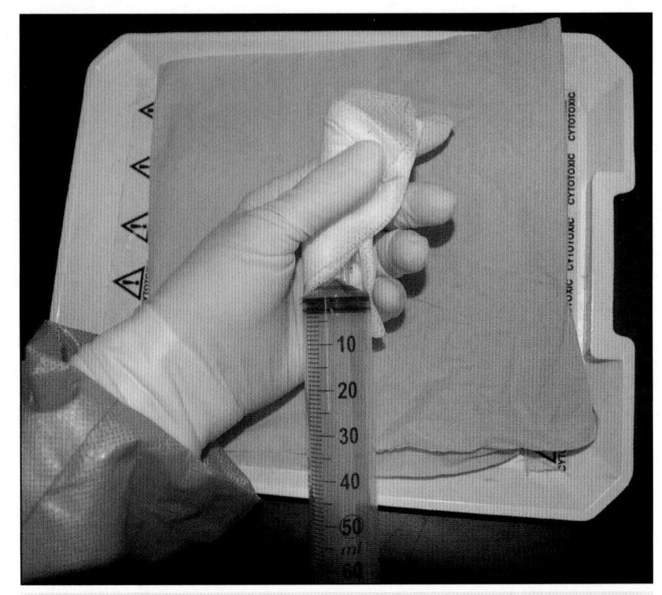

图 3.25 使用酒精浸泡过的纱布包裹在注射器外面，将药物从小瓶内抽出时，可减少气溶胶造成的危害

图 3.26 在作者的诊所中，在化疗期间化疗室门上需张贴警示标志

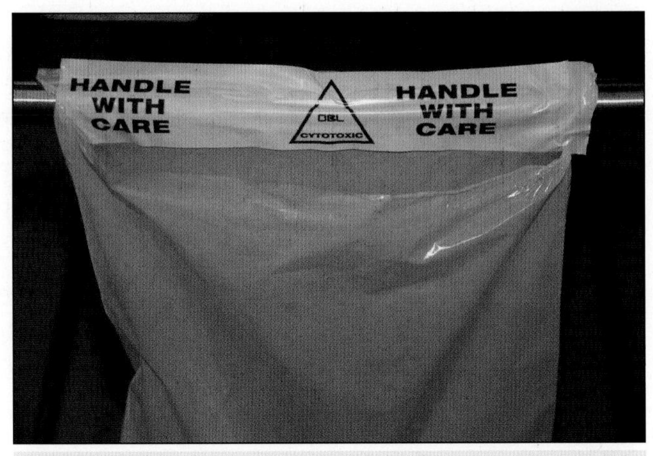

图 3.27 将已污染/怀疑被污染的材料放进贴好标签的细胞毒性物质垃圾袋内

外药物倾洒事件，这一套装应该包括（图3.29）：

- 4双乳胶手套，或2双加厚腈手套。
- 一套一次性防水外科手术服（长袍）。
- 护目镜。
- 防毒面具，或至少有一副呼吸面罩。
- 防水性可吸收垫，一次性擦拭纸。
- 清除碎玻璃的一次性铲子。
- 盛放碎玻璃的防刺穿容器。
- 化疗垃圾袋及标签。

7. 动物主人的安全与健康。在对犬猫进行化疗治疗时，不能让主人与化疗药物意外接触，这是医生的职责之一。医生要告诉主人他们可能接触到的细胞毒性药物代谢产物的潜在危险，尤其是对那些有孩子或孕妇的家庭。化疗动物一旦回家，危险物主要包括尿液、粪便、唾液或呕吐物。解决这一问题的最好办法是向主人提供一份注意事项列表，如图3.30所示。

所有的化疗安全措施看起来都是恐怖的，但是只要小心仔细操作就能最大程度的保障化疗的高效安全。毫无疑问，“搞好安全比事后道歉强”，只要我们进行化疗，就要设法保障动物的安全、兽医工作人员的安全、动物主人的安全。如果所在诊所不能安全地给药治疗，还是强烈建议将患病动物转诊到肿瘤专家的诊所进行处置。

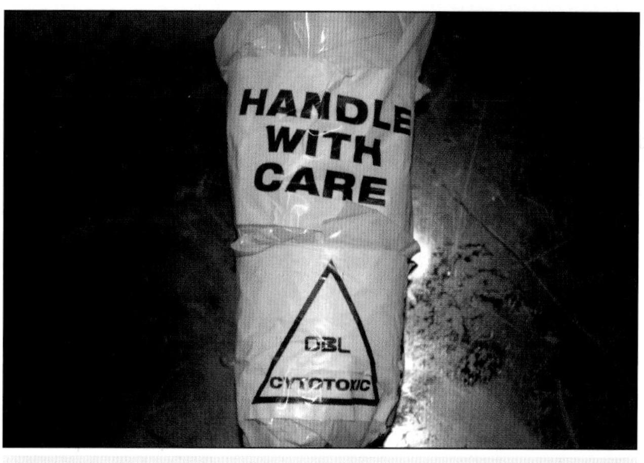

图 3.28 垃圾袋外必须再套上一个细胞毒性物质垃圾袋，并贴好标签，然后存储在一个非渗透性的细胞毒性垃圾容器内

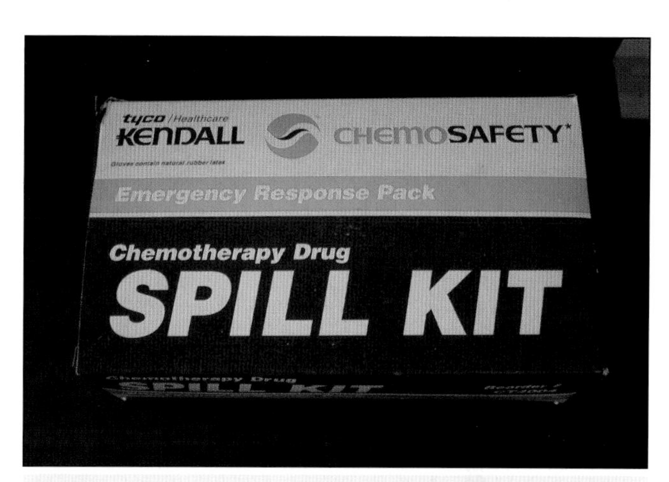

图 3.29 商用“防溢出工具包”，用于作者的医院

X 患病动物化疗须知

日期--------

- X 今天来复诊，并进行 ? 化疗治疗。
- 临床检查结果显示 ??? 。
- CBC检查结果血象正常。
- 我们通过 X （左/右）侧头静脉给动物输注 ? mg，输注过程没出现意外情况。
- 如果 X 于治疗5d内出现呕吐症状，都有可能是化疗的并发症（危险），应马上戴上防水手套清除呕吐物。不要用手直接接触摸呕吐物。使用足够多的厨房用纸盖住呕吐物，尽量吸干呕吐物，然后用防水塑料袋盖住厨房用纸，小心将所有呕吐物和纸张移入袋子中，之后再用一只塑料袋套在外面。用清水小心冲洗地板，动作不能太粗鲁，不要产生气溶胶。最好用拖把将地面拖干净，并远离此处。然后等其自然干燥，干燥前请勿接触地面。
- 给药72h内请勿接触 X 排出的体液（尿液、粪便和唾液），因为一些药物经这些途径排出。
- 建议给药5d内戴上手套再拿袋子清除 X 的粪便。
- 如果你的家庭成员、亲朋好友或孕妇要接触 X ，务必小心，切勿接触动物排出的体液。孩子们也要注意做好防护。
- 希望 ? 周后，化疗时我们能再次见到它。
- 如果有任何问题，请直接给我打电话。

签名 ....

图 3.30 患者 × 出院须知

4 患瘤动物的放疗原则

在肿瘤的控制中，不论是单独使用，还是联合其他治疗方式，放射性疗法（放疗）均是一种极有效的物理治疗手段。电离辐射放疗通过向DNA或通过产生自由基直接损伤DNA。然而，放疗和化疗一样，不能分辨肿瘤细胞和正常细胞，因此只要是分化中的细胞，都会受到破坏。由于正常细胞分化较慢，而肿瘤细胞的生长速度很快，因此，放疗也有一定的“选择性”。需要注意的是，放疗对非肿瘤组织的不良反应分为早期和晚期两种。分化较快的上皮细胞（正常生理）比分化较慢的细胞先出现不良反应。和化疗一样，放疗总剂量取决于不良反应，且需牢记，放疗后一段时间可能会出现不良反应。分割放疗可将早期不良反应最小化。

1975年，Withers提出了一种“4Rs”放疗理论（细胞放射损伤的修复，周期内细胞的再分布，氧效应及乏氧细胞的再氧合，再群体化），并解释了小剂量高频率给药比大剂量低频率给药效果更好。人类医学中，大多数病人至少要接受20次放疗，每天1次，这样可以避免早期出现严重的不良反应（深部起疱、皮肤灼伤）。目前，美国兽医在犬的放疗中也采用这一方案，很多治疗中心采取周一至周五治疗计划，根据肿瘤的类型和位置，3～4周内放疗18～21次。但英国的兽医常采取低分割放疗，大多数动物每月会接受4～5次放疗。使用低分割放疗的原因在于：

- 主人每周来治疗1次，时间上比较方便。
- 患病动物只用接受4～5次麻醉，而不是18～21次。
- 费用也更低。
- 急性不良反应的出现概率比高分割放疗的低。

由于采用这种方法的不良反应的确比较低，因此，在兽医诊疗中，低分割放疗比高分割放疗更容易被主人接受，即使前者与“4Rs”理论并非完全符合。然而，一般来讲，美国兽医报道的放疗病例存活时间比英国的长。因此，这一争论有其两面性。英国新建的放疗中心更倾向于采用高分割放疗，也就是说，在不久的将来，英国诊所可能会采纳更频繁的放射治疗。

电离辐射放疗可以通过体外放射源（远距离放疗或外线束放疗），或者向组织内放置放射性同位素（近距离放疗），也可以通过全身注射或向体腔内注射放射性同位素（如^{131}I）来实现。根据正电压或巨电压疗法中光子的能量，还可对外线束放疗再次进行分类。正电压设备生成的X线的能量为150～500KeV，而巨电压设备产生的光子的能量约超过1MeV。巨电压放疗产生的光束的穿透力比正电压放疗的强，因此可用于深部肿瘤的放疗。也可采用光子束进行放疗，光子束的穿透力不强，但可用于某些皮肤肿瘤（如肥大细胞瘤）的治疗。

适宜进行放疗的肿瘤包括：

- 口腔肿瘤，如口腔SCC、口腔恶性黑色素瘤（malignant melanomas，MM）和纤维肉瘤（fibrosarcomas，FSA）。这些肿瘤在手术切除后可进行辅助放疗。放疗可能对原发性MM很有效，但这种肿瘤的侵袭性特别强，放疗并不能降低转移的风险。理论上讲，猫的口腔SCC也可进行放疗，但肿瘤位置很重要，因为猫的口腔SCC常位于舌下，放疗毒性比较强。
- 鼻腔肿瘤。放疗是一种很好的选择，因为放疗能很好地控制局部肿瘤，且比手术的侵入性小。有趣的是，手术联合放疗并不能延长寿命。一些兽医文献显示，对鼻腔肿瘤进行放疗时，可使用一些化疗药物（如顺铂、多柔比星）来增强放疗的敏感性。
- 脑部肿瘤。不少脑部肿瘤可以进行放疗。很多不能进行手术的脑部肿瘤病例经放疗后的平均存活时间约为1年，肿瘤类型不同，存活时间也不同。作者曾利用放疗来成功治疗猫垂体肿瘤导致的肢端肥大症，也曾成功治疗犬垂体大腺瘤导致的库兴氏综合征。然而，一些病例会出现延迟放疗不良反应。脑部肿瘤放疗的另一个问题是，放疗前需获取高质量的脑部CT或MRI图片，据此制订放疗方案。不过随着这些设备的迅速增加，这一问题会得到很好的解决。

- 肢体肿瘤。肥大细胞瘤和软组织肉瘤术后常可进行辅助放疗。如果原发性肥大细胞瘤比较大，也可用外线来放疗来缩减肿瘤。放疗也可用于猫的疫苗相关性肉瘤的治疗，但放疗一段时间后，脊髓可能会出现坏死，因此，放疗在这类肿瘤的应用受到极大的限制。
- 淋巴瘤。淋巴细胞对放疗很敏感，因此，一些文献报道显示放疗对淋巴瘤的治疗也有一定效果。然而，在英国，除了猫的鼻腔淋巴瘤，其他淋巴瘤很少会采用放疗这一手段。
- 骨肉瘤。在犬的骨肉瘤治疗中，放疗是一种缓解治疗手段，可减轻患犬的疼痛。

不幸的是，编写本书时英国只有4个动物放疗中心。不过，将来放疗中心的数量可能会增加，因此，放疗的应用会更加广泛，可能成为一些肿瘤（如鼻腔肿瘤）的一线治疗手段，也可能会成为一些肿瘤术后的常规辅助治疗措施。

5 打喷嚏和/或流鼻涕的患瘤动物病例

鼻腔肿瘤占所有犬肿瘤的1%，在猫更少见，在兔中也有报道。这类肿瘤在普通全科诊所中不常见，且因难于直接观察到肿物团块，而成为医生诊断的难题。犬猫之间不同类型的肿瘤发病率不同（犬：上皮型>间质型>淋巴型；猫：淋巴型>上皮型>间质型，见表5.1），且患有鼻腔肿瘤的动物表现出来的症状也各不相同。然而，大多数病例的临床症状都是逐渐发展的，这意味着表现出的临床症状反复发作的或恶化症状的患病动物需要进一步做出重新评估。先进的影像学检查如MRI或者CT断层扫描越来越多的应用于临床，使从业者可以准确地做出早期诊断。对于表现有鼻腔肿瘤临床症状的病例，如果可能，可考虑转诊到拥有相应设备的专业诊所。

表5.1 常见的良性和恶性鼻腔肿瘤

常见的恶性鼻腔肿瘤	良性鼻腔肿瘤
恶性上皮癌	纤维瘤
腺癌	息肉
鳞状上皮细胞癌	低级间质肿瘤（肉瘤）
肉瘤	
纤维肉瘤	
软骨肉瘤	
骨肉瘤	
淋巴瘤	
黑色素瘤	

临床病例5.1——犬鼻腔腺癌

动物特征

爱尔兰长毛猎犬，9岁，去势，雄性。

表现

右侧鼻孔流出浆液-血液性分泌物，进一步发展为间歇性鼻出血和打喷嚏（图5.1）。

病史

这个病例的相关病史如下：

- 主人在2个月前发现跟左侧鼻孔相比，右侧鼻孔分泌黏液增多。
- 2周后患犬开始打喷嚏，主人注意到它开始在睡觉时打鼾。
- 流出的鼻涕逐渐变得浓稠，接着变为血性分泌物，因此将该犬带来检查。
- 但患犬精神状态良好，未见其他明显的问题。

临床检查

检查后显示：

- 面部解剖结构正常，触诊颅骨没有痛感。
- 右侧鼻孔流出明显的血性分泌物。
- 没有明显气流出入右侧鼻孔。

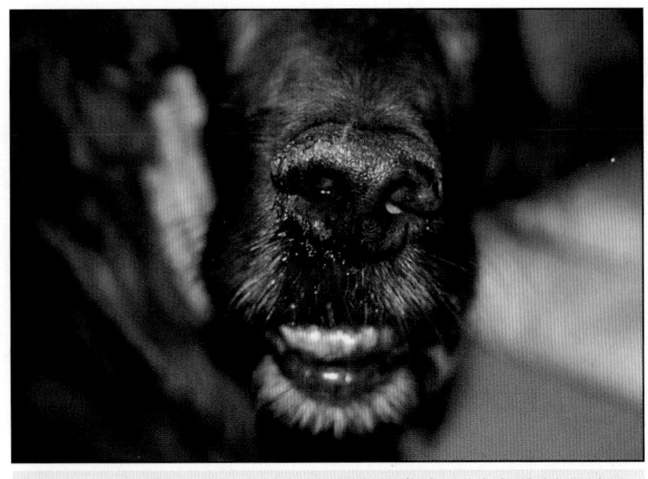

图5.1 病例5.1 就诊患犬呈现单侧鼻出血（由佛罗里达大学Nick Bacon惠赠）

- 鼻镜没有褪色迹象。
- 下颌淋巴结没有增大。
- 口腔内没有损伤。
- 其他检查未见明显异常。

鉴别诊断

- 鼻腔肿瘤（早期通常是单侧流鼻涕，渐进性发展为双侧出现鼻腔分泌物增多）。
- 鼻腔曲霉菌病（会导致单侧或双侧鼻腔分泌物增多）。
- 非真菌性鼻炎，细菌性，过敏性或者特发性鼻炎（通常会导致双侧鼻腔分泌物增多）。
- 鼻腔异物（通常是单侧鼻腔分泌物增多）。
- 全身性凝血障碍（如有鼻腔分泌物则程度严重/单纯性出血）。

诊断评估

犬麻醉后，口腔内X线检查显示存在一个软组织密度的团块（图5.2）。然后对犬进行MRI断层扫描，清楚显示鼻腔内存在肿瘤，见图5.3。

在采取诊断性影像扫描之前，对病犬进行了全血计数和全血凝血时间的评估，测定值均正常。在麻醉状态下，用硬的活体取样钳采取肿瘤样品做组织病理学检查（图5.4）。组织病理学检查证实肿物是腺瘤。

犬进行了外线束放疗，使用低分割方案（即连续4周每周1次治疗）。在第3次治疗时，该犬的临床症状完全消失，随后1年中临床上表现良好。之后，该犬又开始从右侧鼻孔单侧性的流出血性鼻分泌物，且迅速恶化变成明显出血，在出现这种症状的2个半月之后，该犬被施行安乐术。

知识回顾

犬鼻腔肿瘤最常见于中年或老年长鼻犬，任何品种都会发生，但是年轻犬的鼻腔肿瘤不常见。中到大型犬更常发病，且有证据表明住在市区的犬发病率可能在升高。初期临床症状通常包括间歇性单侧鼻分泌物增多（图5.5），这种典型症状会持续2～3个月，直到出现浆液-出血性分泌物和/或显性鼻出血，也可能双侧都出现这种症状。偶尔，最初出现的症状是单侧或双侧鼻出血，或者单纯鼻孔、鼻镜或者额窦部位肿胀，但是这些初期症状并不常见。在一些病例中，肿瘤生长在额窦或者鼻腔尾侧（即后下侧），最初的症状可能被认为是神经症状（表现出迟钝、抑郁、头低垂或者可能会出现癫痫），但是这种情况依然不常出现。最常见的是，许多主人称犬在睡觉时鼾声如雷，或发出咕噜声，常见打喷嚏。然而，在疾病的早期许多主人并未察觉犬的异常。

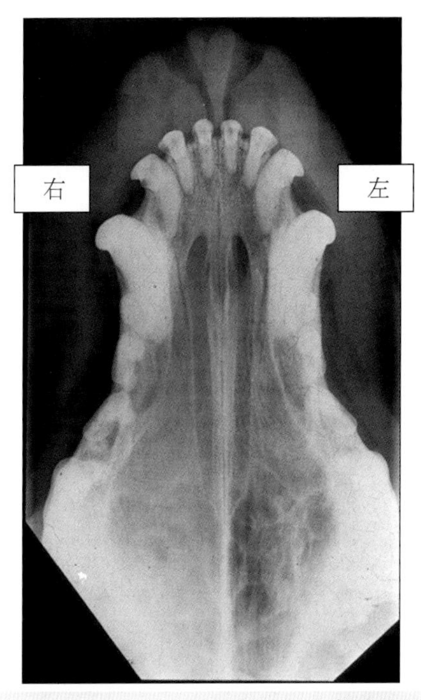

图 5.2 病例 5.1 口腔内 X 线检查，显示鼻甲骨纹理消失，右侧鼻腔密度增强，但左侧鼻腔无明显改变

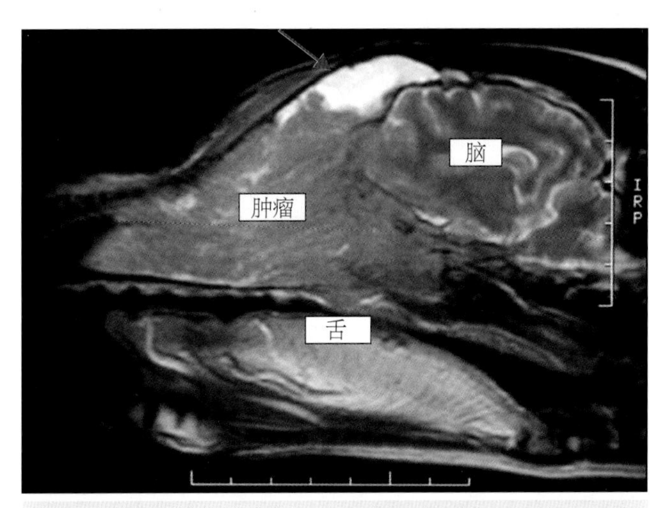

图 5.3 病例 5.1 矢状面 T2 加权 MRI 扫描显示一个大团块占据了右侧鼻腔，并且向尾侧延伸到鼻咽部的开口部。扫描也显示由于肿瘤阻碍额上颌通道，致在额窦（红箭头所指）内存在积液

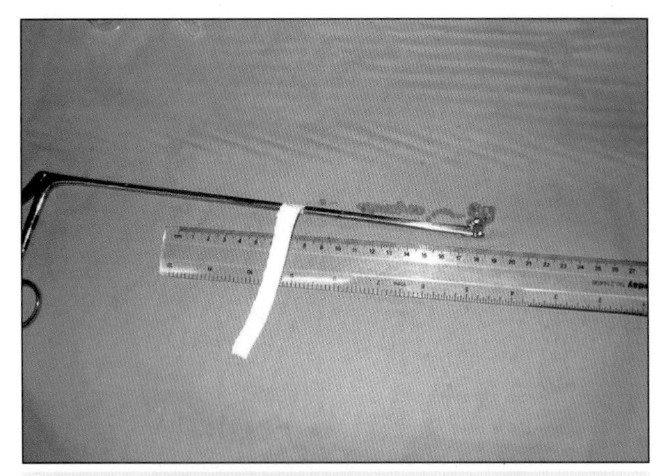

图5.4 病例5.1 使用硬性活检钳取得了一块活组织检查样本。胶带条是用来量取内眦到鼻孔的距离的，放置胶带条的目的是防止钳子深入过长，从而防止穿透筛骨板

图5.5 一只老年史宾格猎犬因鼻腔肿瘤而出现典型的黏性鼻分泌物（图片由爱丁堡大学Richard Mellanby博士惠赠）

诊疗小贴士

任何患犬特别是老年犬，表现出单侧性鼻分泌物增多，鼻出血或者出现打鼾声，都应该考虑进行鼻腔肿瘤的检查。

诊断

患有鼻腔肿瘤动物的一般临床检查意义不大，但是应该特别注意仔细观察鼻孔，触诊整个鼻镜、眼眶周围和额窦的位置。要检查两个鼻孔的通气情况（通过在鼻孔旁放置一个冷的载玻片，或简单观察鼻孔前的棉花丝是否能动），因为患病的一侧通常会有气流显著减少甚至无气体出入。中老年的中大型犬出现单侧性鼻分泌物增多或鼻出血，则应高度怀疑鼻腔肿瘤。其他用来评估的临床检查包括仔细触诊下颌淋巴结（只有10%的患犬在早期诊断时发现局部转移，但是这些情况需要确认，因为其关系到肿瘤临床分期评估和治疗）和口腔视诊。

诊断影像学

鼻腔X线检查可以用来检查鼻甲骨破坏的程度，并显示一侧或双侧鼻腔内存在软组织密度影像，但是使用MRI或者CT扫描会提高诊断的准确性，也会提供关于病灶大小、涉及区域的清晰细节，这些因素在制订治疗方案时非常重要（图5.6）。如果没有这些先进的影像学设备，则应拍摄包括口内位或者开口斜位（用以观察鼻

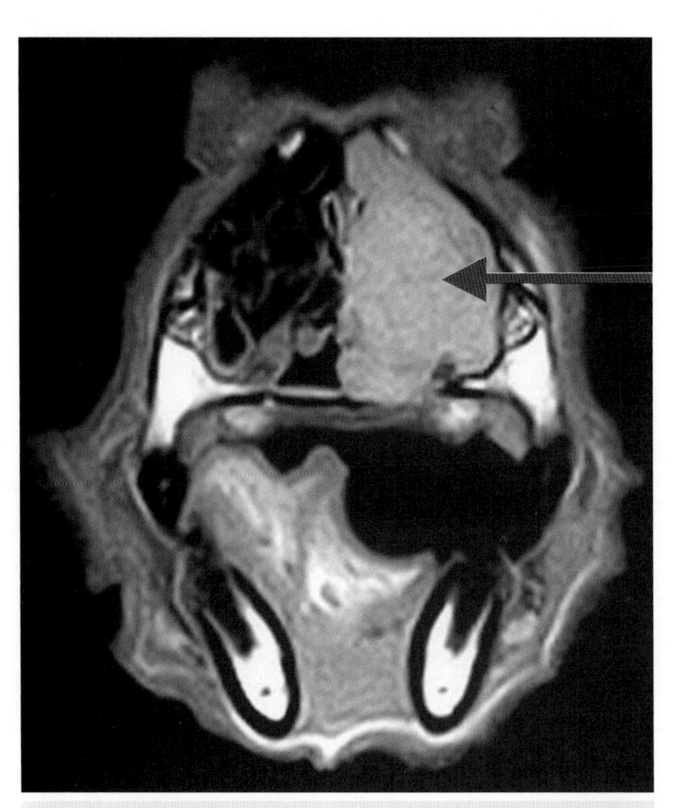

图5.6 与图5.5为同一病例，图为患犬鼻部横向MRI扫描，显示在左侧鼻腔存在肿瘤（红色箭头所指）（图片由爱丁堡大学Richard Mellanby博士惠赠）

腔）和水平窦位（以评估额窦）的X线片。

诊疗小贴士

在进行鼻腔X线检查时，必须拍摄口内位的X线片，这样可使检查结果不会受下颌骨重叠的影响。

活组织检查

也可使用软质或者硬质内镜直接检查肿物。但对肿物的任何影像学诊断都不能做出特异性诊断，所以需要经活组织取材后进行组织病理学检查加以确诊。鼻腔冲洗液的细胞学分析法通常不能提供足够的细胞样本，因此这项技术不能作为诊断的唯一方法（尽管偶尔有作用），作者现在几乎不用。可以用软质鼻内镜活检钳（尽管只能获得小组织样本），杯钳或付克曼勺获得组织样本。在取材时，要确保活检器材没有穿过内眦，以避免穿透筛骨板刺入颅腔。采样会导致出血，虽然该现象看起来很严重，但是几分钟内就会停止。因此在进行鼻腔活组织检查之前推荐评估血小板计数和血凝时间，以作为最基本的检查前提。

护理小贴士

为了防止在进行鼻甲骨活检时出血，建议在采样前用拭子绷带填入喉咙，以降低气道损伤和吸气不足的可能性，但是在动物复原时切记移除绷带。

诊断过程中，进行临床分期很重要，这可以决定患病程度及能否确诊肿瘤。应仔细触诊下颌淋巴结，如果淋巴结增大则需要进行穿刺，因为淋巴结的细胞学评价对于区分反应性淋巴结炎和转移性肿瘤非常有用。大约10%的犬鼻腔肿瘤会转移到局部淋巴结。可以考虑进行胸部X线检查，但该方法在早期很少能揭示出转移性疾病来。

治疗

一旦确诊，即可着手制订治疗方案。目前多选用外线束放疗，据报道在美国使用高分割放疗，其缓解时间为8~25个月。而在英国普遍使用低分割放疗

图 5.7　8岁短毛家猫严重鼻腔肿胀和变形，MRI扫描显示诊存在鼻窦肿瘤，组织病理学检查结果为癌

[4Gy×（8~9）Gy每周1次]，（尽管也存在高分割方式），效果良好，中位存活时间是9~15个月。一项研究报道1年存活率为45%，2年存活率为15%。提示预后不良的临床表现是面部肿胀，眼球突出，双侧鼻腔受累，以及肿瘤入侵口腔（不常见）。有这些严重临床症状的病例如有可能也应接受合理的治疗，但它们对治疗的反应可能不太理想，相比那些单侧鼻腔肿瘤未致面部肿胀或眼球突出的病例，它们病情缓解期可能要短一些（图5.7）。想通过外科手术摘除肿瘤的方法达到治愈目的通常是不可能的，和放疗相比，手术方法优势不大。在一些没有放疗设备的国家，使用减瘤术和化疗结合效果尚好。如果可能推荐使用外线束放疗，因为这种方法能获得稳定疗效。

在英国使用的低分割放疗极少引起不良反应，动物的耐受性好。一些犬在放疗部位出现轻度皮肤红疹，偶见脱毛，见图5.8。少部分病例发生放疗不良反应如口腔黏膜炎，但通常很容易被抗生素和/或非甾体抗炎药所控制。临床症状常消失，许多犬在缓解期获得正常的生活质量。但这种疗法很难达到治愈。

兔鼻腔肿瘤

发生鼻甲骨上皮癌的病兔，出现打喷嚏和鼻腔分泌物增多。慢性上呼吸道疾病和牙病，都可出现这些症状，需做鉴别；而且只有在排除这几种疾病后才会考虑鼻腔肿瘤。确诊需做内镜检查和对发生病变的鼻腔组织进行活检。对此病例主要推荐支持疗法，包括止痛、抗

菌和雾化治疗。据称激光烧灼鼻腔肿瘤作为一种保守疗法，如能够实施，也可考虑。而由牙病引起的骨髓炎或下颌骨肉瘤，可通过X线检查或CT扫描头部加以鉴别。如果诊断结果是下颌肿瘤，治疗可参照文献中报告的半下颌切除术。

结论

对表现打喷嚏或鼻腔分泌物增多病例的诊断评估方案，见图5.9。基本方法就是排除其他主要的类症（在表5.1已经列出），建立鼻腔肿瘤的诊断。

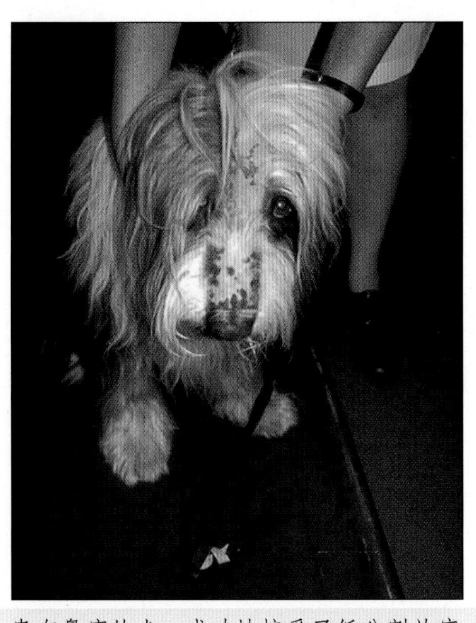

图 5.8 患有鼻癌的犬，成功地接受了低分割放疗，辐射导致严重的脱毛

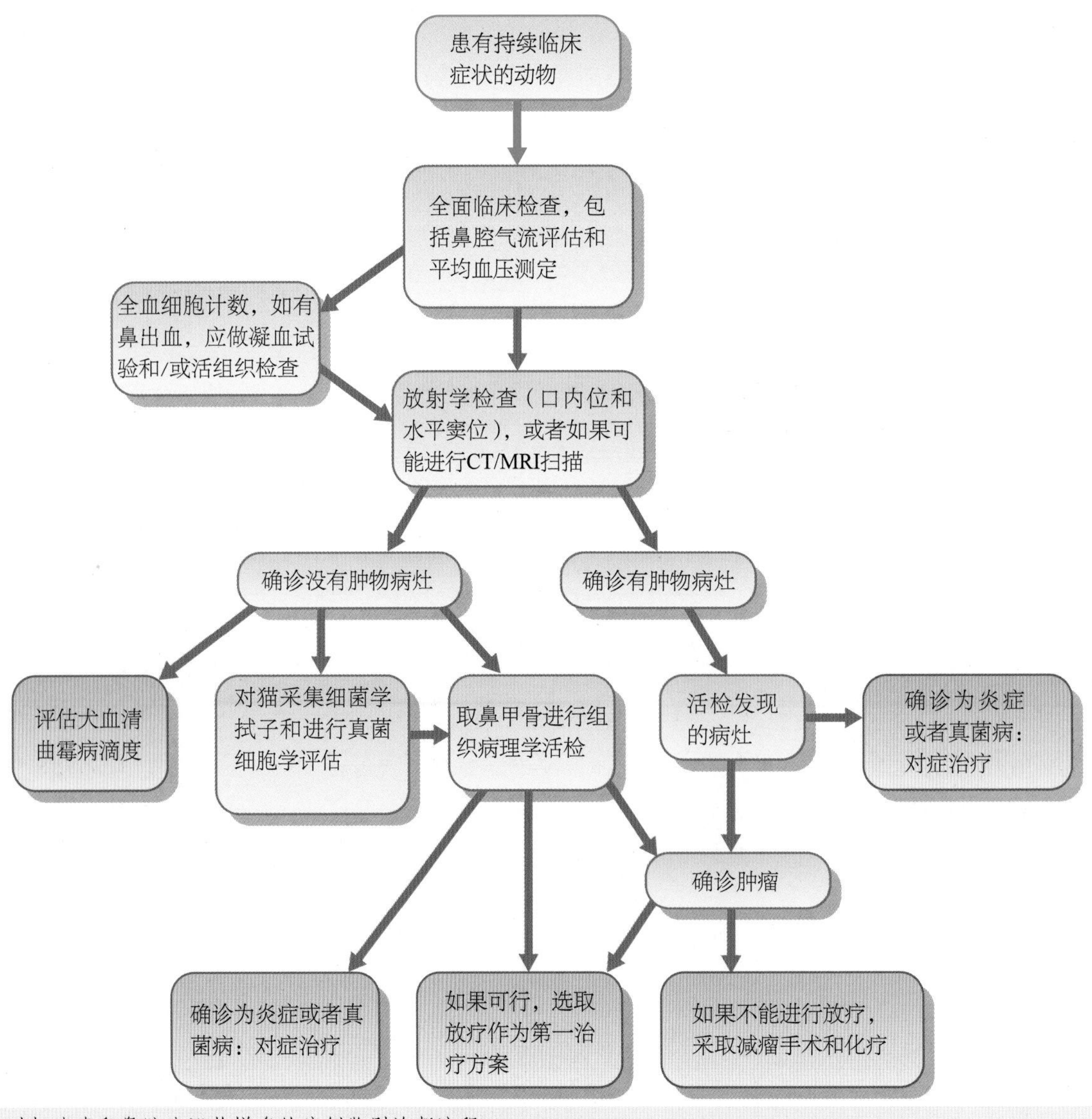

图 5.9 对打喷嚏和鼻腔分泌物增多的病例鉴别诊断流程

临床病例5.2——猫鼻腔内淋巴瘤

动物特征

家养短毛猫，8岁，绝育，雌性。

表现

打喷嚏，有鼻腔分泌物。

病史

此病例的相关病史如下：

- 健康情况较好，但是4周之前开始打喷嚏。
- 主述，患猫鼻分泌物浓稠，呈黏液样，主要是左侧鼻腔明显。
- 自从鼻分泌物增多后，该猫食欲开始下降，变得挑食和不爱吃食。

临床检查

检查结果为：

- 面部解剖结构正常，触诊颅骨没有痛感。
- 从左侧鼻孔流出浓稠的黏液样鼻分泌物。
- 左侧鼻孔无明显的气流流通。
- 鼻镜未见明显褪色。
- 下颌淋巴结没有肿大。
- 口腔内无病灶。
- 其他检查未见明显异常。

鉴别诊断

- 鼻腔肿瘤。
- 真菌性鼻炎。
- 非真菌性鼻炎；细菌性、过敏性或特发性鼻炎。
- 鼻咽部有异物。

诊断评估

取鼻黏膜样本进行细胞学检查发现有真菌菌丝，结果为阴性，所以将患猫麻醉后进行更细致的检查和影像学检查。翻转鼻内镜检查显示鼻咽内部没有异物。对鼻甲骨直接进行鼻内镜检查很困难，因为上面存在大量黏液样分泌物，黏着力强，难以冲洗掉。但是可以确认鼻甲骨上有红斑且不规则。由于费用的问题未进行MRI扫描，但口腔内X线检查显示左侧鼻腔中有较大的不透明影像。使用胃镜抓取钳对鼻甲骨进行活检取材，组织病理学确诊肿瘤为鼻腔淋巴瘤。

知识回顾

淋巴瘤是猫最常见的鼻腔肿瘤。大多数病例的肿瘤形成独立性损伤，但据报道20%的病例见多器官受累，包括大脑。淋巴瘤多见于中年到老年的猫（通常是猫白血病毒检测阴性），而且引起的临床症状跟犬的相似，即鼻腔分泌物增多（在病程早期常为单侧性的），打喷嚏，面部变形和鼻出血。一些猫发生厌食，可能与双侧鼻腔堵塞导致无法正常闻味道和品尝食物有关。除了淋巴瘤，腺癌和不同细胞类型的肉瘤也有报道。

诊断流程

如果患猫表现出类似鼻腔肿瘤的症状，则诊断流程与犬的非常相似。应对炎症性疾病或（和）过敏性鼻炎、真菌性鼻炎和肿瘤疾病做出鉴别，所以首先需要进行全面的临床检查，特别注意少数肿瘤患猫可发生多器官受累。之后，就需要对鼻腔进行检查，包括口腔内X线检查、CT或者MRI扫描，也可以结合鼻内镜检查。因为猫外鼻孔的宽度有限，对其使用鼻内镜有点难度，而改用细的硬质关节镜可提供很好的病灶图像，也可彻底检查鼻道。尽管淋巴瘤细胞比上皮性或间质性肿瘤细胞更易脱落，但作者认为鼻腔冲洗液的细胞学分析对诊断鼻腔肿瘤效果有限，所以常规检查不包含此项内容。对活检样本压片的细胞学评估，显示出与组织病理学诊断有很高程度的一致性，所以采用这项技术可帮助临床医生尽快确认损伤究竟是炎症性的还是肿瘤性的。任何鼻腔分泌物的细胞学分析都值得参考，因为一些真菌性鼻炎可以通过这种方法得以确诊。影像学检查可提示有团块病灶，但是需要获取样本用于组织病理学分析，作者通常会使用胃镜检查钳（直径越大越好）或者小的付克曼勺采集组织样本。在采样之前，要进行凝血评估（OSPT或APTT测试）和全血细胞计数检查，以最大限度地降低出血风险。

治疗

一旦确诊为鼻腔淋巴瘤，且肿瘤只位于鼻腔，则可使用外线束放疗进行局部治疗，反之则要使用全身性化疗。但是如果有证据表明出现远端或多器官受累，那么全身性化疗是唯一明智的选择。对于非淋巴性的肿瘤，外线束放疗通常是猫的首选疗法，对于犬而言也是如此。使用英国常用的低分割放疗，一项研究表明患非淋巴性鼻腔肿瘤的猫的中位存活时间是382d，1年的存活率是63%。猫对这种治疗的耐受也很好，所以当确诊是鼻腔肿瘤时，这种疗法确实值得采用。

图5.10 病例5.3 该猫的病灶，等待活组织检查

临床病例5.3——猫鼻镜上皮癌

动物特征

家养短毛猫，12岁，去势，雄性。

表现

鼻镜部发现糜烂性、溃疡性病变。

病史

此病例的相关病史如下：

- 患猫之前身体一直很好，除了常规疫苗接种和去势外，从未找兽医看过。
- 去年主人发现在患猫鼻子的粉色区域出现多个小的、呈黑红色的结痂，并不断融合形成一个大结痂，下面有溃疡灶。
- 主人未见患猫有鼻腔分泌物增多和打喷嚏的症状。

临床检查

检查发现：

- 患猫总体情况良好。
- 在鼻镜上有明显带黑色的色素痂皮，其下有溃疡（图5.10）。
- 颌下淋巴结未肿大。
- 口腔内无损伤。
- 其他检查未见异常。

鉴别诊断

- 鼻镜肿瘤。
- 鳞状细胞癌。
- 嗜酸性肉芽肿。
- 免疫介导性疾病。
- 创伤。

诊断评估

鉴于主诉病灶存在时间很长，且初步诊断结果可能是SCC，所以决定先不做进一步的影像学诊断，而是对受侵害的区域做一个深入的楔形活检。考虑到患猫的年龄，先做血清生化检测以排除肾脏疾病。结果正常，故患猫在短暂的全麻下进行活检。深入钻取活组织检查样本的组织病理学检查结果证实肿瘤是SCC，且侵入到真皮层下。因此对患猫采用“鼻切除术”治疗，术后该猫无任何症状，但1年后疾病复发。

“鼻切除术”要在鼻镜的底部皮肤做一个圆形切口。然后术者横断下面的鼻甲骨，使鼻镜游离并切除。使用指压进行止血，也需纱布止血，但禁止过度烧烙。切除之后，应将皮肤连续缝合在暴露出的鼻黏膜上（图5.11至图5.13）。缝合良好有助于止血。术后，患猫需要带脖圈，防止手术部位受到摩擦和缝合部位发生移动。术后要给予有效的止痛药，所有病例在术前、术中和术后都应给予阿片类和非甾体抗炎镇痛药。三叉神经的上颌分支可用2%利多卡因或0.5%布比卡因，缓慢滴注0.1～0.3mL到眶内孔中进行阻断，因为眶内神经存在于眶内孔中。猫的眶内孔不易触及，但可通过正常面部解剖位置进行定位，经皮下或者经口注入药物，如图5.14所示。

知识回顾

猫鼻镜肿瘤相对常见，但在犬不常见。猫多发生于色素少的皮肤上（因此也见于耳廓经常是耳尖或瞬膜上），中年到老年的白色或玳瑁色的猫易发病。有人认为发病与经常暴露于紫外线有关，对于有色素沉积倾向的动物，紫外线扮演了其体内的转化触发因子的角色。有些主人也认为他们的猫仅在鼻子上有一点晒斑。而犬的SCC既会发生在鼻孔的外表面，也会出现在鼻内侧黏膜上（图5.15至图5.18）。

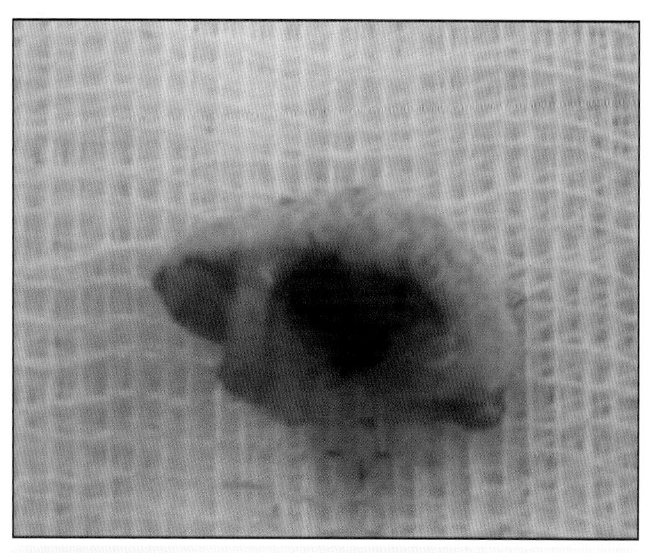

图 5.13　病例 5.3 切除的鼻镜上肿瘤清晰可见。

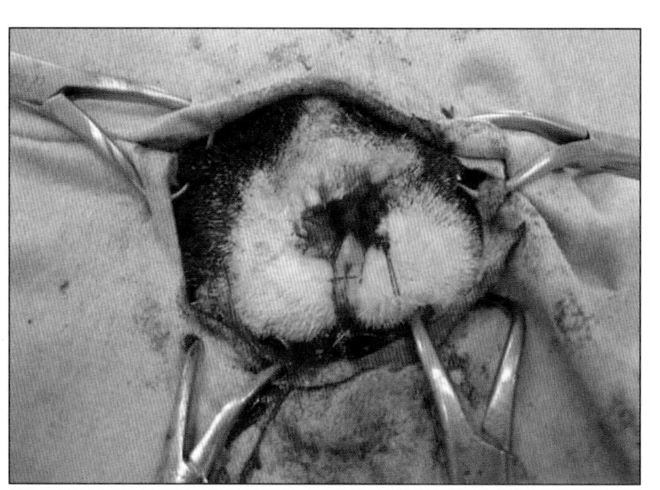

图 5.11　病例 5.3 手术时拍摄的照片显示鼻镜摘除后的外观。注意使用单纯连续缝合法缝合皮肤和鼻黏膜

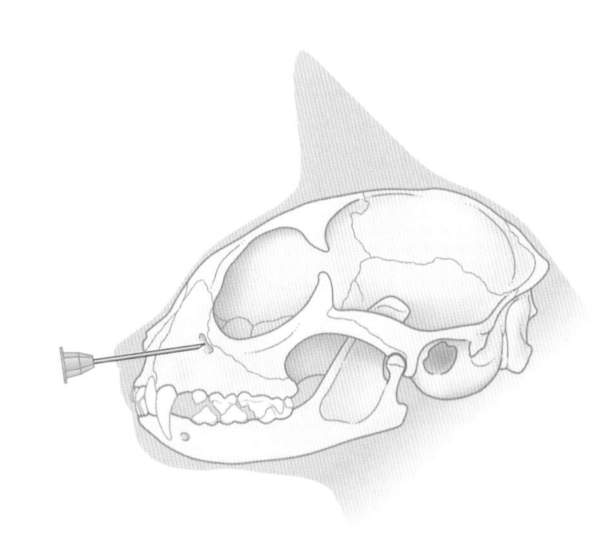

图 5.14　眶内孔的注射部位

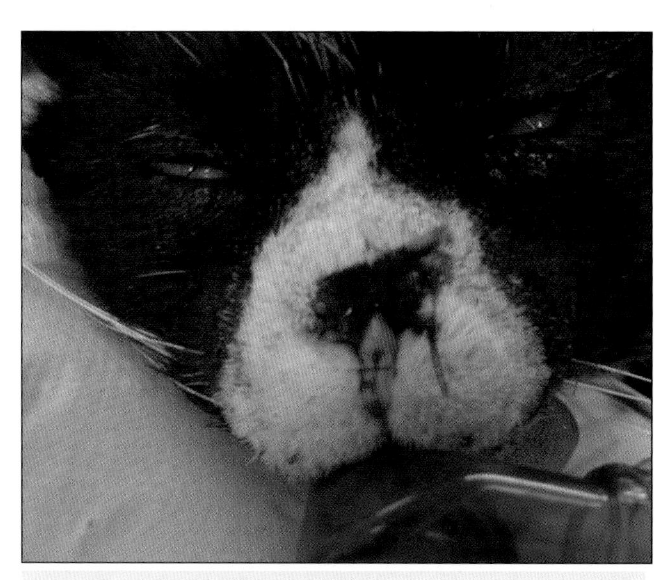

图 5.12　病例 5.3 猫术后的外观

护理小贴士

做了鼻切除术的病例常需要诱导进食，故应对食物加热，并提供它们最喜欢的食物。

护理小贴士

尽管鼻切除术的创口可以愈合，但是一些病例的鼻道会被血凝块和炎性渗出物严重堵塞。因此需要轻柔地清理鼻道，且给予密切监控。

图 5.15

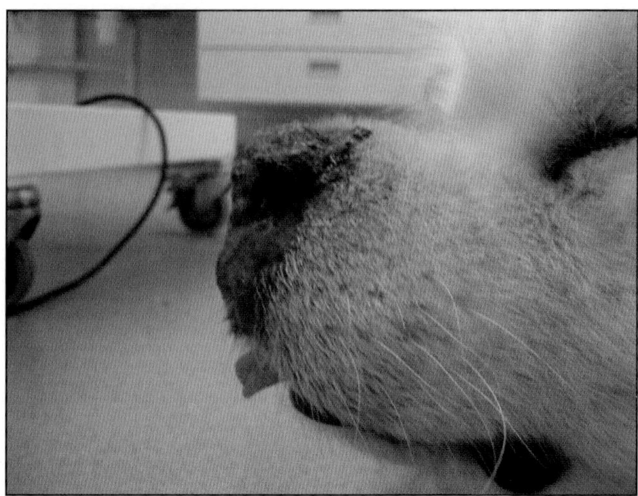
图 5.16

图 5.15 和图 5.16 西伯利亚哈士奇犬鼻镜上有一个生长缓慢、出现溃疡与增生的病灶。深层楔形活组织检查诊断结果为 SCC

图 5.17

图 5.18

图 5.17 和图 5.18 与图 5.15 和图 5.16 为同一只犬，在鼻切除术后 6 个月的外观。由于肿物过大，该犬同时做了上颌骨切除术。该犬临床表现正常，术后未见任何异常

典型的鼻镜肿瘤生长缓慢，开始仅为一个或几个小的结痂性病灶，但经过几个月可演变成间歇性出血的溃疡性病灶，也出现增生性变化。犬多数肿瘤起源于鼻内。多数患猫不因病灶的存在而表现特别痛苦，但是一些病犬会表现出疼痛，这取决于病损程度。肿瘤具有局部侵袭性，体积变得很大，但很少转移，一旦转移则通常是疾病的晚期，这意味着局部复发是主要关注的问题。应尽快采取确实的治疗措施，以达到治愈目的。

诊断

本病通过深层楔形活组织检查来获取诊断是最好的选择，因为这不仅能提供明确的组织病理学诊断，也能显示肿瘤侵入组织的深度。这对于决定采用何种治疗方法也很重要。通常只需常规的术前评估，因为猫的影像学诊断几乎不能提供更多有用的信息，但犬的病灶通常会明显延伸到鼻腔尾部，所以CT或者MRI扫描很有用，可指示病灶的深度，并有助于制订明确的手术计划。需要提醒的是，鼻镜部的皮肤敏感，在采样前后都要关注

止痛效果，而局部神经封闭对于最大限度降低术后不适很有益处（图5.11和图5.19）。

治疗

治疗这些病例效果的好坏，主要决定于肿瘤侵入下层组织的深度，但也与你是不是一个外科医师有关。一组病例详述了61个猫的病例（包括患有鼻镜和耳廓肿瘤的猫），发现手术治疗的健康期最长，但外线束放疗、冷冻疗法、光动力疗法和病灶内化疗也可作为手术的替代疗法。手术是浅表和深层肿瘤的首选疗法，因为该方法可将肿瘤边缘切除干净，从而提高疗效。浅表肿瘤也可经上述任何一种疗法治愈。据报道犬的治疗结果类似。一组病例包含17个犬鼻镜SCC病例，发现手术切除患病组织疗效最好。最近有研究表明即使损伤广泛，犬也可以很好地耐受鼻切除术和上颌骨切除术（切除到第三前臼齿），使用这种手术肿瘤切除完整，复发率低，无病间期长。因此手术总是治疗的选项之一。

光动力疗法（photodynamic therapy，PDT）是一种基于利用光敏感化学药物性质的技术。这些药物暴露于适当波长的光下，会发生光化学反应，产生活性氧（自由基），如果感光剂在细胞里，则会导致细胞凋亡。目前已经发现了多种可被肿瘤组织吸收的感光剂（全身或局部表面使用），将置于适当波长的光下即可成为抗癌药物。因为瘤细胞发生了凋亡组织愈合过程无疤痕形成，所以主人可以接受动物经PDT治疗之后的外观。局部用5-氨基乙酰丙酸（5-ALA）膏已成功用于治疗猫的鼻镜SCC，因为它可优先被恶性上皮细胞吸收并代谢为有效的感光剂（原卟啉IX），这意味着不仅对癌细胞有靶向作用，而且不损伤周围的正常组织。英国的一项关于该药治疗猫SCC的试验表明，病猫反应良好（85%的病例中完全有效反应率为96%），但是57%的肿瘤会复发，复发的平均时间是157d。对一些患猫重复给药，45%的病例无病间期的平均时间可达1 143d。因此，PDT是一种安全的、耐受良好的、对于猫鼻镜浅表SCC有效的疗法（图5.20）。此疗法可作为手术治疗的替代疗法，但它不能使所有病例获得持久缓解或者治愈。因此总是要先考虑采用手术治疗，因为术后可使80%的病例在1年内维持一种无痛生存状态。

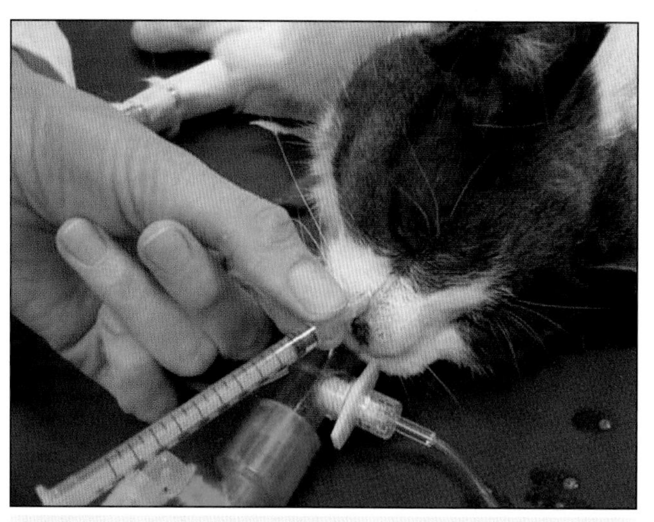

图 5.19 一只患有鼻镜 SCC 的猫，在活组织检查之前使用布比卡因进行局部神经封闭

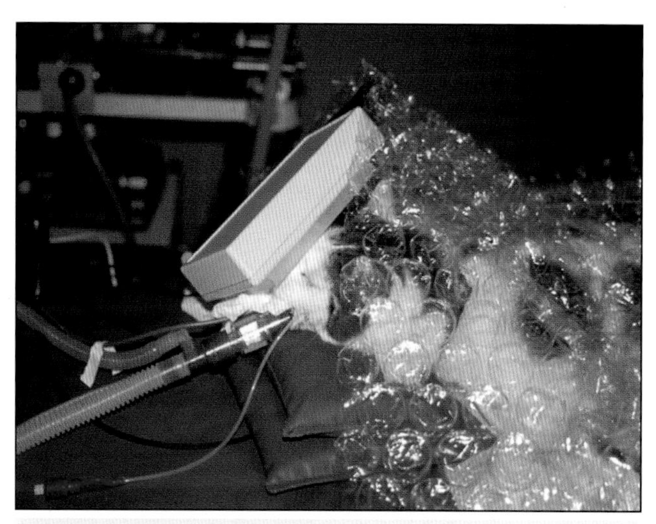

图 5.20 接受 PDT 治疗的猫，使用局部用 5-ALA 膏后，在波长为 635nm 的激光二极管光源下，治疗鼻镜 SCC

虽然非手术疗法有显著的成效，但手术仍然是治疗犬猫鼻镜肿瘤的主要疗法。因此，主人需要认真权衡手术对动物外观的明显影响。与手术相关的并发症很少，也不常发生（主要问题是新造的鼻孔狭窄），所以许多主人起初并不情愿让他们的犬或猫做这样的手术，但给他们介绍一些疗效好的病例，告诉他们新毛长出后对动物外观几乎没什么影响，主人还是可以接受的。

对于浅表SCC病例以及手术或其他治疗都不能实施的病例，有报告称用局部免疫应答改进剂和兴奋剂咪喹莫特（商品名为艾特乐乳膏）治疗有效，隔天1次，连用12周。

6 口臭和/或唾液分泌过多的患瘤动物病例

患病动物唾液分泌过多和/或口臭通常是口腔肿瘤的症状，同时伴有食欲差或完全厌食，尤其是对于猫而言。然而，流涎也可能提示脑病，特别是猫，该症状可能由肝脏肿瘤或颅内肿物引起。口腔肿瘤在兽医门诊很常见，是临床中第四常见的恶性肿瘤类型，占犬所有肿瘤的6%，猫所有肿瘤的3%。犬最常见的口腔肿瘤类型是恶性黑色素瘤，其次是SCC和纤维肉瘤，而猫，SCC最常见，其次是纤维肉瘤。但据文献报道也有许多其他类型的肿瘤，所以需要通过仔细的组织病理学分析对每个病例做出准确的诊断。

临床病例6.1——犬口腔鳞状细胞癌

动物特征

威尔士史宾格猎犬，7岁，去势，雄性。

表现

鼻骨前部近唇侧面肿胀，口腔出血。

病史

此病例的相关病史如下：

- 在5周之前，主人开始发现患犬喝过水后水盆里有血。
- 就诊前1周，患犬吃东西变慢，在叼取食物时头向左侧倾斜。
- 其他症状不显著。

临床检查

临床检查发现：

- 右侧鼻骨的近唇侧肿胀，位于上犬齿唇侧。
- 口腔检查发现齿龈上有肿物（图6.1和图6.2）。

鉴别诊断

- 恶性黑色素瘤。
- SCC。
- 纤维肉瘤。
- 淋巴瘤。

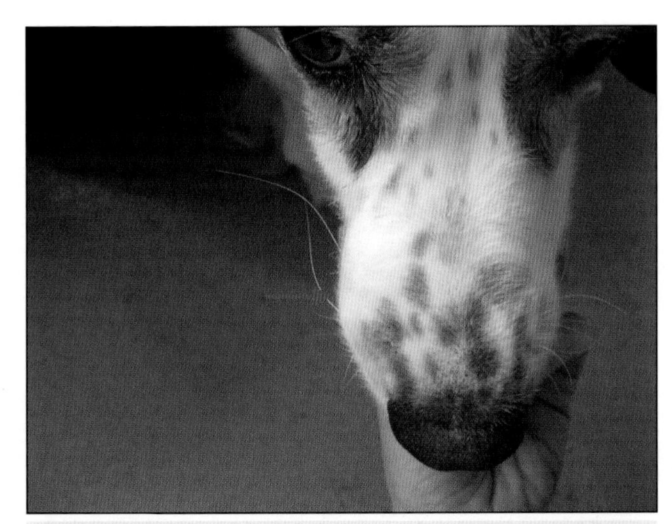

图6.1 病例6.1 鼻骨背侧外观，右侧近唇部可见肿胀（红色箭头所示）

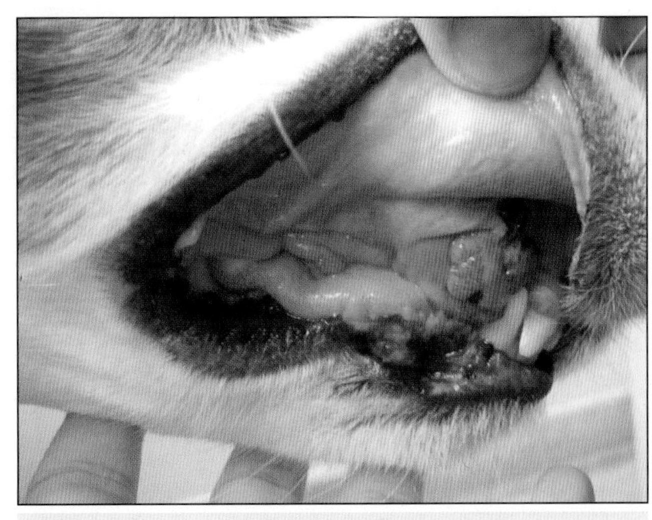

图6.2 病例6.1 口腔内肿瘤的外观

- 基底细胞癌。
- 齿龈瘤。

下颌淋巴结增大，但是细针抽吸样本的细胞学评估显示为反应性淋巴结病，没有证据显示发生了转移。考虑到骨肿胀的程度，医生担心可能有一部分肿瘤会侵袭下层的骨组织，所以进行了MRI扫描（图6.3）。结果证实肿瘤的确穿透了鼻骨进入了鼻腔，实际上贯穿了鼻中隔。

肿瘤侵入鼻腔的程度提示用手术方法难以治愈，因为边缘切不干净。对口腔肿瘤进行活组织检查，以确定放疗是否可行。组织病理学结果表明肿物为SCC，鉴于主人不愿进行手术，故放疗视为唯一的选择。患犬采用了之前描述过的低分割放疗方案。经治疗后患犬的肿胀程度减小，主人所担心的饮水盆里的血也消失了，并维持了7个月。但之后患犬右侧鼻腔出现血性分泌物，2个月之后，患犬被施行安乐术。

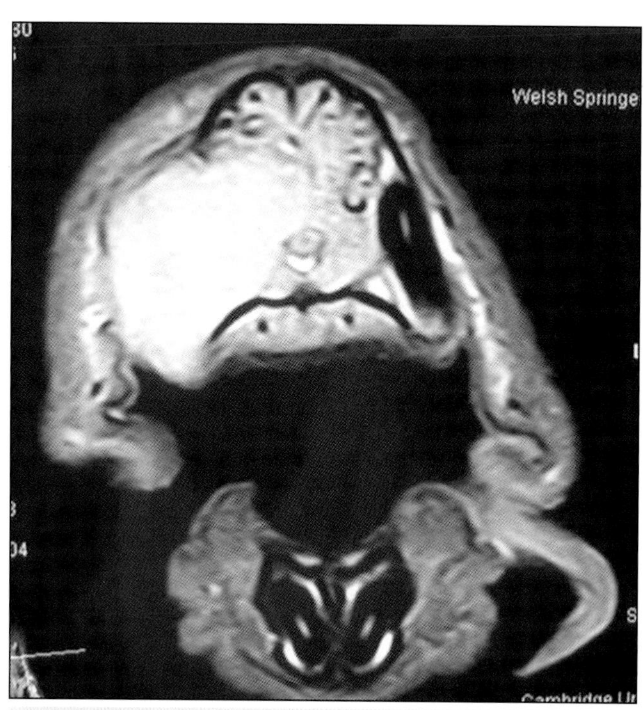

图6.3 病例6.1 T2加权MRI成像扫描显示出口腔肿瘤侵入鼻腔

知识回顾

许多患口腔肿瘤的动物会被带到动物医院就诊，是因为主人发现在其口腔中发现了肿物，但位于口腔尾侧或者舌下的肿瘤很难被察觉。这些病例可因为多种临床症状被带到动物医院。带血或不带血的唾液、越来越严重的口臭、吞咽困难或渐进性食欲减退都与口腔肿瘤有潜在的关系，此时需要仔细全面地检查口腔。根据患病动物的特征也提供了怀疑肿瘤的科学：公犬较母犬患口腔肿瘤的风险更大，且有些特定的品种（如可卡、德国牧羊犬、德国短毛波音达猎犬、威玛猎犬、金毛寻回猎犬和拳师犬）患口腔肿瘤的风险较高。此外，大型犬好发FSA和非扁桃体的SCC，而小型犬好发恶性黑色素瘤和扁桃体SCC。良性肿瘤如乳头状瘤在年轻犬中更常见。

临床评估

要仔细检查病例的口腔，有时需要镇定或者简单的麻醉，以保证能目视并检查到口腔中的所有区域（包括舌下和咽喉部分）。除做口腔检查，还需要注意触诊下颌淋巴结并关注病患的全身状况，因为许多口腔肿瘤具潜在转移性，总是要考虑有远端转移的可能性。一些研究表明，易发转移的肿瘤（如口腔黑色素瘤）即使触诊正常的病例中相当一部分也会发生淋巴结转移。所以如果怀疑是黑色素瘤，并且原发肿瘤可以切除，那么从诊断分期角度讲，可以切除局部的下颌淋巴结，尽管没有研究表明这一操作对预后会产生更好的影响。

诊断评估

考虑到不同的诊断可能涉及不同的治疗和预后，因此，有必要通过活组织检查做出一个确定的组织病理学诊断。在对口腔肿物进行手术（活组织检查或切除术）前，如前所述要进行左右两个侧位的吸气性胸部X线检查以排除可见转移灶。强烈推荐在病灶原位进行局部X线检查来确定骨骼被侵袭的程度。需要注意的是，即使X线检查结果正常也不能够排除骨骼被侵袭的可能，因为只有当骨溶解超过40%时X线片上才有表现。先进的影像学技术（特别是CT和MRI）对于评估疾病的程度和/或骨骼是否被侵袭更为敏感，因此如有可能或必要，应推荐患病动物使用这些技术。术前要针对病例仔细设计最适宜的疗法或联合治疗方案，以便显著提高手术成功的可能性，减轻应激和不适，同时降低治疗需要的费用。

一旦一个完整的分期进程结束，就可以根据这些检查结果，计划活组织检查或特殊疗法的方案。治疗措施根据诊断和达到的临床分期结果的不同而有变化，所以在术中切开活组织检查依然是确诊大多数口腔肿瘤性质的首选方法（图6.4和图6.5）。如决定进行切除活组织检查，需要牢记对于很多口腔肿瘤（除了纤维化和钙化的齿龈瘤）而言，其瘤细胞侵袭邻近下颌骨的风险很高。所以需要手术切除骨骼边缘，来提高局部病情控制的可能性。在手术切除肿瘤之前通过切开活组织检查获得确切的诊断是明智的。猫，特别是犬，通常能耐受部分上颌骨切除术、下颌骨切除术或眼眶切除术，且术后动物的外观很好，但是这仍然需要事先与主人仔细讨论。

治疗

手术通常是口腔肿瘤治疗最恰当的选择。确切的手术方案取决于肿瘤类型、大小和生长部位，如果肿瘤为恶性，推荐切缘多向外侧扩大2cm（包括下面的骨骼切除）。口腔内小肿瘤，推荐局部切除，包括其下骨骼（除了发生骨化和纤维化的齿龈瘤），但是大肿瘤则需要更大范围的手术，如半下颌切除术、半上颌切除术或者眼眶切除术（表6.1和表6.2）。

有侵袭性且范围大的肿瘤切除后，患犬恢复依然很迅速，大部分在术后当晚就能进食，因此不用给患犬放置饲管（图6.6至图6.15）。

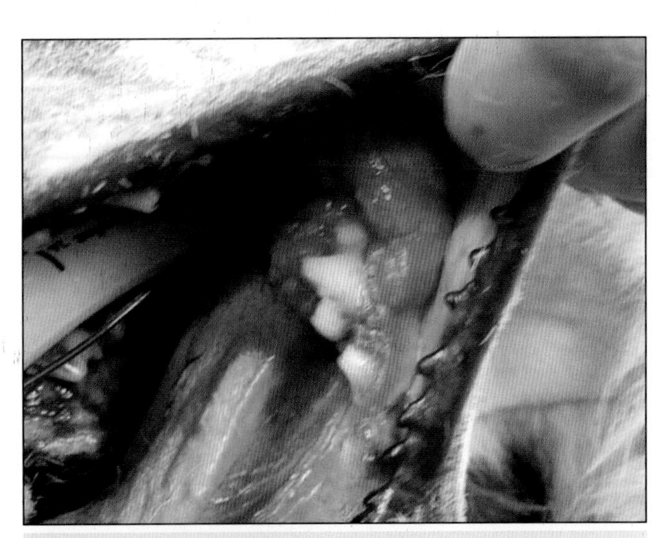

图6.4 位于犬下颌骨尾部的棘皮瘤型齿龈瘤。临床分期显示没有远端转移，患犬进行了部分下颌骨切除术，结果很好，2年后也未复发

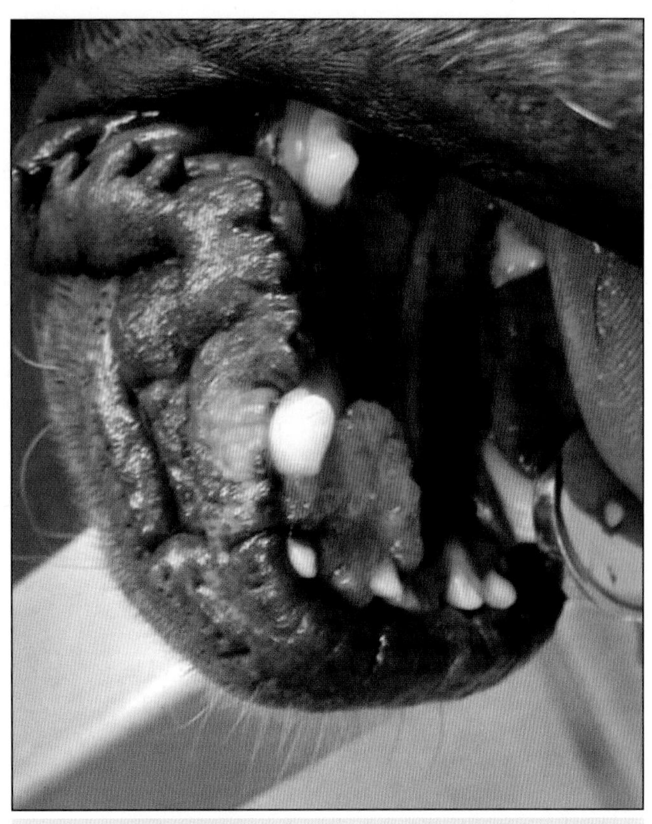

图6.5 大丹犬，患有口腔SCC，显示肉眼观察的不同细胞类型来源的肿瘤多么的相似，所以在确定口腔肿瘤治疗之前需要准确的组织病理学诊断

护理小贴士

提供柔软、微温的食物通常有助于接受了下颌骨/上颌骨切除术的患犬进食。

诊疗小贴士

对猫要慎重考虑在手术中放置饲管，特别是在进行下颌骨切除术时，因为跟犬相比，猫更容易发生术后并发症。

诊疗小贴士

患病动物预后的外表（即使是做过积极肿瘤切除术的动物）通常很好，在考虑最后的手术之前，应使主人对此放心。

表6.1 不同的下颌切除术

下颌切除术	适应证	说明
单侧近唇部分	确诊病灶为近唇侧半下颌，没有越过下颌骨联合	最常见的肿瘤类型是SCC和棘细胞瘤，不需要移除整个骨骼；舌头会偏向被切除的一侧
双侧近唇部分	双侧近唇部分病灶越过下颌骨联合	舌头会显得“过长”，有的下巴皮肤上发生唇炎；有些切除到第四前臼齿，但是最好是第一前臼齿
下颌骨垂直支	确诊在下颌骨垂直支存在低等级的骨或者软骨病灶	这些肿瘤也被称为侵蚀性软骨瘤或者多小叶骨肉瘤；颞下颌关节可能需要移除；外观和功能不受影响
全单侧	高等级的肿瘤遍布整个水平支或者侵入了水平支的骨髓腔	通常用于有侵袭性的肿瘤；外观和功能恢复很好
部分	低等级半侧水平支肿瘤，最好没有侵入骨髓腔	对骨髓腔内高度恶性肿瘤，因为肿瘤通常会沿着下颌的动脉、静脉和神经生长，故选择性较差

采自Withrow S，Vail D 2001 Withrow and MacEwan's small animal clininal oncolgy，4th edn. St Louis，MO，Saunders Elsevier，P461，经同意重制。

表6.2 不同的上颌切除术采自

上颌切除术	适应证	说明
单侧近唇部分	确诊病灶在一侧的硬腭上	单层闭合
双侧近唇部分	近唇侧双侧硬腭都有病灶	需要双侧可见的口腔黏膜做皮瓣闭合
侧面	在上颌骨中部侧面存在病灶	小缺损单层闭合，大缺损双层闭合
双侧	双侧上腭病灶	闭合后很容易裂开，因为唇瓣很难从一侧拉到另一侧；会导致永久的口鼻瘘

采自Withrow S，Vail D 2001 Withrow and MacEwan's small animal clininal oncolgy，4th edn. St Louis，MO，Saunders Elsevier，P461，经同意重制。

图6.6 进行部分下颌骨切除术后，犬常见的外观改变之一：舌头向一侧伸出。下巴偶尔会歪向一侧，下犬齿会顶到硬腭

图6.7 近唇侧上颌切除术与图6.6显示的结果相似。这只犬在唇侧的上颌骨发生了骨肉瘤

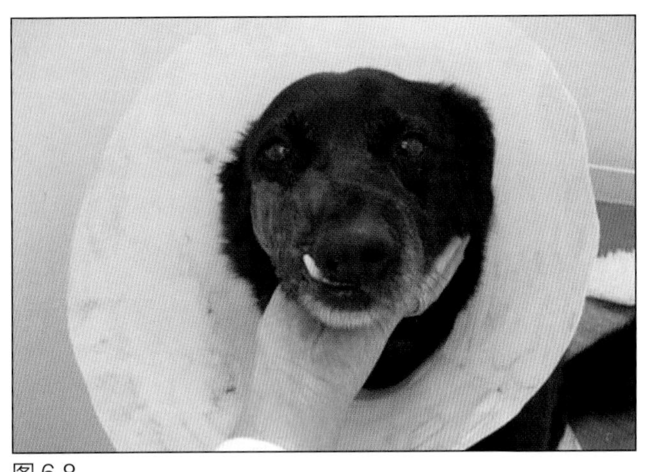

图6.8

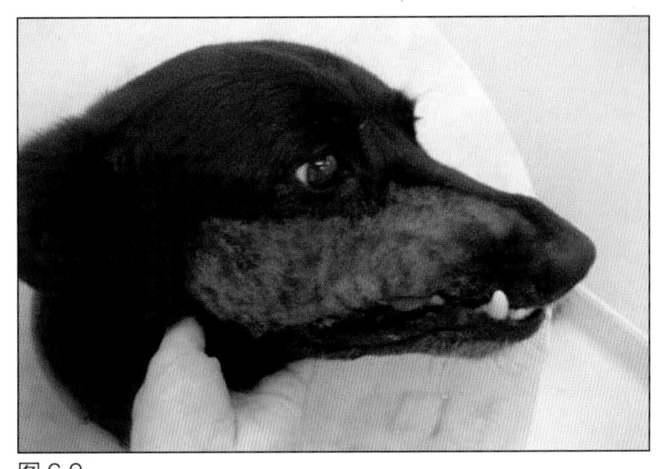

图6.9

图6.8和图6.9 图6.7中的犬移除上颌骨后有轻微程度的面部损伤，待其毛发重新长出来之后几乎看不到损伤

一项研究报道称72%做过下颌骨切除术的猫会发生术后吞咽困难或者厌食，有12%不能重新获得采食的能力。尽管存在这些问题，据称80%的主人对手术结果满意。此研究强调在口腔肿瘤切除术之前与主人协商沟通，并且制订详尽的治疗计划是非常重要的，特别是对于猫而言。

放疗（单独使用或者是用于没有完全切除的肿瘤的术后治疗）对放射线敏感的肿瘤都是有效的治疗选择，如犬SCC和恶性黑色素瘤。低分割和高分割治疗方案都有报道，但目前英国最常使用低分割方案，每周控制量为8～9Gy，总剂量为32～36Gy。动物能很好的耐受这种治疗，极少发生急性不良反应，如果发现肿瘤未被完全切除，向转诊医生寻求放疗的建议非常明智。报道称放射治疗SCC的1年存活率高达70%。一项研究表明，术后给予放疗可提高存活率和存活时间，如有可能，对于手术切缘小或边缘清除不够彻底的SCC，均应考虑术后放疗。

诊疗小贴士

如果患病动物进行了手术，然后为了术后放疗而转诊，转诊医院则要确保获得高质量的原发肿瘤治疗前的照片，还有诊断性影像学数据，以便帮助放疗肿瘤专家完全了解肿瘤切除之前的范围，并依此制订放疗方案。

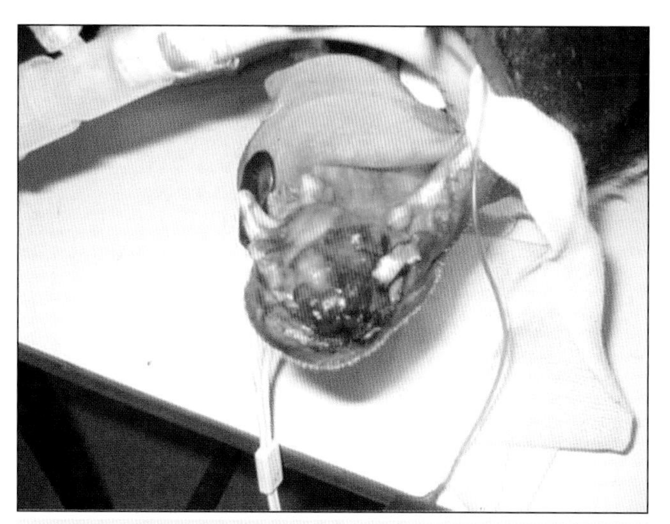

图6.10 暴露出近唇侧下颌骨

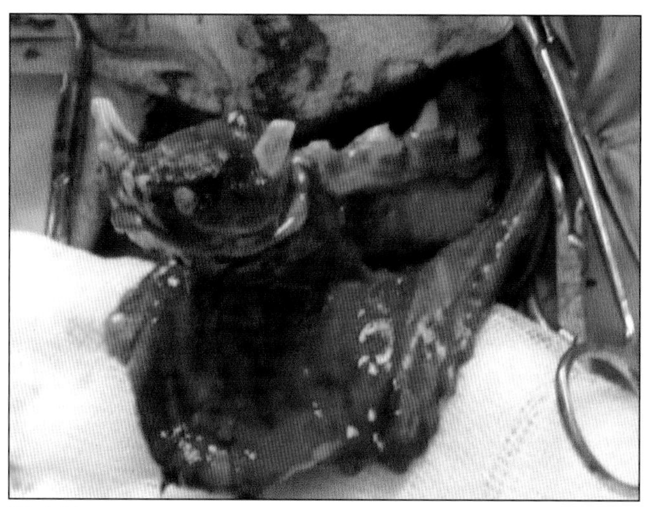

图6.11

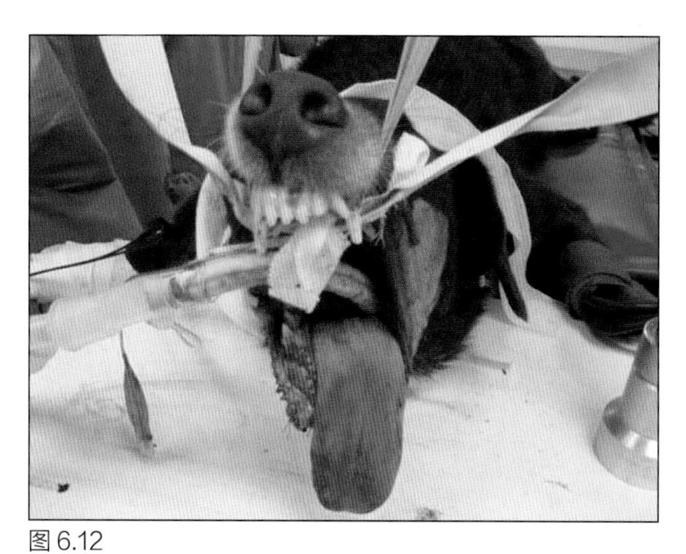

图6.12

图6.11和图6.12 切除近唇侧下颌骨与突出的软组织

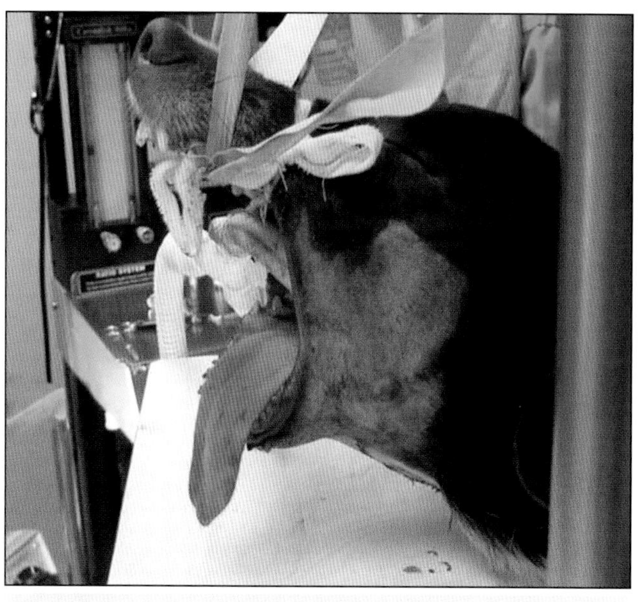

图6.13 下颌骨切除后留下明显的外观缺陷

图6.14 但是恢复后患犬看起来还不错

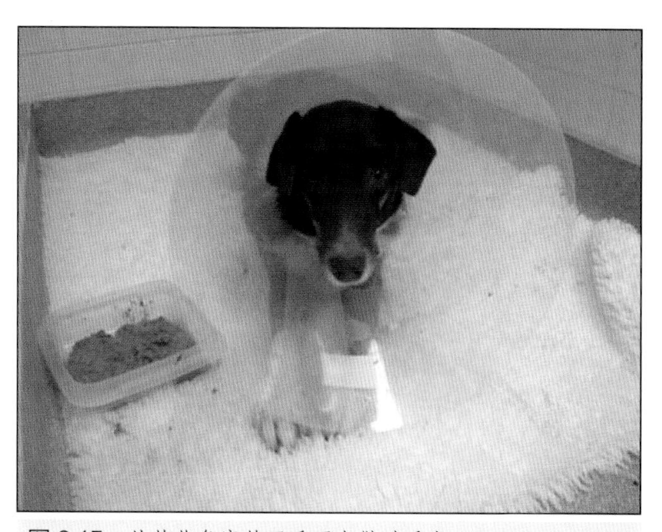

图6.15 从某些角度甚至看不出做过手术

图6.10至图6.15 大部分接受积极肿瘤切除术的犬，术后情况良好。图为一只患有口腔SCC的10岁绝育、杂种母犬的术前外观

其他治疗选择

化疗对口腔肿瘤局部疾病的控制几乎无效，对转移性肿瘤的作用也很有限。而用含铂类的化疗药物治疗犬口腔恶性黑色素瘤，以及与吡罗昔康联合治疗口腔SCC可使病患获得部分缓解。但是目前化疗并不是治疗犬猫口腔肿瘤的首选疗法。

预后

口腔肿瘤的预后根据动物类别、肿瘤部位、类型、大小、分级和程度不同而有所不同。但文献综述列举了一些基本原则。

- 近唇侧肿瘤预后>位于口腔尾部肿瘤预后。
- 完全切除预后>非完全切除预后。
- 棘皮瘤型齿龈瘤存活时间>SCC存活时间>恶性黑色素瘤存活时间≈FSA的存活时间（取决于发生部位）。

犬口腔近唇侧的SCC在会有一个相当好的预后，但是扁桃体和舌下SCC有高度转移性，且难以完全切除，在这些位置的SCC预后谨慎。特别是舌下SCC难以切除，加之食欲不振且不能做手术，那么需要考虑安乐。据报道用手术单独治疗下颌骨SCC，原位复发率为10%，1年存活率91%，而同一方法治疗上颌SCC，则有27%的原位复发率和57%的1年存活率。肿瘤的解剖学位置与这些数据明显相关，肿瘤如生长在口腔尾部或舌下，结果明显不好。

相比SCC，口腔FSA的预后谨慎，FSA具局部浸润性，使得手术难以获得完全干净的手术切缘，这就意味着更容易发生局部复发。但是联合疗法（手术和放疗）却比单独手术有优势。术后不做放疗，犬局部复发率高达59%，而采取联合疗法，犬复发率仅为32%。

进一步治疗

进一步治疗方案可能是PDT。最近一项研究表明，利用PDT治疗11只犬的口腔SCC，其中8只治愈，至少17个月肿瘤未复发，治疗之后的外观比经手术切除肿瘤的犬更好。尽管目前PDT只是在英国的一些大学的教学医院使用，但在不远的未来其可能成为一项更常见的选择。

临床病例6.2——口腔恶性黑色素瘤

动物特征

黑色拉布拉多，9岁，去势，雄性。

表现

近4个星期渐进性厌食，唾液分泌过多。主人检查口腔，发现在上腭有一个大肿物。

临床检查

该病例未经镇静就可以进行口腔检查，发现一个大肿物，起始于上颌骨中部偏右，并延伸至左前侧。肿物表面不规则，有暗黑色的色素沉着（图6.16）。

鉴别诊断

- 恶性黑色素瘤——鉴于年龄、犬种以及肿瘤外观，应做主要鉴别。
- SCC。
- FSA。
- 淋巴瘤。
- 基底细胞瘤。
- 齿龈瘤。

诊断评估

对所有口腔肿瘤病例，在完成系统临床检查后，应仔细触诊下颌淋巴结，如果该淋巴结增大，则应做细针

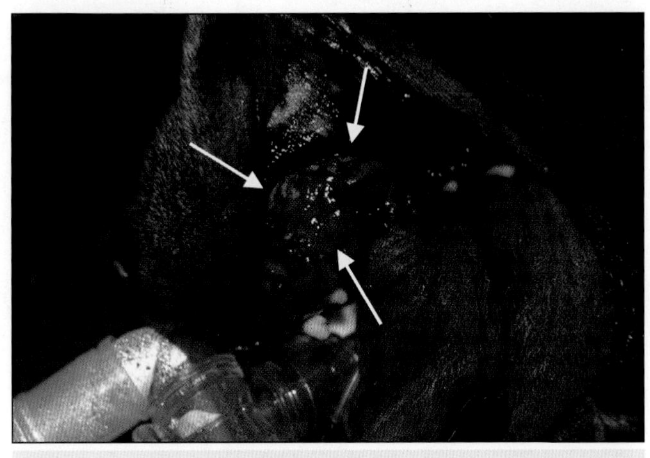

图6.16 病例6.2 拉布拉多口腔内的肿瘤，左侧观，肿瘤遍布上腭。肿瘤边界由白色箭头标出

抽吸进行细胞学检查。然后，在全身麻醉的情况下拍摄完全吸气式胸部X线检查，以确保无肺部转移，这对采取任何手术都很重要。

在病例可触及下颌淋巴结，但是细针抽吸结果显示无转移的肿瘤细胞，淋巴结增大被认为是淋巴结对肿瘤的反应性变化。胸部X线检查未见异常。

治疗

此病例未做口腔X线检查，主人鉴于所需的复杂手续而拒绝切除术。因此进行了外科楔形活组织检查，确诊为口腔恶性黑色素瘤。主人选择了外线束放疗，该犬每周接受9Gy放疗，连续4周。放疗使肿瘤显著缩小，在治疗6周后几乎消失，而在口腔黏膜上遗留一处大的溃疡灶（图6.17）。

该犬需在放疗后间歇性服用抗菌药和非甾体类抗炎药（美洛昔康）以保证其生活质量，但主人认为在治疗期间患犬表现正常而未服用。在放疗7个月后，该犬又开始厌食，口腔检查见肿瘤复发，且肺部X线检查显示出现多处转移灶，因而该犬被施行安乐术。

知识回顾

恶性黑色素瘤（MM）是犬最常见的恶性口腔肿瘤。口腔MM在小型犬中更常见，主要发生于老年犬，患犬的平均年龄超过11岁。MM与其他口腔肿瘤有相似的流行性，但是需要注意的是约30%的病例不会表现出黑色的色素沉着（即无黑色素），因此只是通过眼观检查不能区分肿瘤是否为黑色素瘤（图6.18）。

因转移性很高而且1年存活率低于35%，所以MM预后谨慎。世界卫生组织根据肿瘤大小对犬口腔MM的分期是，Ⅰ期肿瘤直径小于2cm，Ⅱ期肿瘤直径为2～4cm，Ⅲ期肿瘤直径大于或等于4cm，和/或出现淋巴结转移，Ⅳ期为出现远端转移。Ⅰ期、Ⅱ期和Ⅲ期病犬若仅接受单独手术治疗的中位存活时间分别为17个月、5.5个月和3个月。手术切除通常是首选疗法，而手术类型的选择主要取决于肿瘤的位置，但根据标准肿瘤学切除原则，如有可能应多切除2cm边缘。对于恶性（图6.19至图6.22），应移除皮下骨骼同时附带部分下颌骨切除或者上颌骨切除以便获得好的局部控制，详见第5章。

如选取的主要病例所示，放疗对口腔MM的治疗很有效。很多研究表明，低分割放疗可单独用于犬的病例中，据称反应率高达100%，70%的病例可出现病情完全缓解。但是除了原位复发的问题外，肿瘤转移依然是大多数以这种方式治疗的患犬死亡的原因，报道称只做放疗的中位存活时间为7个月，联合化疗则为363d。因

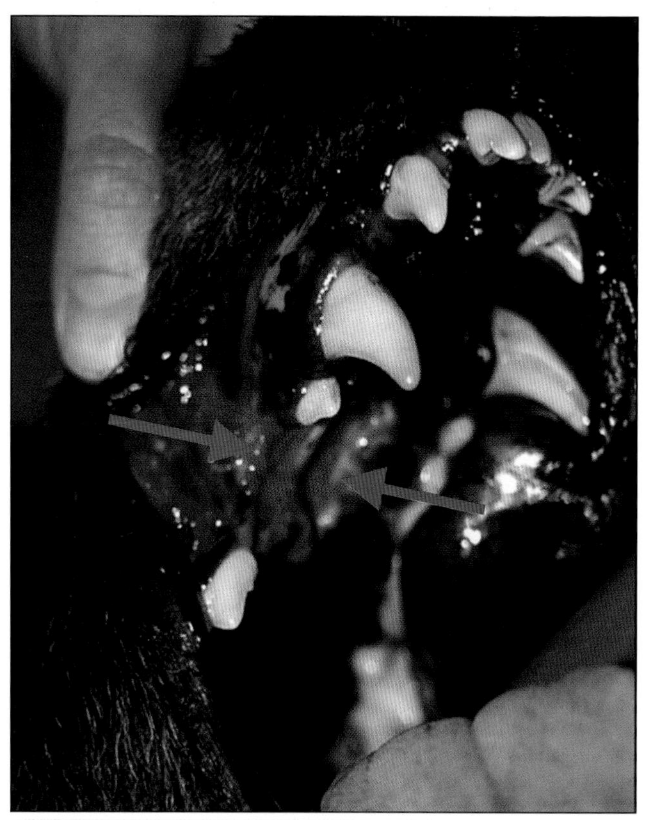

图6.17 病例6.2 经过第四次放疗2周后口腔MM的外观，从右侧可看到硬腭黏膜的溃疡灶（红色箭头所示）

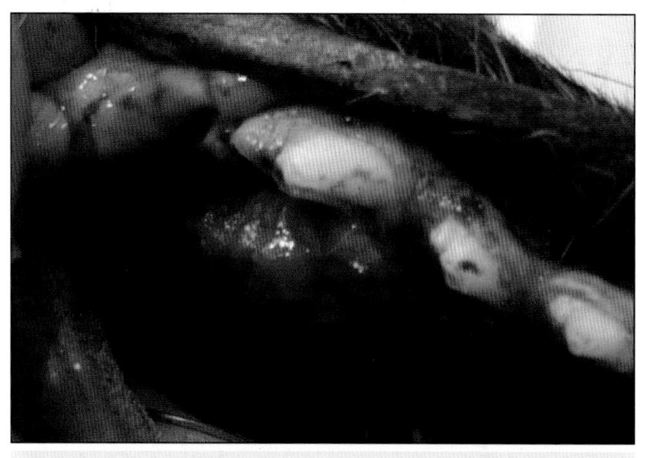

图6.18 存在于德国短毛犬硬腭上的口腔MM，表明口腔MM不都是有色素沉积的

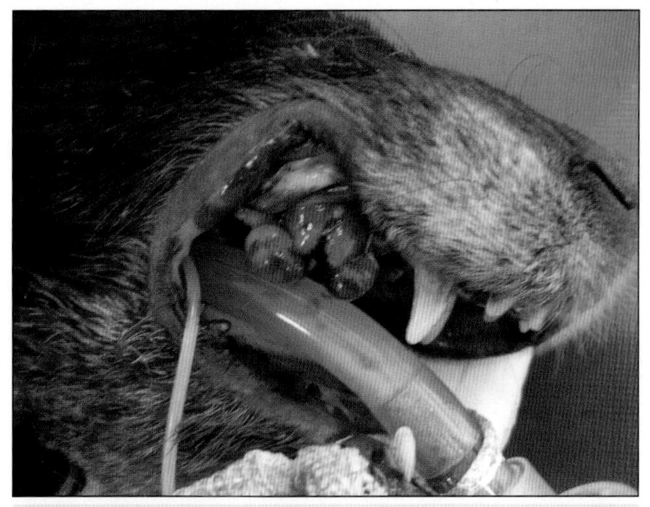

图6.19 图示肿瘤生长的部位，从右侧上颌骨起源向下突出到口腔

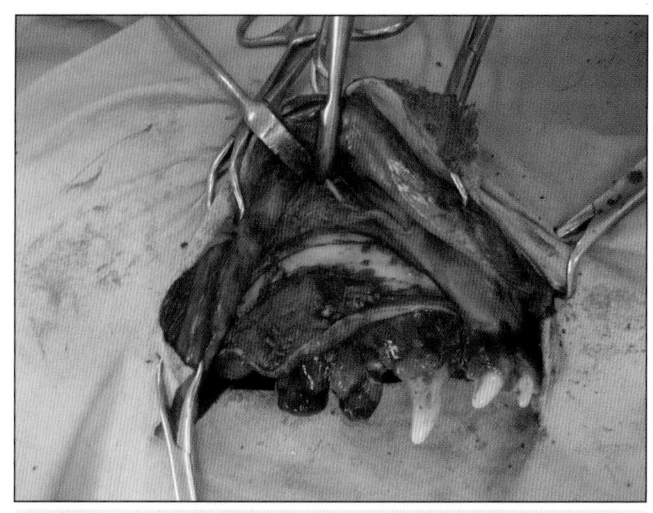

图6.20 分离肿瘤周围的上颌骨，用骨锯切除上颌骨

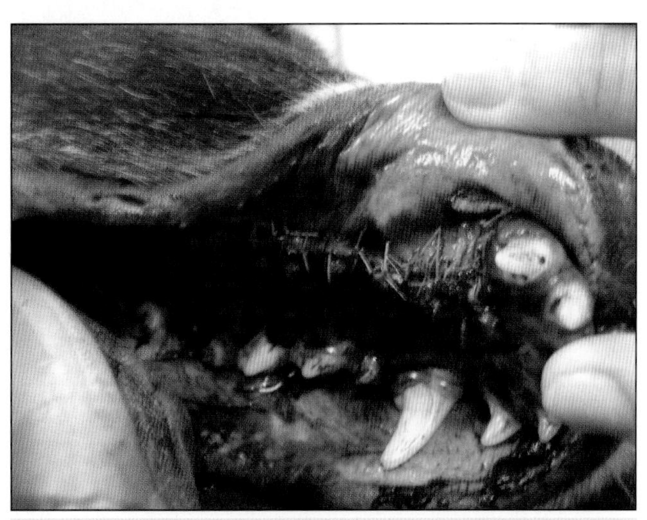

图6.21 上颌骨和肿瘤被切除，常规闭合创口

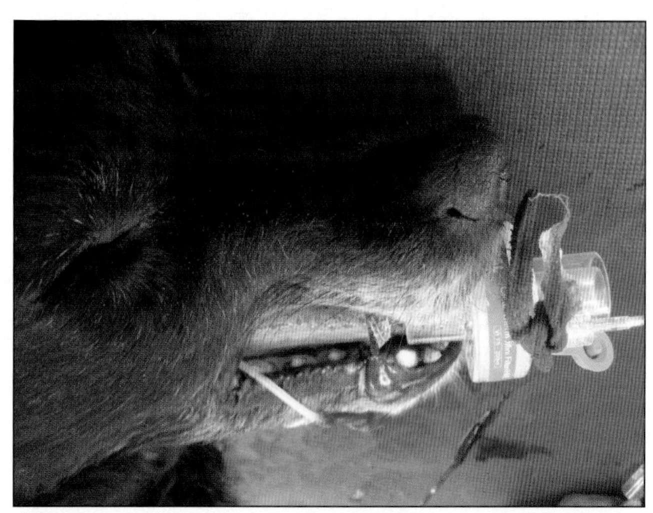

图6.22 即使手术刚结束，上颌骨切除后的容貌外观也很好

图6.19至图6.22 图示口腔恶性黑色素瘤的摘除术

此决定是否使用放疗或手术作为首选疗法，取决于个体状况和治疗方法的可选择性。

单独化疗对口腔MM的治疗作用非常有限。一项研究表明卡铂产生的反应率是28%（主要的部分反应定义为肿瘤缩小超过50%）。单独使用这种化疗的中位存活时间很短，约165d，表明将单独卡铂化疗作为首选疗法其效果不如手术和放疗。第二项研究表明11只患有口腔MM的犬中有2只对顺铂和吡罗昔康联合化疗有反应。这些研究揭示了铂类依赖型化疗剂对肉眼可见的MM有一些效果（虽然有限），所以可以让其作为辅助疗法，在术后疗法或者在化疗-放疗方案中使用。然而，目前没有大规模的试验证明这样使用的确是有效的。

限制MM病患存活的因素通常不是局部疾患的影响，而是远端转移的问题（通常是肺脏），故急需新的疗法以减少转移的发生。未来治疗犬口腔MM可能使用最新研发的异种DNA疫苗，它能够刺激抗酪氨酸酶抗体的产生，在治疗犬口腔MM中安全有效。这种疗法目前在英国只有肿瘤专家才能使用，包括作者的医院，但是其在美国的发展和目前进行的试验已经产生了让人欣喜的结果，即作为多种治疗形式的一部分，这种新的疗法确实延长了患口腔MM犬的无病间期。

临床病例6.3——犬舌下纤维肉瘤

动物特征

边境牧羊犬，8岁，去势，雄性。

表现

口臭，唾液带血。

病史

此病例的相关病史如下：

- 4周之前主人发现口臭。
- 发现犬吃东西比以前慢，但是仍活泼。
- 开始发现在水盆里有血性唾液，所以带到转诊兽医处以为爱犬需要看牙医。兽医在舌下发现一肿物，所以又将其转诊至肿瘤专家。
- 其他方面很好。

临床检查

- 活泼警觉，但是有口臭。
- 双侧下颌淋巴结中度增大。
- 在舌腹侧有一不规则、红斑性、出血性肿块，与舌系带连接（图6.23）。
- 未见其他临床异常现象。

鉴别诊断

- SCC。
- FSA。
- MM。
- 淋巴瘤。

诊断评估

- 细针抽吸下颌淋巴结显示无肿瘤转移。
- 胸部X线检查显示无肺部转移。
- 下颌骨X线检查未见骨组织改变。
- 决定做切除活组织检查。

诊断

- Ⅱ级舌下纤维肉瘤。

在这个病例中，患犬术后快速恢复，没有并发症（图6.24）。

知识回顾

舌肿瘤在兽医临床较为罕见。64%的舌肿瘤恶性，其中约一半为SCC，雌性易患病，以贵宾犬、拉布拉多犬和萨摩耶犬发生率偏高。犬的其他肿瘤包括颗粒状细胞性成肌细胞瘤、MM、FSA（在边境牧羊犬最常见）、腺癌和血管肉瘤（在金毛寻回猎犬最常见）。小型犬，特别是可卡犬舌下浆细胞瘤的发病率偏高。猫的舌下肿瘤最常见的是SCC，通常位于舌部腹侧系带附近（图6.25）。

诊断舌部肿瘤需做切开活组织检查，之前应仔细触诊下颌淋巴结，拍摄吸气时的胸部X线片来排除远端转移。

如果活组织检查确诊为癌，通常推荐的治疗方案是手术切除。尽管动物常可以忍受部分甚至大部分的舌切除术，且不会有长期的问题，但仍有半数舌肿瘤病例放弃手术治疗，因为多数肿瘤位于中间联合处或者呈两侧对称分布，从而限制了手术完整切除边缘，使得手术不能彻底切除肿瘤，提高了术后并发症的风险。对这些病例，强烈推荐转诊到软组织外科专家处就诊（图6.26）。

舌肿瘤的预后取决于肿瘤类型、生长部位、分级和动物种别（是猫还是犬）。尽管颗粒状细胞成肌细胞瘤通常很大，但预后良好，超过80%的病例可被保守的手术疗法治愈，只要注意肿瘤边缘处的完整切除即可。通常近唇侧部位的肿瘤比近尾侧的肿瘤疗效好，因为前者

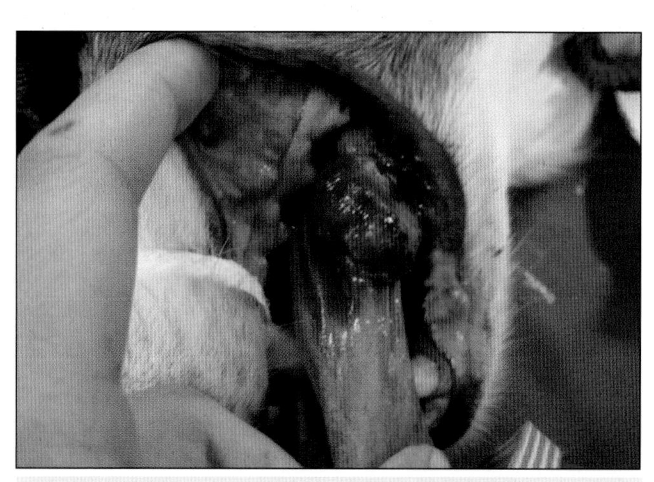

图6.23 病例6.3 实施切除术前舌下肿物的外观

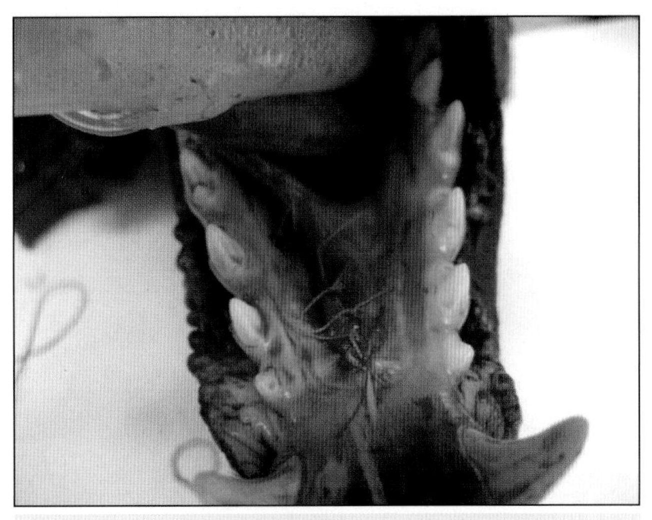

图6.24 病例6.3 患犬肿瘤摘除手术后外观

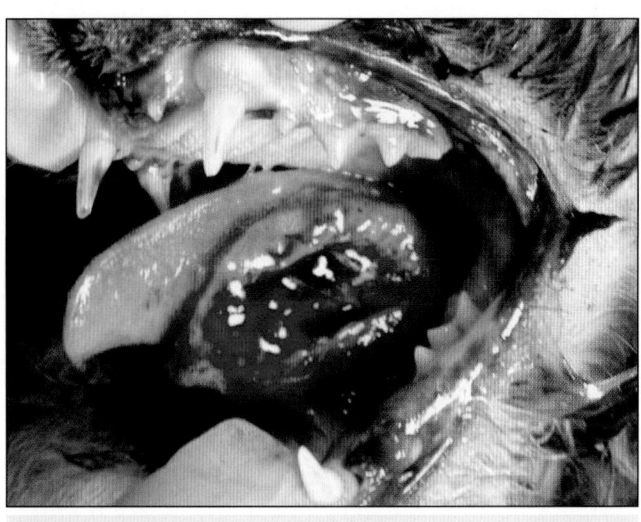

图6.25 猫的舌下SCC的典型外观。此病例的肿瘤位于系带上，治疗几乎不可能，患猫被施行安乐术

容易切除，也易被发现。肿瘤的组织病理学分级也很重要。统计数据表明，SCC经手术切除后，分期为Ⅰ级的病犬比Ⅱ级或Ⅲ级SCC病犬存活时间更长（中位存活时间分别为16个月、4个月和3个月）。就作者所知，还缺乏关于犬舌FSA预后的研究报告，虽然FSA的转移风险较低，但却具有局部侵袭性，易致局部复发。

猫舌肿瘤一般很难控制。其恶性舌肿瘤的长期预后谨慎，1年存活率小于25%。这些肿瘤常见于舌腹侧，及贴中线靠近舌系带的位置，令手术切除很困难。使用外线束放疗产生急性毒性的风险大，其他治疗措施也难以奏效。建议将这些病例转诊至肿瘤专家处，但是要使主人理解治疗方法的选择是有限的。对于这些肿瘤，未来光动力疗法可能会成为一种选择。也有报告称二磷酸盐“注射用唑来膦酸”有抗瘤作用，可用于猫口腔SCC的治疗。但是就作者所知，尚未开展针对舌SCC的专项研究。

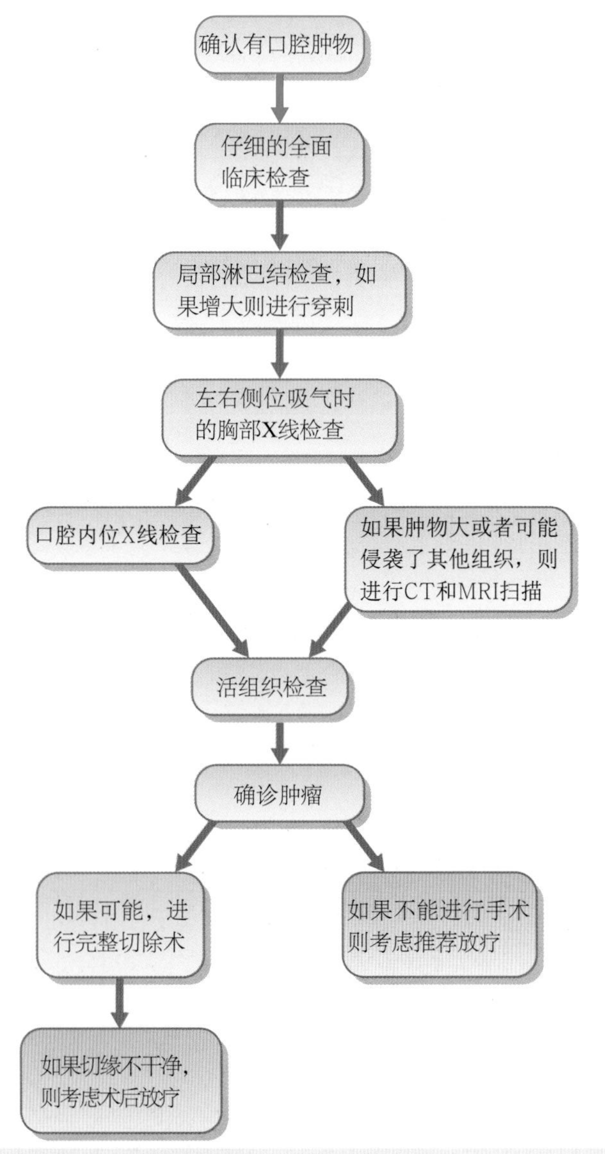

图6.26 口腔肿物患病动物诊断方案流程

7 咳嗽和/或呼吸困难的患瘤动物病例

咳嗽是与气管和肺脏病理损伤相关的临床症状，因而也提示患瘤动物的胸腔可能有肿物，而呼吸困难，则显示肺、胸膜、纵隔、气管内外或喉头有病变。需要注意咳嗽或呼吸困难不只是肺肿瘤的症状，也可能是其他多种不同肿瘤形成过程中的症状。

- 原发性肺部肿瘤。
- 转移性（继发性）肺部肿瘤。
- 胸腺肿瘤。
- 气管肿瘤。
- 喉部肿瘤。
- 胸膜肿瘤或由于肿瘤引起的胸膜渗出（如恶性胸膜渗出、肝癌引起的凝血病或者脾肿瘤引起的弥散性血管内凝血（disseminated intravascular coagulation，DIC）。
- 由于原发或继发的肿瘤引起的气管和支气管淋巴结病。

临床病例7.1——猫原发性支气管癌

特征描述

短毛家猫，14岁，绝育，雌性。

表现

- 6周以来渐进性咳嗽。
- 主人描述咳嗽为轻声湿咳。
- 体重未减轻，但是比平时不爱活动。

临床检查

- 身体消瘦、不爱动，但是对检查有反应。
- 肺部听诊和叩诊未见异常。
- 未见呼吸急促和呼吸困难。
- 检查未见其他异常。

鉴别诊断

- 支气管炎。
- 气道异物。
- 肺肿瘤。
  - 继发性、转移性。
  - 原发性。

诊断评估

根据患猫的病史和症状，首先进行胸部X线检查。结果显示在右肺尾叶的头侧有一个孤立的团块。未见气管-支气管淋巴结肿大和胸膜渗出液。

治疗

根据患猫的病史和临床检查结果，决定切除肺部肿物。在完成麻醉前血液检查后，没有再进一步做诊断性检查，进行了肋间开胸术，手术确认了右肺尾叶存在直径为2cm的肿瘤，并将病变肺叶切除。经过仔细的肉眼检查和数字测量检查，将引流淋巴结也切除了，但这些淋巴结是正常的。

患猫在术后使用阿片类和非甾体类抗炎药，恢复缓慢但平稳，术后4d出院。组织病理学检查结果为中度分化的原发性支气管癌。在与主人仔细讨论后，未做进一步的治疗。患猫保持16个月没有复发，直到随访失去联络。

知识回顾

兽医界认为原发性肺肿瘤是罕见的，大约占犬全部肿瘤的1%，占猫全部肿瘤不及1%。原发性肺癌以上皮细胞为起源，腺癌是已报道的最常见的亚型。确诊可依据肿瘤原发位置的肿瘤类型亚分类（如支气管、细支气管或肺泡的）和通过组织分化程度来做出。胸部X线片显示有大的、通常是孤立的肿物或多发性肿物，临床诊断通常据此来确定。原发性肺癌更常见于老龄动物，同时犬没有性别和品种差异，老年母猫比公猫更易患病。

肺癌很少以咳嗽为单一症状；许多癌症病例除了咳嗽还会有其他症状，如呼吸急促、呼吸困难、嗜睡、体重下降、运动不耐受、食欲减退。仔细询问主人可知这些病症是在就诊前几周之内渐渐恶化的，但是有时这些症状也可在正常情况下突然出现。主人通常能够发现呼吸困难，但呼吸急促可能被忽略，所以仔细问诊确定临床症状是非常重要的。确定咳嗽的性质也很重要，因为很多肺癌病患并非都产生咳嗽。对于有咳嗽症状的老年病患，抗生素治疗无效时，则高度怀疑为肿瘤。要特别注意许多肺癌最初不表现出临床症状，或产生许多意外的症状，特别是当肿瘤转移到肺以外的部位时（如转移到脑部，导致神经症状，转移到四肢，则引起跛行）。肺癌临床表现异常的一个例子是肥大性骨病（HO），症状为移位性跛行、发热和/或四肢肿胀。通过X线检查确定本病后，即应进行胸部X线检查探寻潜在的肿瘤性原因（但报道称，HO在多种非肺肿瘤病例，或一些非肿瘤病例中也存在）。

一般认为转移性肺癌比原发性肺癌更常见，因为肺血管的解剖学特点使任何恶性肿瘤都有可能通过肺血液循环转移到肺。胸部X线片上确定的病灶可能是肺的转移灶，所以要对可能的确定原发肿瘤的位置进行临床检查。通常与肺转移相关的肿瘤是黑色素瘤、骨肉瘤、乳腺癌和血管肉瘤（图7.1），但是任何恶性肿瘤在理论上都能转移到肺，所以在类似的病例中要进行全面的临床检查和相应辅助检测。

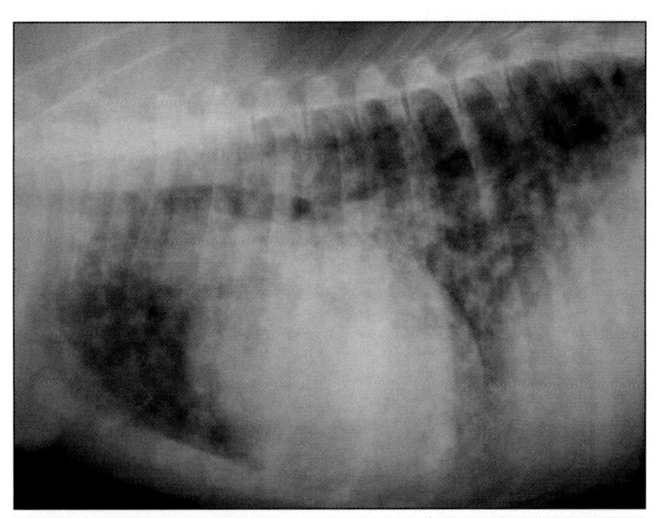

图 7.1　原发性脾血管肉瘤，该病例发生广泛的肺转移性肿瘤

诊断

了解了详细的病史，对怀疑患有下呼吸道肿瘤的动物应做全面的临床检查，特别注意异常呼吸现象，同时仔细听诊心音，叩诊所有肺区，对动物进行整体评估。对肺部肿瘤诊断的基础是胸部X线检查，需要在吸气状态下（即在普通麻醉状态下）进行左右侧和正位胸部X线检查，同时获得3个视野以提供最佳的诊断评估。肿瘤的形态各不相同，从分散的结节到孤立的肿物以及难以确定的间质型，也可见单个肺叶变实，如果发生淋巴结转移，则见气管-支气管淋巴结会增大。关于肿瘤的X线检查应关注以下3个方面。

- 根据肺部肿瘤的类型和时期，肺肿瘤X线检查的征象变化很大。
- X线检查对于小的转移灶和/或淋巴结病变不敏感，使术前准确的分期存在困难。
- X线检查有助于临床医师对原发性肺肿瘤做出诊断；尚需进行组织病理学确诊。

若条件允许，计算机断层扫描技术（CT）可以更敏感地诊断小型肿瘤病灶。所以如果可能，尤其是在计划实行开胸切除术，并且不确定临床分期的情况下，建议对病患转诊进行CT扫描，最近一项研究表明用CT诊断出5个由于存在转移而导致气管-支气管淋巴结增大的病例，而用X线检查却未查出淋巴结病变。然而，另有一项研究表明，尽管CT比X线检查有更高的分辨率（图7.2至图7.4），但CT的假阴性和假阳性的结果也相对较高。故不得不承认目前尚无完美的影像学诊断技术。因此，对疑似肺癌病患进行术前评估和通过影像学进行分期一定要高度谨慎。然而，由于转移性肿瘤的确诊对治疗和预后有重要的影响，因此对这类病例进行正确分期，并依据最高新标准进行评估至关重要。

恶性胸腔积液通常预后较差，因为这意味着存在弥散性胸膜腔内的疾病，但是有胸膜腔内化疗成功的案例报道。肿瘤细胞的判读需要由有经验的细胞学家完成，

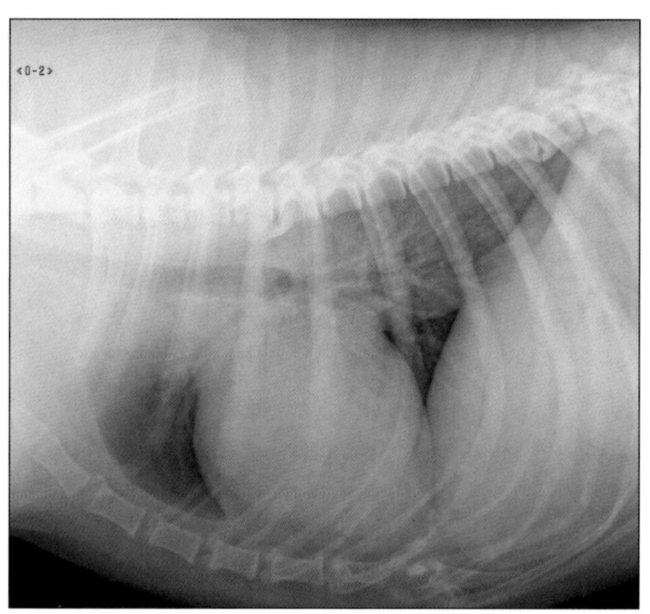

图 7.2

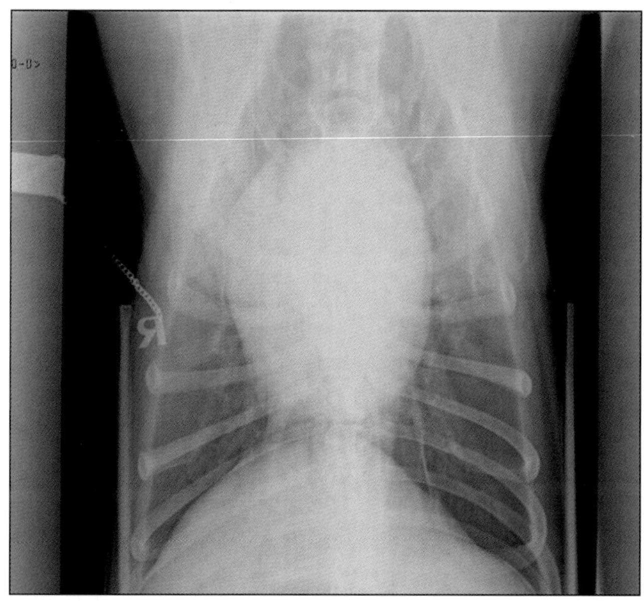

图 7.3

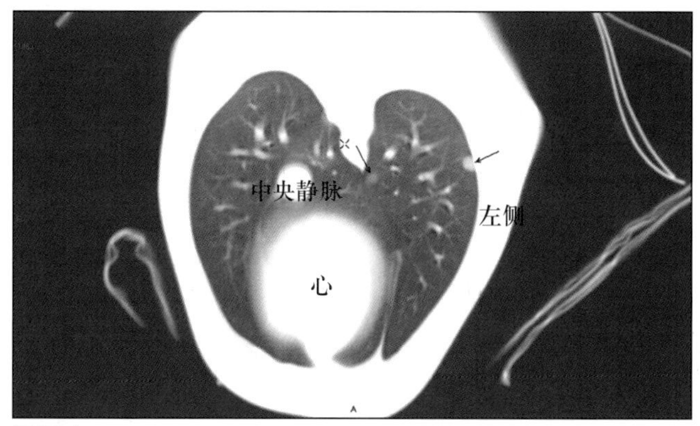

图 7.4

图 7.2 至图 7.4 一只前列腺癌患犬的侧位和背腹位 X 线检查以及横断面的 CT 扫描。X 线检查没有显示出任何清晰的转移灶，但是 CT 清晰地显示出了转移性的病灶，由两个黑色箭头标出（图 7.4）

如果样品要送到外地实验室，瘤细胞样本应分别装入普通试管和含有EDTA的试管中。

治疗

对局灶性原发性肺肿瘤病例，首选治疗是对有病的肺叶进行全肺叶切除术，如本病例中的患猫。由于放射检查不能做出细胞学和组织学的诊断，而在一些情况下又必须在手术前进行确诊，此时，可根据X线检查显示的肿物的位置，可以在超声引导下进行细针抽吸或者盲穿活检。该操作简单又实用，但有发生医源性气胸的危险，而且一些研究也表明肺部肿物的细针抽吸检查诊断效率较低。支气管镜检查和支气管肺泡灌洗（bronchoalveolar lavage，BLA）也可以获得诊断样本。有研究表明这些技术诊断肺淋巴瘤要比X线检查更敏感。然而，对于人肺癌，医学研究表明BLA确诊的敏感程度因肿瘤大小不同结果也大不相同，当肿瘤不可见时常难以做出诊断。所以最好是首先在术前确诊，有时确诊结果将会影响治疗方案，其次，如果可能，开胸进行完全的手术切除及获得组织病理学诊断结果仍是最适宜的治疗方法。但要告知主人，即使进行了最先进的影像学诊断，手术时仍可能发现更广泛的病灶。

诊疗小贴士

单一肺肿瘤的手术切除关系到动物最长存活时间，因此如有可能，应对所有这类病例都实施该手术。

对单一肺叶出现肿物的病例，可实施肋间开胸术和肺叶切除术。其他治疗包括通过胸腔镜或中央胸骨切开术进行切除。通过胸腔镜切除需要特殊的仪器设备和外科专家以及麻醉师，因此通常只能在特定的转诊医院才可进行。另外，由于术野不佳，有时候需要转换成开胸术。中央胸骨切开术进行肺叶切除适用于肿瘤极大或通过X线检查不能确定肿瘤确切位置的情况下。一般不建议使用这种术式，因为很难评估位于背侧的奇静脉和支气管，也很难进行肺叶活检。使用CT可精确确定肿瘤的位置和有无增大的淋巴结和/或转移性病灶。这是一种有效的术前影像工具，有时因缺乏设备做不到。

要进行手术的病例取侧卧位，患侧肺叶向上。从第四至第六肋间隙实行标准式或者改良式肋间开胸，通常足以到达肺叶。肺叶切除要使用标准的结扎技术和外科缝合器（TA-55或TA-90）。使用外科缝合器显著地缩短了手术时间，使肺叶切除术能安全闭合。在闭合胸腔之前要仔细地检查塌陷的支气管是否有出血和漏气的部位。检查方法是向胸腔里灌注温热的无菌生理盐水，没过手术部位。任何出血和漏气的部位都要进行细致的缝合。注意检查局部淋巴结，如果肿大则要进行活检。在充分冲洗和开胸部位常规关闭后要安置胸导管。

诊疗小贴士

这一治疗过程需要外科、麻醉和护理方面的大量专家，因此如果三方面有任何一方力量不足的话，都应该认真考虑转诊。

护理小贴士

胸导管需要高水平的护理和维持无菌状态。应看护好导管，不要让患病动物对其造成破坏。通常，如果没有并发症且引流量很小，导管可在24h内移除。

临床病例7.2——犬原发性肺腺癌

特征描述

可卡犬，10岁，绝育，雌性。

表现

- 进行性咳嗽3个月。
- 卧躺或运动时咳嗽加重。
- 运动耐受下降。
- 体重未减轻，但比正常时不爱活动。

临床检查

- 超重和不爱动。
- 肺部听诊和叩诊未见异常。
- 走动后出现轻微湿咳。
- 可触及的外周淋巴结未见增大。
- 其他检查未见明显异常。

鉴别诊断

- 慢性支气管炎。
- 充血性心力衰竭。
- 肺肿瘤。
  - 继发转移性肿瘤。
  - 原发性肿瘤。

诊断评估

根据病史和症状首先进行胸部X线检查。结果显示在胸腔左侧心脏颅侧有一大的肿物，在与第十肋相对的左肺背尾侧区有一小型球形肿物（图7.5）。

对左肺背尾侧区较小的肿物在超声引导下进行细针抽吸，细胞学检查确诊为支气管癌。详细的临床检查和腹部超声检查未发现其他肿瘤病灶。

治疗

尽管对主人进行了详细的解释，强烈建议采取开胸术来切除2个肿瘤病灶，但是主人拒绝了手术治疗而选择化疗。病犬接受了每3周1次的卡铂化疗，剂量为300mg/m^2。非常欣慰的是该犬的咳嗽在2次治疗后消除，犬变得更加活泼了。又进行了3次卡铂治疗，犬的状态一直保持良好。在第5次和最后一次化疗之后再次进行X线检查显示肺部影像有了很大的改善，和其临床的改善相一致（图7.6）。

该犬在诊断之后14周内保持良好，但由于又发生咳嗽和嗜睡而复诊。侧位和背腹位胸部X线检查显示肺部有多个转移性病灶，该犬被施行安乐术。

知识回顾

在第6章已做讨论，犬猫原发性肺部肿瘤的首选治疗方案是尽可能进行外科切除手术，化疗可作为第二考虑的治疗方案或作为术后的辅助治疗，因为尚缺乏数据证明任何单一药物或联合用药对本病有持续的疗效。因此不能将化疗作为常规的、替代外科手术的单一治疗方

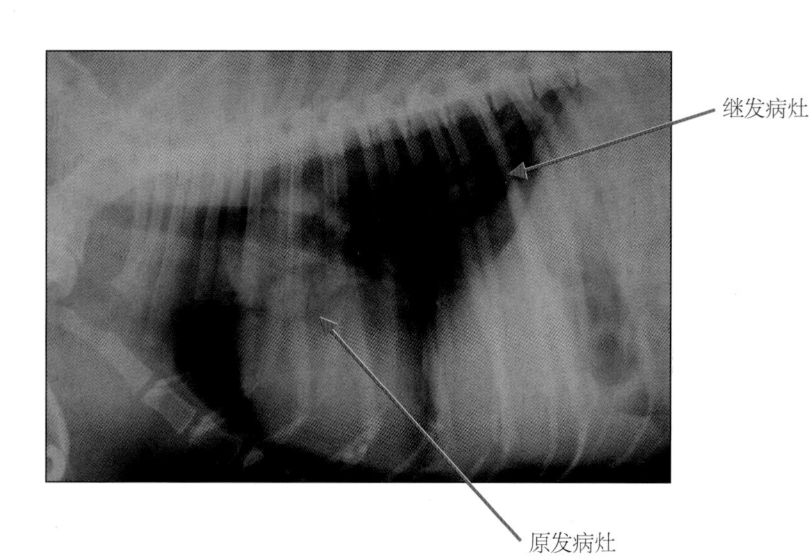

图7.5 病例7.2 右侧位X线检查显示病犬大的原发肿瘤和较小的继发肿瘤

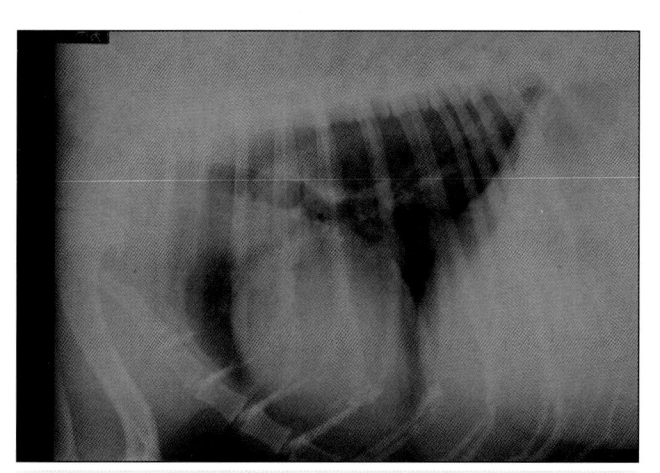

图7.6 病例7.2 接受了五次经静脉慢速注射卡铂治疗后，该犬左侧位X线片

法。本病例的成功治疗是个例外，说明化疗偶尔也是极其有效的。作者在临床上使用卡铂也取得了一些成功，还有研究显示半合成的长春花碱和长春瑞滨对犬肺癌有一定的临床效果。对这些病例进行的试验性治疗能否证明化疗的作用，还有待考证。有报道称使用卡铂和米托蒽醌进行胸腔内化疗对某些病例来说也是一种有效的辅助化疗手段。

报道称，化疗对犬肺部肿瘤唯一有良好反应的是肺淋巴样肉芽肿病（pulmonary lymphomatoid granulomatosis，PLG）。在几项研究中都可见类似报告，多见于年轻到中年犬，无品种和性别的偏好性。发病犬通常表现渐进性的症状：呼吸困难、咳嗽、运动不耐受、厌食、嗜睡、偶尔发热，出现临床症状到就诊的时间从几天到数月不等。X线检查发现的异常包括肺叶实变、肺部肿物病灶、肺叶实变伴发间质和肺泡有渗出物、气管-支气管淋巴结异常增大。疑似诊断可以通过对气管冲洗液或胸腔细针抽吸做细胞学检查来实现，但确诊要依赖对原发肿瘤或气管-支气管淋巴结活组织检查的组织病理学分析来完成。一项研究显示，环磷酰胺和泼尼松龙的有效率为60%，平均缓解时间是21个月，但所研究的7只犬中的3只完全没有反应。另一项研究报道治疗后的平均存活期为12.5个月。考虑此治疗方法有较高的反应率，而开胸术对患弥散性肺部肿瘤病例有危害，因此对于X线检查证实为PLG的病例，可使用化疗作为一种诊断性工具（因为犬患有其他肺部弥散性肿瘤时，难以通过基本的化疗得到解决/实质性的改善）。

放疗对犬肺癌的作用是非常有限的，因为肺部组织对射线很敏感，有效的治疗剂量可能会造成严重的不良反应。所以在英国几乎不建议对小动物肺肿瘤采用放疗的方式。

转移性肿瘤很少用手术进行治疗，除非仅有一个大的单一的转移性病灶，但是有报道指出对于一些病例，肺部转移灶的切除可增加存活期和无病期。因存活时间一般较短，所以侵入性的手术不作常规推荐。如果考虑进行手术，强烈推荐将病例转诊至外科肿瘤医院。

预后

原发性肺肿瘤病例的预后决定于临床分期和肿瘤类型，因此参考WHO分类表很有帮助（表7.1）。英国最近一项研究表明T1、N0、M0期原发性肺腺癌患犬有最长的存活期，中位存活期（median survival time，MST）可达555d。其他研究也支持这一数据，这些研究显示大约50%的、患有单一肺腺癌（直径小于5cm）的犬在术后可以存活一年，MST大约是20个月，但是直径超过5cm时MST就会降至8个月。肺鳞状细胞癌患犬比肺腺癌患犬预后差（一项研究表明MST分别是8个月和19个月）。组织学分级结果影响预后；组织学分级低的腺癌患犬的平均预期寿命比组织学分级高的腺癌患犬长2倍（一项研究表明MST分别为16个月和6个月）。

表7.1　世界卫生组织对犬原发性肺癌的分期
T1 单一肿瘤位于肺泡中被胸膜包绕
T2 任何大小的多发性肿瘤
T3 肿瘤侵袭邻近组织
N0 未发生淋巴结侵袭
N1 淋巴结增大
M0 未发生转移
M1 有转移

对猫肿瘤的组织学分级是唯一影响其预后的重要因素，与中度分化的病猫相比，组织学分级高的病猫存活时间短（一项研究中表明存活时间分别为2.5个月和23个月）。病猫的另一个反常表现是一种非典型的症状，原发性肺癌可转移到足趾（还有其他一些不常见的位置，如骨骼肌、皮肤和肾脏）（图7.7至图7.9）。这些病猫常表现为足趾疼痛性肿胀、跛行，对治疗的反应差，报告的平均存活时间仅为1～2个月。对于跛行的猫，特别是在多个足趾肿大时，要考虑对原发性肺癌尽早做出鉴别诊断。

转移和/或胸腔积液对预后有重要的诊断意义，伴有转移和/或胸腔积液的病猫预后较差，平均存活时间短至1或2个月。有2篇文献描述了用胸腔内化疗作为治疗恶性胸腔积液的方法，目前这一技术在作者（RF）诊所也得以经常的成功的应用（图7.10）。参见临床病例7.3。

图 7.7

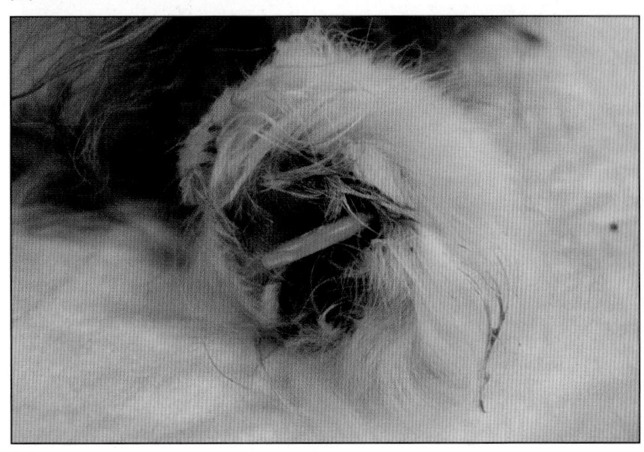

图 7.8

图 7.7 和图 7.8　9岁长毛家猫，在其面部和左前爪部有不愈合性伤口。经检查伤口不愈因存在肿物病灶，抽吸活检表明肿物为癌

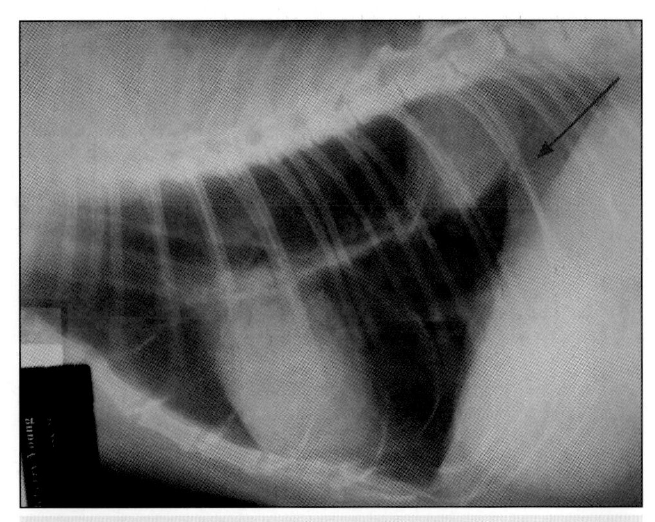

图 7.9　图7.7和图7.8中患猫胸部X线检查，可见左侧肺部尾背侧区有一个大的单一的肿物（红色箭头）。细针抽吸活检也发现癌细胞，最有可能肺部为原发，而面部和足趾是继发。患猫被施行安乐术

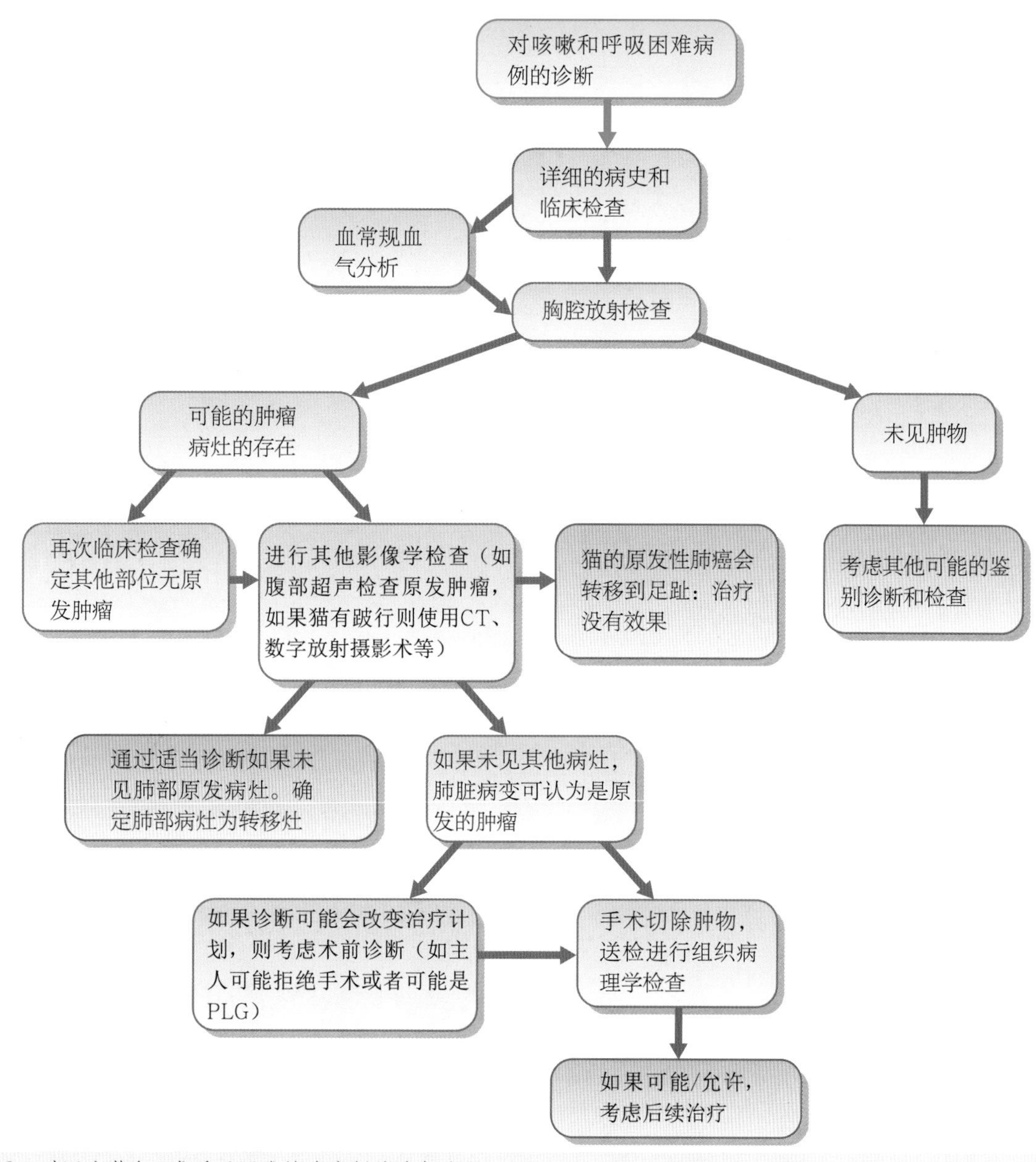

图 7.10 对因咳嗽和 / 或呼吸困难就诊病例的诊断流程

临床病例7.3——犬恶性胸腔积液

动物特征

爱尔兰猎犬，8岁，未绝育，雌性。

表现

- 5d来嗜睡、食欲减退、咳嗽和逐渐严重的腹部膨胀。

临床检查

- 不爱动但轻度警觉。
- 消瘦。
- 呼吸频率增加，呼吸费力。
- 胸腔下1/3处叩诊有浊音，听诊呼吸音不佳。
- 明显的腹部肿胀，触诊有液体震荡感。

诊断评估

- 胸部X线检查证实有胸腔积液，但胸腔内病因未明。
- 腹腔超声诊断证实存在腹水，双侧卵巢显著增大，双侧卵巢形状均不规则，呈异质性。
- 腹腔穿刺术和诊断性胸腔穿刺术证实存在恶性积液，积液含有恶性上皮细胞（即癌细胞）（图7.11）。

治疗

- 排出胸腔积液后，对犬进行剖腹探查手术。术中发现双侧卵巢都显著增大，不规则且易碎，因此对犬实行了卵巢子宫切除术。另外，在腹膜表面还发现了小的白色结节性肿物，并对这些组织进行了活组织检查。
- 经卵巢的组织病理学检查确诊为双侧卵巢癌。腹膜结节是卵巢癌的转移灶，从而解释了继发性恶性积液的原因。

诊断

- 伴随癌变的转移性卵巢瘤，继发性恶性胸腔积液和腹腔积液。

进一步治疗

对胸腔积液最初的术后管理是经手术安置胸导管。确诊之后开始使用卡铂进行胸腔内化疗，剂量为300mg/m^2，每3周1次，共5次。第一次治疗通过之前安置的胸导管给药，而随后的治疗都是在美托咪啶和布托啡诺镇静的情况下通过21号规格的乳胶导管给药。胸膜内化疗5d后胸腔和腹腔积液被清除，犬的行为大幅改善。治疗未见不良反应，表现良好，但在治疗13个月后复发，又现胸腔积液。经胸腔穿刺术确认肿瘤复发，病犬被施以安乐术。

知识回顾

如前所述，恶性积液是一种严重的疾病，不仅影响动物的生活质量，还可通过与积液接触造成其他部位发生浆膜转移，因此预后不良。理论上任何恶性肿瘤都有可能引起恶性积液，积液的出现和属性会由于形成恶性积液的病理机制不同（不同的组合）而各不相同，即：

- 血管通透性升高。
- 淋巴回流受阻。
- 流体静压升高。
- 血浆胶体渗透压下降。

肿瘤性积液通常是组分有所改变的漏出液或渗出液，原因可能是：

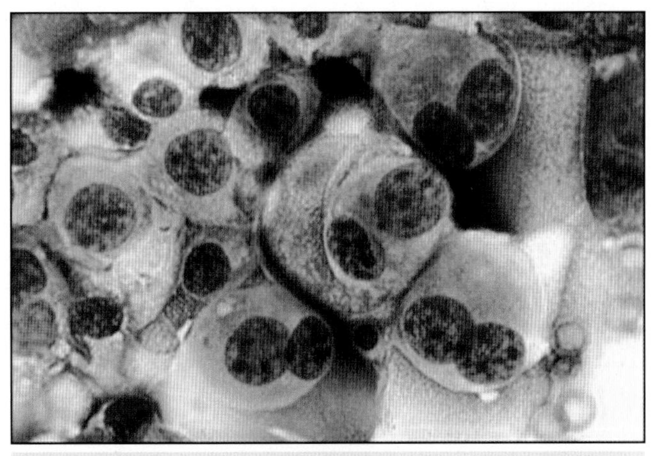

图 7.11 积液中肿瘤上皮细胞的镜下外观。显示有多核仁的大细胞核，一些多核细胞和细胞核的形状、大小各异（图片由迪克怀特转诊中心的 Elizabeth Villiers 女士惠赠）

- 如果潜在的肿瘤引起低蛋白血症就会存在漏出液。
- 如果肠道肿瘤引起肠穿孔，则可产生脓毒性渗出液。
- 肿瘤阻碍淋巴回流会引起乳糜胸。

需要注意的是，积液中肿瘤细胞的数量及其形状都可能发生改变，所以和一个好的病理学家一起诊断非常重要。

肿瘤性积液常继发于淋巴瘤、转移性肿瘤和间皮瘤，因此识别积液中潜在的恶性上皮肿瘤细胞，对临床医师发现原发性肿瘤，有重要的警示作用，如上述患犬。对积液的治疗需要先确定原发病灶的位置，随后评估整体转移情况（转移可能就是造成积液的原因）。如果未发生全身性转移，且原发性肿瘤可被成功治愈（通常是切除），就能获得一个暂时的症状缓解期。然而，有的肿瘤性积液本身就是转移的一种形式，所以建议做进一步的治疗。现有两篇关于胸腔内化疗的报道，两者都使用顺铂、卡铂或米托蒽醌治疗积液，获得成功。作者（RF）诊所的一项回顾性研究显示，对患有肿瘤性、恶性胸腔积液的犬使用胸腔内卡铂化疗治疗，MST可达295d，动物对治疗的耐受性非常好。另外，大量关于胸腔内化疗的研究显示，不进行治疗患犬的MST仅25d，而接受治疗犬的MST是322d。在作者诊所及其他研究和报道中，均按推荐剂量进行胸腔内给药（即300mg/m^{2}卡铂），毒性不良反应的发生率很小。这些研究的建议是，治疗次数要依据清除积液所需时间而定，给予常规治疗直到清除积液，此后再进行一次补充治疗。在作者的诊所中，标准剂量（300mg/m^2）的卡铂用生理盐水稀释为5mg/mL溶液，然后通过注射导管推注到胸腔内。导管在移除前用10mL无菌生理盐水冲洗。如果对两侧胸腔都进行治疗，那么应将剂量平均分配给每侧的胸腔。这一治疗方案每3周重复进行1次，直到胸腔积液消除，然后如上所述再做1次额外治疗。胸腔内化疗的基本原理是暴露的细胞表面所接受的药物剂量是通过静脉给药的1～3logs（对数）倍。

这里报告的爱尔兰猎犬对治疗的反应比预期的要好得多，表明这一简单技术在犬类医疗中具有潜在优势。

兔卵巢肿瘤是多发的疾病，但在犬和猫并不常见，可能与在英国母犬接受卵巢子宫摘除术的数量比较多有关。卵巢肿瘤可以依据细胞来源分为3类，即上皮细胞肿瘤（包括癌）、原始干细胞肿瘤（如畸胎瘤）和性索间质细胞肿瘤（如颗粒层细胞肿瘤）。来源于上皮细胞的肿瘤在临床报道的病例中占50%，其中，卵巢腺癌可经卵巢囊，在腹腔内发生广泛的种植播散并形成恶性积液。据报道性索间质细胞肿瘤为犬第二常见肿瘤，这些肿瘤不同于上皮性肿瘤，因为其中大约50%的病例肿瘤具有内分泌活性。猫性索间质细胞瘤也常见，肿瘤也常有内分泌活性。

在犬和猫，卵巢肿瘤都常见于中年到老年动物，但临床症状常因肿瘤细胞来源不同而各异。上皮性肿瘤通常无临床表现，直到出现明显的占位性肿物，这与肿瘤本身的压迫或是继发性积液有关。而性索间质细胞瘤常产生过量的雌二醇，导致的临床症状包括：外阴肿胀、外阴分泌物、反复发情、脱毛或再生障碍性贫血。如果肿瘤细胞产生孕酮，则可导致囊性子宫内膜增生和/或子宫积脓。猫性索间质细胞瘤可产生雌二醇，引起的临床症状包括持久发情和脱毛。

卵巢肿瘤的首选治疗是手术摘除肿瘤，通常建议同时进行卵巢子宫摘除术。在手术过程中应仔细检查腹腔特别是浆膜表面，来评估患病动物是否出现浆膜转移。若未形成转移，可以完全切除，预后良好。如果发现肿瘤扩散，预后须谨慎。在可能的情况下，建议使用腔内化疗，但病患的存活期小于1年。

其他呼吸道肿瘤

胸腺瘤可引起咳嗽，原因有二,一是直接压迫支气管所致，二是由所谓副肿瘤性巨食管症导致的吸入性肺炎引起。胸腺瘤的诊断和治疗将在第8章详细介绍。当怀疑有气管肿瘤时，要切记，其他非肿瘤疾病也可以引起X线片上可见的管腔内肿物或结节变化，如气管寄生虫、肉芽肿和炎性息肉，所以确诊是必要的。有人认为犬和猫的气管和喉肿瘤并不常见，实际上，在一份涉及78个病例的综述中，有16例犬气管肿瘤，7例猫气管肿瘤，34例犬喉肿瘤和24例猫喉肿瘤。综述发现，上皮性恶性肿瘤常见于猫气管和犬的喉，而骨软骨瘤常见于犬的气管，淋巴瘤是猫最常见的喉恶性肿瘤。患病动物为中年至老年，大多由于上呼吸道阻塞或发声困难而前来就诊。

气管肿物可通过软质或硬质的内镜进行活组织检查。如果可能，在术前应做确诊，因为淋巴性质的肿瘤可能对化疗产生反应。然而，大部分气管肿瘤都需要手术切除，如果最多只需要切除4个气管环，进行端-端吻合术非常容易。较大的切除会有术后裂开的风险，考虑到手术和术后动物护理的潜在难度，建议将任何需进行气管切除术的病患都转诊至软组织外科专家处。如果能达到完全切除且肿瘤为良性，则预后良好，不过猫的良性气管肿瘤极为罕见。迄今难以发现涉及成功切除小动物恶性气管肿瘤的文献报告。

喉肿瘤通常为恶性，具有局部侵袭性（图7.12）。犬的横纹肌瘤是个例外，这些肿瘤通常很大但是很少有侵袭性，也不转移。另外，犬的喉部尚见许多其他类型的肿瘤（骨肉瘤、软骨肉瘤、FSA、SCC、腺癌和肥大细胞瘤），而猫的喉部最常见的肿瘤是淋巴瘤。当然也有一些关于继发性肿瘤转移到喉（和气管）的报道。因而，获得高质量的喉肿瘤活检标本非常重要，但是要格外注意采样可能造成的气道开放。治疗一定程度上依据肿瘤类型。横纹肌瘤通常可以被完全切除，同时保留正常的喉功能，但是恶性肿瘤很难治疗，因为兽医几乎不用全喉切除术（如同人类医学中的使用）。放疗或化疗或许可行，其疗效决定于肿瘤类型，但是犬猫的恶性喉癌预后谨慎。

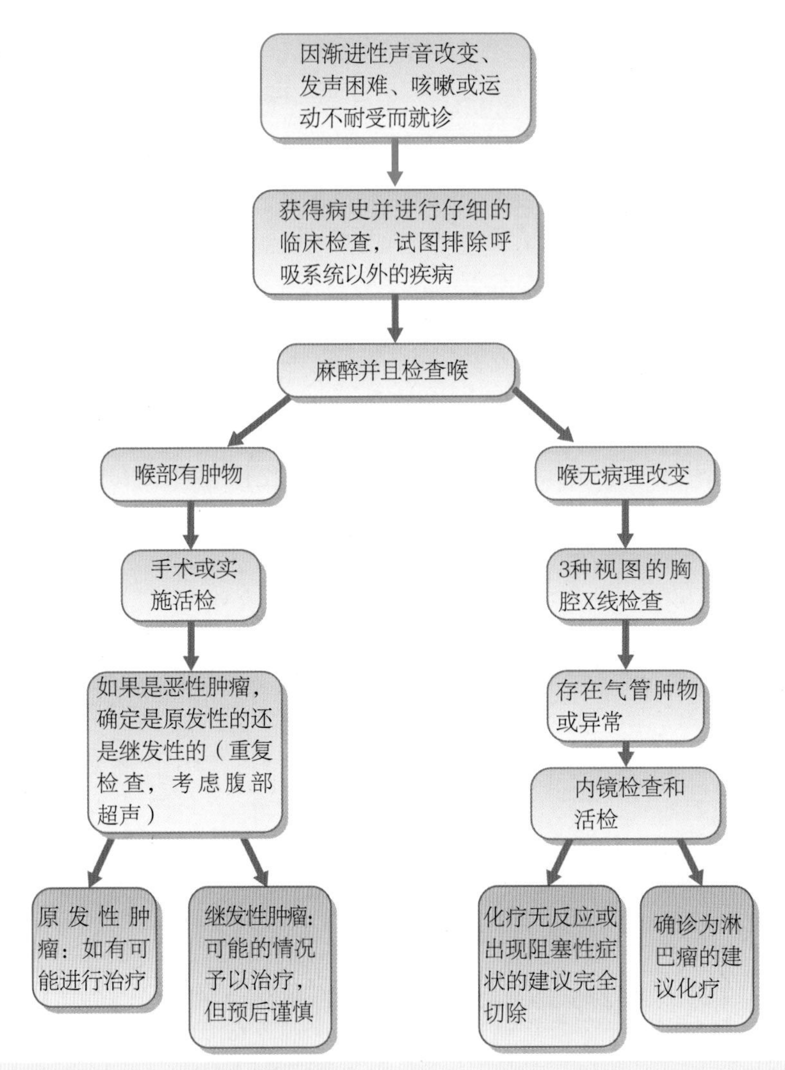

图 7.12 对于发声困难、呼吸困难和/或咳嗽病例的诊断计划流程

8 吞咽困难/呕/返流的患瘤动物病例

吞咽困难的定义是吞咽时疼痛或难以咽下，通常分为口腔吞咽困难、咽吞咽困难和环咽吞咽困难。因而吞咽困难通常都与口腔和/或咽部的病变有联系。呕的定义是吞咽/呕吐反射的一部分动作，包括在胃肠道逆蠕动之后的上腭抬高，并常伴发干呕这一不随意且无效的呕吐动作。返流的定义是胃内或食管内容物被动的由口腔逆行排出，是食管疾病的征象。患瘤动物如果有上述一些或全部的临床症状，则可能在一处或多处发生了肿瘤性疾病。

- 口腔。
- 扁桃体。
- 咽/咽旁组织。
- 食管。
- 纵隔（胸腺、气管-支气管淋巴结或心基）。
- 内耳。
- 中枢神经系统。

临床病例8.1——犬扁桃体癌

动物特征

拉布拉多犬，10岁，去势，雄性。

表现

食欲不振、饮水困难以及过度流涎。

病史

- 之前没有相关的疾病。
- 两周前，主人注意到患犬开始厌食，似乎在吞咽食物和水的时候都有困难。犬会主动走向食碗表现出兴趣，把食物吃到嘴里，然后以微小的抽搐向前移动头部并且伸长脖子。随着这一过程的发展，患犬口中的食物掉落，然后走开。
- 患犬变得比平常安静，不愿意活动，体重减轻。
- 在就诊的前5d，患犬发出的声音好像是在试图清喉咙。

临床检查

- 患犬不爱动，反应不够灵敏。
- 在打开口腔进行检查时，犬表现出反感。
- 咽后部区域触诊有肿胀，主要在左侧。
- 听诊肺部未见异常。
- 脑神经正常，但无法评估呕反射。

诊断评估

在这个特殊的病例中，由于不能对犬进行彻底的口腔检查，因此决定在麻醉的情况下进行详尽评估。结

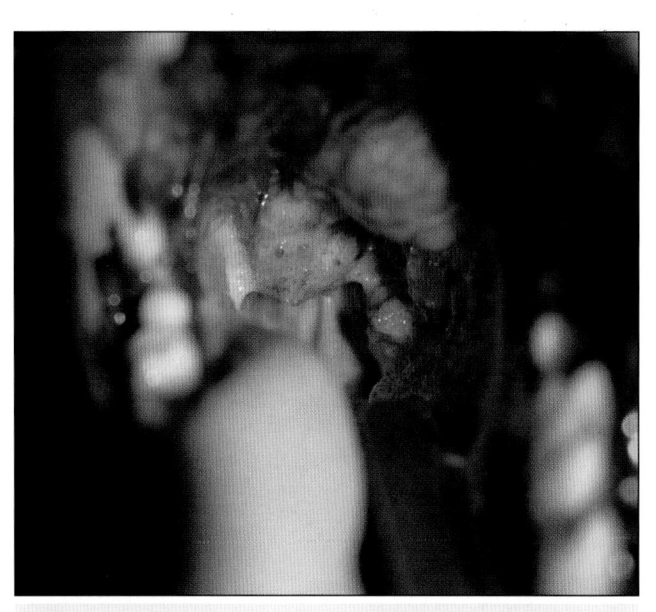

图 8.1 病例 8.1 口腔内显著增大的扁桃体上的肿物外观，该肿物伸延至整个腭骨弓

果在口咽部发现一个起始于左侧扁桃体的溃疡性肿物，该肿物向背侧发展，延伸到腭区，直到右侧扁桃体隐窝（图8.1）。

鉴别诊断

- 扁桃体癌。
- 扁桃体淋巴瘤。
- 恶性黑色素瘤。

深入评估

对该犬进行了麻醉和吸气性胸腔X线检查，未见转移病灶。对病变部位做钳夹活检，用无菌拭子直接压迫进行止血。在活检之前喉部用棉花绷带覆盖来吸收过量的出血。对咽后部肿物进行了超声检查，发现2个体积较大，结构呈均质，形状与咽后淋巴结相似的肿物。对此结构进行了细针抽吸细胞学检查。

诊断

- 扁桃体癌，同时转移到咽后淋巴结。

鉴于诊断和肿瘤的临床分期，除了非甾体类抗炎药和抗生素，不建议进行其他治疗。5d之后患犬被施行安乐术。

知识回顾

对于表现吞咽困难、呕或者干呕的病例，为了确定何以出现这些临床症状，首先需要获取详细的病史。口腔吞咽困难可能表现为难以摄取食物，或者在吞咽时有异常动作，如歪头或者更加剧烈的“甩头”动作，似乎是要强制使食物下移；而喉部吞咽困难的病例通常可以正常摄取食物，但频繁出现试图吞咽的动作，常表现为颈部屈曲拉长。明确症状和了解病史后，应进行仔细的临床检查，包括全身性神经学检查以确定有无神经病变或神经肌肉病变。还需要仔细检查口腔和口咽部，因为有些扁桃体癌可引起疼痛，所以有必要进行镇静或简单的全身麻醉。临床检查的目的是为了确定：① 能否确定原发肿瘤的位置，② 疾病过程已到何种程度，③ 是否存在并发病如吸入性肺炎，④ 治疗是否适合本病例（如是否病情太重，能否承受较大手术，术后如何给予营养）。

扁桃体癌可表现为渐进性吞咽困难、食欲减退、口/咽疼痛、颈部肿大或可能混有血液的流涎。通过对扁桃体肿物的直接视诊（常表现为发红、溃疡和出血），或进行切开活检或切除活检可做出诊断。由于有出血的风险，所以最好采取切除活检。对原发性扁桃体癌的诊断要谨慎。犬和猫的原发性扁桃体癌通常是恶性的；文献中最常见的肿瘤类型是SCC，但也见扁桃体淋巴瘤。其他报道的扁桃体肿瘤类型是转移性口腔肿瘤，特别是MM。

扁桃体癌常见于老龄犬（一项研究中病犬的平均年龄为10岁，范围是2～17岁），并被认为是具有高度转移性的肿瘤，其中10%～20%在就诊时已发现有肺转移，而77%在死后剖检时确定有远端转移。发病无品种差异，但有报道称生活于城市环境的犬，其发病率显著高于生活于乡村环境的犬。扁桃体癌生长迅速、对周围组织侵袭显著，对局部淋巴结、肺脏和/或其他远端器官有早期转移。治疗困难，尽管扁桃体切除术可以在短期缓解临床症状（治疗前要求确诊），但通过这种方法不可能治愈。有人研究了扁桃体切除后辅助术后放疗的效果，与单独手术相比，该方法确实较好地控制了肿瘤的局部扩散，提高了平均生存时间。但是1年生存率还是低至10%，在一项报道中病患的平均生存时间仅为151d。单药化疗对于扁桃体肿瘤未见任何效果。另一项研究评估了不同化疗药物联合使用的效果，尽管进行了治疗但病例的平均存活时间仅为100d左右。联合外束线放疗和化疗（多柔比星和顺铂）确实使存活时间显著增长（平均为306d），但是肿瘤的发展和远端转移仍然是长期存活的主要障碍。所以就目前而言，扁桃体癌病例想要获得最长预期寿命的最佳治疗方案是手术切除，随后实施放疗和化疗的联合治疗。然而在很多病例中，如果病情很严重且原发肿瘤引起了严重的临床症状，则建议不要做进一步的治疗。

临床病例8.2——犬食管浆细胞瘤

动物特征

金毛寻回猎犬，12岁，绝育，雌性。

病史

近2周出现返流、血性腹泻、黑粪症和再生障碍性贫血。

临床检查

不爱动、嗜睡，其他检查无异常。

诊断评估

- 中度低蛋白血症（53mmol/L）。
- 再生障碍性贫血（HCT即红细胞压积22%，网织红细胞计数287×10^9个/L）。
- 凝血时间（APTT，OSPT）在正常范围内，血小板计数也正常。
- 胸腔X线片显示在第六肋间隙的后侧食管内有一软组织密度的阴影（大约2cm×3cm）。食道钡餐造影进一步突显此肿物。腹部超声检查无显著异常。上消化道内镜检查表明食管内肿物尾部正对心基部，由食管右侧壁长出，长为5cm，约占据食管直径的1/3。在后背侧表面有一个清晰可见的松散区域，该区域为出血部位（图8.2至图8.4）。
- 上消化道的其他部分未见异常。

治疗

- 经肋间通路做食管切开术，将肿物摘除。犬右侧卧以利于在第八肋间隙进行开胸手术。左肺尾叶的颅侧用湿润的手术纱布包裹。暴露食管，钝性分离迷走神经。食管因中间膨隆而凸现，通过触诊可确定食管内肿物的位置。从侧面切开食管，把液体从管腔内抽出。肿物通过蒂附着在内壁上，从肌层将肿瘤切除，切除时带有一定周围组织。先将肌层/黏膜层切口以4/0聚二噁烷酮缝线进行简单结节缝合，再将切口外侧用聚二噁烷酮缝线做二次简单结节缝合。之后将胸腔进行常规闭合，在胸腔开口的后侧安置直径为6.7mm的胸导管。封闭胸膜腔，在12h后移除导管。

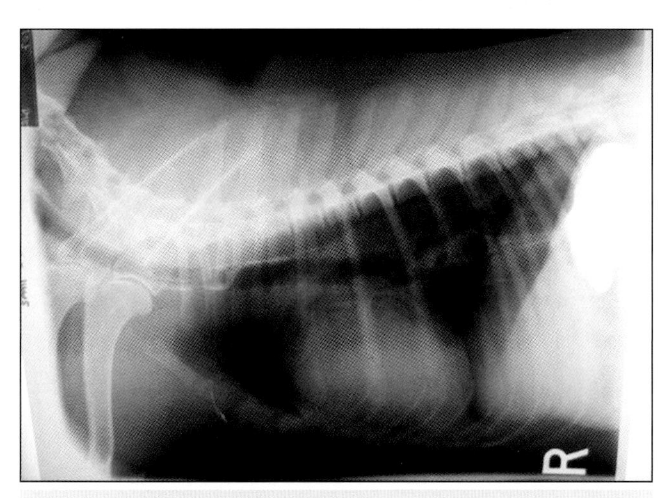

图 8.2　食管 X 线钡餐检查图像

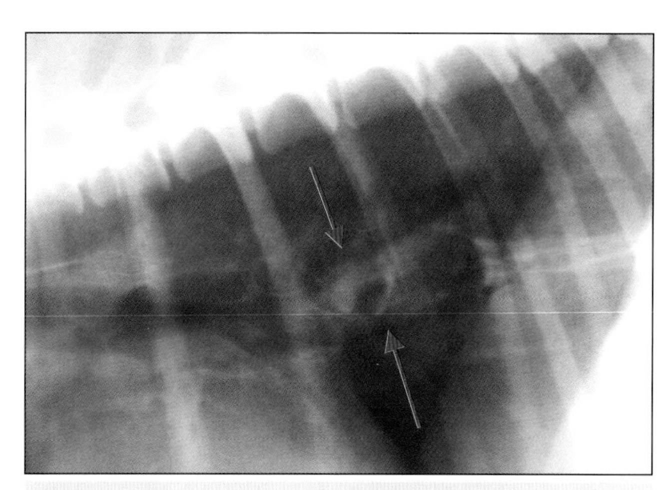

图 8.3　病例 8.2 食管内肿物，由箭头标示

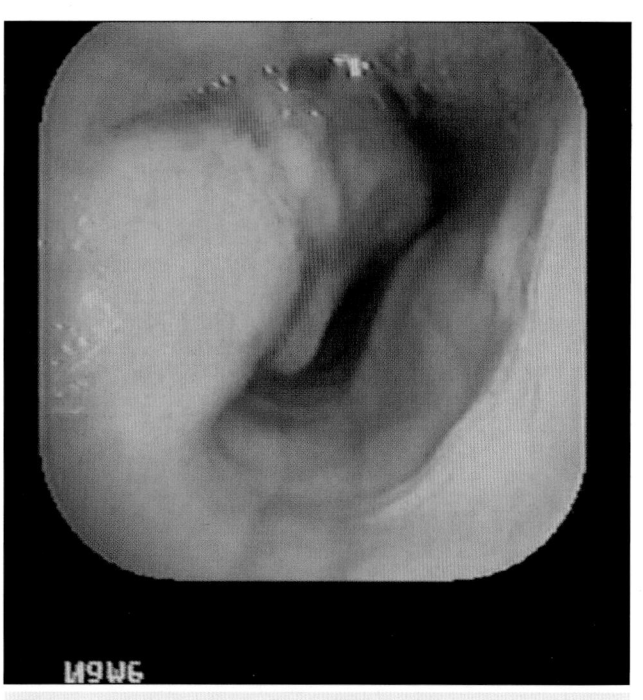

图 8.4　病例 8.2 内镜所见肿物的外观

诊断

• 组织病理学确诊肿物为IgG-阳性的浆细胞瘤。

术后病犬得到迅速而平静的恢复，10d内贫血表现完全消失，因而确定贫血是由肿瘤造成的。术后6个月，进行食管内镜检查未见肿瘤再发，患犬情况维持良好。

知识回顾

在疾病的初期很难识别返流，这是因为主人认为呕吐是一种临床症状而非返流。返流是一种被动的事件，食管内容物在喂食后迅速或经数分钟至数小时被排出。与呕吐的鉴别是：返流没有强烈的腹部收缩，返流物通常缺乏黄绿色的胆汁。返流物可呈“香肠状”，是没有被消化的食物，但是仅此一项不能作为特异性病征。许多动物返流物中有大量黏稠的白色泡沫，如有严重食管病变，可伴有血。一些病例在返流前可表现安静或呆滞，这可能与食管病变和/或食管扩张引起的食管不适有关。出现返流的动物还经常继发吸入性肺炎（表现为迟钝、发热、呼吸急促/呼吸困难和湿咳），这很容易引起并发症。这些病例可因感染和食物返流所导致的较差营养状态而病情严重。当从病史确定病例是返流还是呕吐比较困难时，观察试验性喂食非常有用。

食管肿瘤罕见，占全部犬和猫肿瘤的比例不到0.5%。犬最常见的确诊肿瘤类型是癌，而继发于旋毛虫感染的肉瘤被在一些特定地区也很常见（非洲、以色列和美国东南部）。骨肉瘤、浆细胞瘤也偶发于食管。食管周围，如心基部、甲状腺和胸腺的肿瘤也可侵袭食管，导致食管症状，这也属少见。鳞状细胞癌是猫最常见的原发性食管肿瘤。该病常发于母猫，多发于胸腔入口处食管的后侧。此外，胸腺瘤可导致重症肌无力，也可引发巨食管症。报道称，66%的犬胸腺瘤病例会表现出重症肌无力，其临床表现可能是局部性的、食管性的或全身性的，具体病例不论有何种临床症状，都会出现返流现象，当然全身性肌无力的发病动物在运动时可表现出虚弱等特征性症状。

获取病史和临床检查后，需对返流做进一步检查，可通过胸腔X线检查（首先拍摄平片），如果可能对照钡餐造影检查结果来确诊食管肿瘤。对于曾有吸入性肺炎的病例使用钡剂时要小心，因为吸入钡剂会导致气管内这种对比试剂长期存在。确定食管狭窄和肿物的部位，若肿物存在于腔内，则可进行食管内镜检查，同时取肿物样本进行活组织检查。如果可能，建议尝试不进行手术而达到诊断原发性食管肿瘤的目的，因为肿瘤类型的不同其预后差别很大。恶性食管肿瘤不适宜被切除，因为通常肿瘤级别较高，且较大范围切除使食管再建变得很难。而且恶性食管肿瘤通常有较高的转移率。目前缺乏使用单一化疗方法治疗犬食管肿瘤的研究报告，有一项报道指出对6只患与旋毛虫感染相关食管肉瘤的犬在部分食管切除后用多柔比星化疗，其平均存活期是267d。看来对于这类肿瘤，辅助化疗结合较好的术后管理可能有一定的作用，但尚需深入研究。对食管肿瘤的放疗仅限于胸腔外使用，因为胸腔内组织对放疗耐受性差。对于患有食管恶性肿瘤的发病动物，建立转诊软组织/外科肿瘤专家做进一步检查和手术切除，预后通常要谨慎。相反，平滑肌瘤和浆细胞瘤等良性肿瘤，只要其体积不妨碍完整切除，则预后较好。

颅侧纵隔肿瘤可引起返流和呕的症状，原因是肿物对食管的直接压力、食管侵袭（少见）或是重症肌无力导致的副肿瘤综合征。犬心基肿瘤很少见，猫更罕见，且极少（虽有可能）影响食管。有一例报道称胃癌沿着食管远端扩散到颅侧纵隔引起反复的吞咽困难。然而纵隔中最常见的影响食管的肿瘤是胸腺瘤。首次报告犬胸腺瘤继发食管功能障碍的文献见于1972年，此后有许多研究表明胸腺肿瘤与自身免疫性副肿瘤综合征有关，其特征是巨食管症和多肌炎。在不同的报道中，巨食管症的发生率有所变化；一项研究显示患胸腺瘤的病犬47%发生巨食管症，另一项研究指出其发生率是66%。据此推测相当数量的患有胸腺瘤的犬会发生巨食管症，这对预后很重要，因为一旦出现巨食管症则会降低治疗成功的机会。

临床病例8.3——犬纵隔淋巴瘤

动物特征

拉布拉多犬，6岁，绝育，雌性。

表现

- 之前3周食欲渐进性减退，伴发体重下降、呼吸急促和干呕。

临床检查

- 不爱动，反应差。
- 呼吸过速，吸气费力。
- 胸腔腹侧1/3听诊无肺音，胸腔叩诊为浊音。

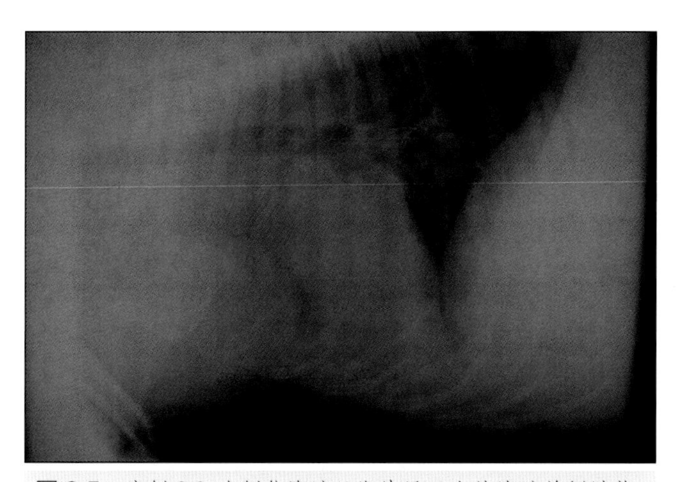

图 8.5　病例 8.3 右侧位胸腔 X 线片显示大的胸腔前侧肿物

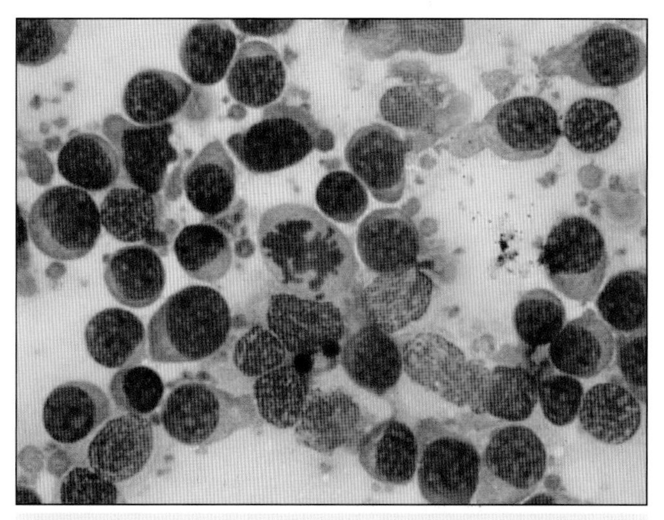

图 8.6　病例 8.3 肿物细针抽吸样本外观（姬姆萨染色，×100），显示大量的淋巴母细胞，包含不同数量的多核型细胞。注意图像中央的有丝分裂象

- 胸腔可压缩性下降。
- 未见其他异常。

诊断评估

- 右侧胸腔X线检查显示大的颅侧（前上侧）胸腔肿物，背腹侧胸腔X线检查证实肿物位于颅侧纵隔内（图8.5）。
- 胸腔超声波检测证实纵隔内肿物的存在。
- 肿物细针抽吸高度提示淋巴瘤（图8.6）。
- 对抽吸样品进行流式细胞术分析确诊为B细胞淋巴瘤。

治疗

- 与主人仔细的讨论后，对病犬进行了改良式麦迪逊-威斯康星化疗，治疗25周。
- 病犬得到完全缓解（图8.7），维持了14个月的健康后复发。
- 由于价格的原因主人拒绝使用多柔比星进行救治，因此选择口服环己亚硝脲（CCNU）治疗。病犬病情得到了部分缓解，但是在X线检查肿物并未完全消退。病犬只在5个月内保持良好，之后恶化，最后进行了安乐术。

知识回顾

颅侧纵隔肿瘤多数为胸腺瘤或淋巴瘤。胸腺瘤源自胸腺上皮，由于胸腺的细胞特性，肿瘤常伴有明显的淋巴细胞浸润，从而导致有时从细胞学角度鉴别胸腺瘤

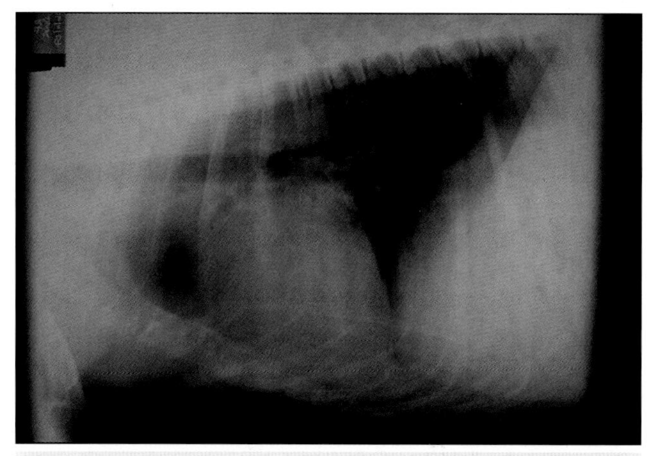

图 8.7　病例 8.3 在接受 9 周化疗后的病犬右侧位胸腔 X 线片，显示前侧纵隔肿物完全消退

和淋巴瘤发生困难。这些肿瘤并不常见，可发生于老年犬。无品种差异性，尽管有报道称中型到大型犬更易患此病。胸腺瘤有3种组织类型（上皮型、富含淋巴细胞型和透明细胞型），但这种区分似乎没有临床和预后价值。从手术的角度看，更重要的是：胸腺瘤是否被膜完整且未侵袭周围组织，即所谓的“良性”胸腺瘤；或是否附着于并且侵袭到周围的组织，如心包、前腔静脉等，即所谓的“恶性”胸腺瘤。“良性”和“恶性”这2个名词容易引起误解，这是因为它们并不直接与肿瘤的组织学特征以及生物学行为和转移相关联，“恶性胸腺瘤”的转移虽有报道，但是罕见。

尽管胸腺瘤可引起返流和呕，但据报道大部分病例的临床表现更倾向于发生在呼吸系统，包括：咳嗽、呼吸急促和运动不耐受。在临床检查时，仔细的胸腔听诊和叩诊可以发现胸腔的前腹侧位置呼吸音降低/消失，后侧被心音所替代，同时触诊胸腔可发现胸部收缩性降低。胸腔X线检查显示心脏颅侧有软组织密度阴影或胸腔积液，在任意一种情况中，超声检查对于确定颅侧纵隔肿物都是非常有用的。

可通过细胞学诊断进行确诊，但是结果可能令人沮丧，因为通常在胸腺瘤中可见到大量的小淋巴细胞，使区分胸腺瘤和淋巴瘤变得困难（图8.8）。少数胸腺瘤病患的血清生物化学分析显示高钙血症，但是高钙血症更常见于淋巴瘤，这使两者的鉴别变得更加复杂。

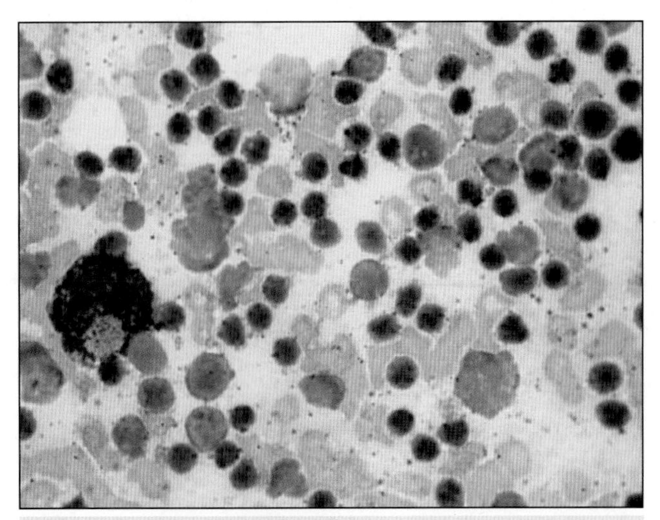

图8.8 胸腺瘤细针抽吸检查的细胞形态。混杂的淋巴细胞和分散的肥大细胞。没有收集到上皮细胞（这是很常见的）。肥大细胞是胸腺瘤的特点，混有淋巴细胞但主要是小淋巴细胞（图片由迪克怀特转诊中心的Elizabeth Villiers女士惠赠）

掌握病患的特征有助于诊断（淋巴瘤通常见于年轻的猫和犬，而胸腺瘤多见于老龄动物），但还应考虑其他确诊的方法。粗针穿刺活检是个选择，但并非总能得到确切的结果，特别是当肿物有明显的包囊结构时。好的活检样品常由胸腔镜活检技术取得，但是在一般的动物医院不容易实现。然而，最近的一项研究显示，用流式细胞术分析抽吸样品是极其有效的，因为胸腺瘤有超过10%的淋巴细胞共表达CD4和CD8，而几乎所有的淋巴瘤只有不足2%的$CD4^+$和$CD8^+$双阳性淋巴细胞，现据作者所知目前只有英国剑桥大学的兽医诊断实验室将流式细胞术作为常规的检查项目，但是在未来几年这一情况很快会改变。常规获取抽吸物样品，将其放入磷酸盐缓冲液中而非显微镜载玻片上，然后和其他用作显微镜检查的标准玻片样品一起送检。如果可能，作者选择的诊断方法是对超声引导的抽吸样品进行细胞学和流式细胞术检查，并附肿物超声检查结果，1991年的一项研究显示淋巴瘤通常表现出同质低回声特征，而胸腺瘤通常质地不均匀。如果仍然不能确诊，作者建议进行胸腔镜检查和胸腔镜活检，只有在其他技术都不能确诊时才选择胸腔切开术来切除活检。

在一些情况下可以尝试对不能确诊的肿瘤实施化疗使肿瘤缩小。然而，依据作者的经验，化疗效果不一致，可能是由于许多淋巴瘤对长春新碱和左旋天冬酰胺酶未产生迅速而充分的反应，而病情的恶化促使进行手术。鉴于可能产生的不良反应，未证实的淋巴瘤给病犬投服药物（如多柔比星）在理论上还是有疑问的。有时，手术既是诊断方法又是治疗方法，因为胸腺瘤的最终治疗是完全的手术切除，且对于那些术前诊断不明的病例，进行开胸手术探查是唯一的选择。如果可能，肿瘤要完全切除，但是对于未确诊的淋巴瘤病例和恶性胸腺瘤病例很难做到。如果确定肿瘤不能切除，则应进行大范围楔形活检，以保证有代表性的送检样品用于组织病理学分析。

犬猫可被切除的良性胸腺瘤的预后通常很好，特别是在没有巨食管症并发症的情况下。报道称，在犬，该病的1年存活率为83%，同时一项研究显示10/12的猫在手术切除后肿瘤没有复发，尽管有2只在术后发生死亡。有巨食管症的病例更具挑战性；目前难以预测食管扩张能否消退，而且很多病例不能康复。有报告指出摘除胸腺瘤可以提高动物对抗胆碱酯酶治疗的反应，但是对巨食管症的治疗仍然是医学的巨大挑战，而且许多病例因为吸入性肺炎而死亡（图8.9）。

兔胸腺瘤表现为呼吸困难、双侧眼球突出和面部水肿，该病罕见，但是有一定数量的报告和综述。偶有报告称肿瘤可转移到胸腔和腹腔。通过X线检查、超声引导细针抽吸和MRI发现颅侧纵隔存在肿物可确诊。选择的治疗方法是通过中央胸骨切开术进行外科切除，可考虑将化疗和放疗作为术后的辅助治疗。然而，放疗只对疾病的进程有短期的控制作用，而化疗应用也有局限。

对兔呼吸困难的鉴别诊断有许多，包括呼吸系统和心血管系统疾病。由肿瘤引起的呼吸困难多见于子宫腺癌或淋巴瘤的继发性转移，二者都是兔极易发生的肿瘤疾病。

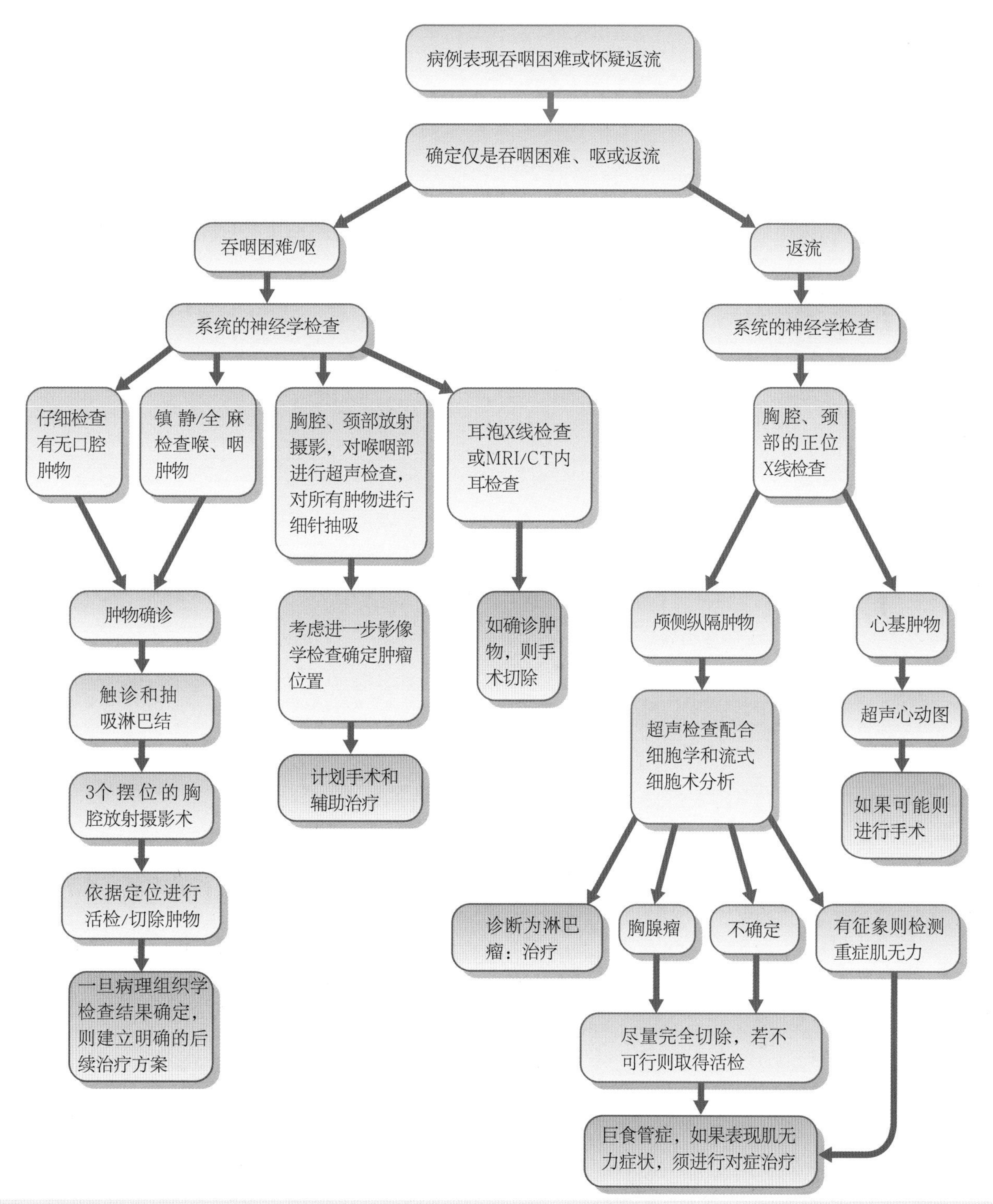

图8.9 对表现为吞咽困难、呕或者返流病例的诊断流程

9 呕吐和/或腹泻的患瘤动物病例

呕吐是指动物主动地将胃内和/或小肠上部的食物排出。对呕吐和返流在进行仔细的病史询问或直接观察后可进行鉴别诊断。呕吐通常有恶心的前驱症状（特征是流涎、舔嘴唇、表现出紧张或踱步），然后进入干呕阶段，而返流的病例不会表现出这些特点。呕吐时还可见到腹部肌肉的收缩，而返流一般没有这种现象。呕吐物pH小于5（而返流液不应该是酸性的），但若有胆汁存在时则pH可为碱性。检测呕吐物中有无胆红素（依据黄绿的呈色反应或使用简单的尿液检测试纸）有时候也有帮助。

机体许多部位的疾病都会导致呕吐，就肿瘤的角度考虑，呕吐提示肿瘤所在位置不只是胃。最好从机体各系统对引起呕吐的患瘤病例进行检查，以确定肿瘤的位置和类型，见表9.1。

临床病例9.1——犬胃腺癌

动物特征

拉布拉多犬，9岁，去势公犬。

表现

持续性呕吐。

病史

该病例的相关病史如下：

- 无与胃肠道系统相关的既往病史。
- 5周前开始间歇性呕吐，但是在病程初期看似正常。在持续呕吐2周后，患犬在有些饲喂后发生

表9.1　与引起呕吐相关的肿瘤的类型

胃肿瘤	骨外骨肉瘤
腺癌	血管肉瘤
淋巴瘤	**腹部肿瘤**
胃肠道间质瘤（GISTs）	胰腺腺癌
肥大细胞瘤	肝细胞癌
髓外浆细胞瘤	肝淋巴瘤
FSA	胆管癌
恶性组织细胞增多症	消化道淋巴瘤
组织细胞肉瘤	血管肉瘤
肠道肿瘤	**肿瘤引起的代谢性功能障碍**
淋巴瘤	肝细胞癌
腺癌	胃泌素瘤
GISTs	泌尿系统膀胱移行细胞癌（引起输尿管或尿道阻塞）
类癌	**中枢神经系统的肿瘤**
肥大细胞瘤	
髓外浆细胞瘤	

呕吐，进而每次饲喂后都呕吐，导致食欲减退和体重下降。

- 尽管食欲不振，但是呕吐还在继续，呕吐物中主要含有黏稠的白色泡沫，在就诊3d前呕吐物中含有血凝块。

临床检查

- 不爱动，对周围事物无兴趣。
- 消瘦。
- 患犬对前腹部触诊表现轻度不适。
- 未见其他异常。

鉴别诊断

- 胃肠道疾病。
  - 严重的胃炎。
  - 异物。
  - 胃脏肿瘤。
    - 腺癌。
    - 淋巴瘤。
  - 肠道肿瘤。
  - 胰腺炎。
- 肝胆疾病。
  - 肝炎。
  - 胆管炎。
  - 肝脏肿瘤。
    - 肝细胞癌。
    - 淋巴瘤。
- 代谢性疾病。
  - 肾衰。
  - 电解质紊乱。

诊断评估

- 血清生化检查排除主要的代谢性疾病。
- 诊断影像学（胸腔和腹腔的平片以及腹部超声）检查显示无明显异常。
- 胃镜检查显示胃小弯处有一溃疡性病灶，位于幽门胃角切迹（图9.1）。
- 对溃疡边缘取材进行活检显示为胃腺癌。

知识回顾

全部恶性肿瘤中胃癌所占比例不足1%，并且猫比犬较少发生。胃癌常见于老年犬，最常见的类型是胃腺癌（大约占75%），报道中也有平滑肌肉瘤、淋巴瘤、肥大细胞瘤、髓外浆细胞瘤和FSA。猫胃肠道中鲜见发生胃肿瘤，但是一旦出现，最常见的类型是淋巴瘤。患病动物的病史可能很模糊，大部分病例都有进行性呕吐加重的症状，胃肿瘤病犬表现出全身性不适，当然这与发病的持续时间有很大关系。但也有一些病例表现状态良好。有新鲜和“咖啡色”呕血仅仅代表胃肠道有溃疡，但是增加了判断老年犬疑似患有胃肿瘤的可能性。

最初的诊断评估，如同本病例所述，往往并不很明确。设有阳性对照的X线检查可查明胃内有病变，或证明有胃溃疡，但超声检查通常难以查出病灶的存在，除非病灶在胃的下1/3处，这是因为胃的颅侧很难成像，除非胃内充满液体。然而，超声可以很好地评估胃和肠系膜淋巴结，如果淋巴结增大则可以进行超声引导的细针抽吸。许多胃肿瘤的诊断较晚，都已处在临床晚期，此时，可能已发生局部淋巴结和周围器官的转移，所以上述评估对进行疾病的临床分期，都是必须的。超声检查还可以发现胃壁结构某层次的丢失，这可见于如淋巴瘤侵袭等情况下。

可曲式内镜检查对腔内病灶的检查非常有用，但要采取合理的分步检查技术，以确保能检查到全部胃黏膜。尽管犬大部分胃肿瘤都位于胃小弯或胃窦，但是要

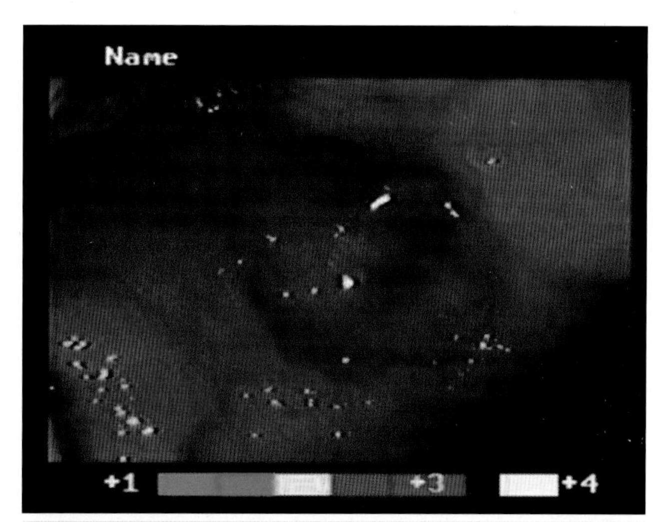

图9.1 病例9.1 犬内镜影像，显示在幽门的胃角切迹处有一个大的红色溃疡灶

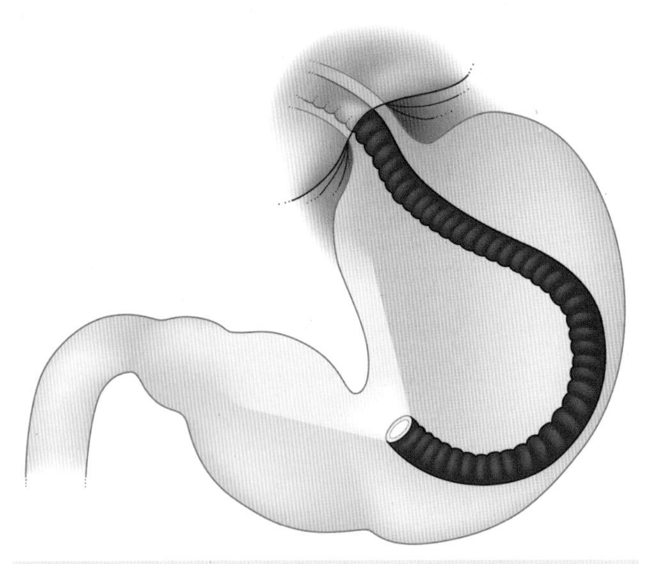

图9.2 “J-检测”

图片引自‘Veterinary Endoscopy for the Small Animal Practitioner’, Timothy C McCartney, Elsevier-Saunders 2005, p. 294

切记进行“J-检测”确保贲门区域检查彻底，因为较小的肿瘤可能就存在于胃-食管连接处的后面或上面，如果不使用可曲内镜，很容易将这些肿瘤遗漏（图9.2）。

如果胃液量很大，可以使用内镜将其吸出，或在检查时让犬分别以两侧侧卧，确保能看到所有黏膜。有些作者建议在进行内镜检查之前给予抗胆碱药物作为术前给药，认为这样可以减少胃分泌和胃蠕动，但是这种方法很明显是个人的偏好。作者不认为有给予抗胆碱药物的必要性，而更倾向于在进行胃内镜检查时，让犬左侧卧，这样可以清晰地看到胃窦和幽门，从而避免了胃液妨碍这一区域的检查。

使用内镜活检钳取材时要十分小心，特别是在有胃溃疡的时候。对溃疡组织本身进行内镜取材是不明智的，因为：① 只能得到坏死组织，很少或不能提供诊断价值。② 增加胃壁穿孔的风险。相反，对溃疡相邻组织进行活检取材是更好的方法，因为此区域可以提供有诊断价值的组织，同时与正常时相比造成穿孔的风险也不会增加。获取多个活检样品能够更好地代表样品的特性。如果发现一个病灶并对其进行了活检，还需要对胃进行彻底的检查，因为可能存在不只一处病变。

除非组织病理学检查将肿瘤确诊为淋巴瘤，犬和猫胃肿瘤的唯一治疗方法就是手术，但是要在主人完全认知的情况下才能实行，因为即使对瘤体进行了完全切除，预后也需要谨慎。胃腺癌通常是侵袭性肿瘤，在不治疗的情况下，会转移到局部淋巴结、肝脏，最后是肺脏。许多病例在其病程的晚期才来就诊，要考虑到在肿瘤发生大的转移之前就可能存在微转移的情况，所以将手术作为治愈的方法是很难实现的。但如果一个病灶是独立存在，则可考虑实施部分胃切除术。这类手术的问题是通常要求广泛切除，重建需做胃十二指肠吻合术（Billroth Ⅰ式胃次全切除术），对这些病患建议转诊至软组织或肿瘤外科专家处。其他需要考虑因素是预后，即使彻底的切除之后病例存活时间也很短，超过6个月的很少见，一些研究指出MST为2个月。没有研究表明化疗药物对犬和猫的胃腺癌有疗效，也未建议使用化疗。

其他良性或者临床分期低的恶性胃肿瘤可能更能适合手术切除，因此进行术前诊断是非常重要的。平滑肌瘤是胃第三种常见的肿瘤，通常可以通过腹腔中线切开术摘除。近年来由于手术缝合器（如TA-55和TA-90）的使用，使部分胃切除术变得非常简单。在手术时对淋巴结以及肝脏表面或网膜内任何可疑之处进行检查和活检都非常重要。

临床病例9.2——犬弥散性肝细胞癌

动物特征

金毛寻回猎犬，9岁，绝育，雌性。

表现

持续性呕吐。

病史

- 中度嗜睡2周，但是总体情况良好。
- 就诊的4d前呕吐，非常迟钝。

临床检查

- 不爱动、但是有反应。
- 轻度黄疸。
- 心率每分钟140次。

- 未见明显的肝脏增大。

诊断评估

- ALT 446iu/L。
- ALP 250iu/L。
- TBil 45mmol/L。
- PCV 33%。
- 餐后胆酸87μmol/L。
- 腹腔和胸腔X线检查无显著变化。
- 超声检查显示全部肝叶呈弥散性的、质地不均匀的回声，未见其他异常（图9.3）。
- 凝血试验（一期凝血时间，活化部分促凝血酶原时间），并在对肝脏进行细针抽吸之前进行全面细胞计数。
- 细胞学检查为多边性、多形性细胞散乱排列。细胞核大而圆，核仁明显数目不等。细胞质稀疏，有颗粒。
- 诊断：弥散性肝细胞癌。

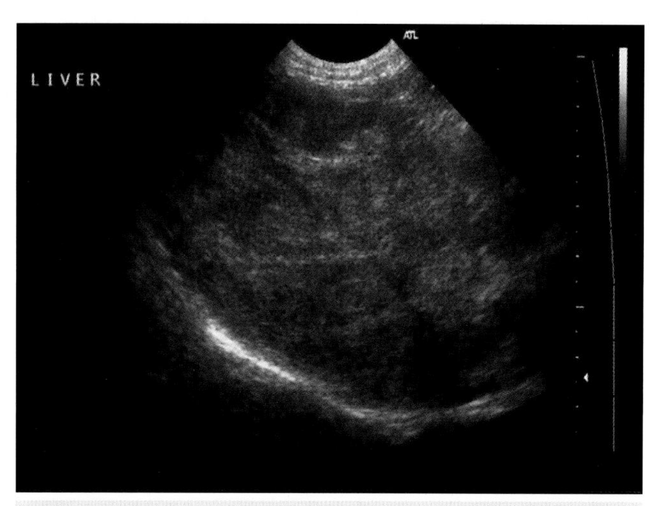

图9.3　病例 9.2 超声检查显示全部肝叶均呈弥散的异质性回声

知识回顾

这个病例表明胃肠道外的肿瘤（也特别包括胰腺肿瘤）可引起严重的胃肠道症状。肝脏疾病引起呕吐的确切病因通常难以确定，但门静脉高压、肝性脑病和细胞因子环境的改变可能起一定作用。这个病例还表明，弥散性肝病可以引起相当特异性的临床症状，但是切记同一种类型的肿瘤在不同的病例会引起不同的症状。

考虑到犬肝细胞癌的特性，肿瘤可存在以下3种主要形式：

1. 单一的“团块”肿瘤。
2. 多发性结节型肿瘤。
3. 弥散型肿瘤。

不同类型的肿瘤预后差异很大。如果单个团块型肿瘤的切除难度不大，并且尚未引起转移性疾病，报道称病例的平均存活期可超过1 400d，尽管这种肿瘤仍有潜在转移的可能，但临床上出现扩散的概率很小。对于肝脏右叶的肝细胞癌团块，考虑到手术会增加术中腔静脉创伤的风险，预后要更加谨慎，但是一旦切除，其预后与生长在肝脏左叶的肝细胞癌团块预后一样。但是对于结节型和弥散型的肿瘤预后要格外谨慎，由于病变的广泛性，通常难以进行手术切除，而且许多肝细胞癌天生对化疗耐受。此病例就不建议进行手术，因为肿瘤的弥散性已影响到每一个肝叶，所以对其进行了安乐术。

其他类型的肝胆肿瘤也可引起呕吐和一定程度的厌食，很可能伴发腹水和烦渴等其他症状。肿瘤可以在胆管树内形成，尤其是在猫，报告中胆管腺瘤最常见。像这类的良性肿瘤只有在局部生长到较大体积的时候才会引起明显的临床症状。然而一些研究称，胆管癌是猫最常见的恶性肝胆肿瘤，是犬第二常见的恶性胆管肿瘤，患病动物的临床症状由肿瘤的侵袭性生物学行为而引起。恶性胆管肿瘤可以在胆囊内、肝组织或肝外胆管中形成。胆管癌的转移常在病患就诊的时候就存在，可发生于局部的灌流淋巴管，也可能发生于远端的器官。对于猫，许多病例的肿瘤在腹膜表面的转移引起癌变。对于每个病例的治疗首先取决于肿瘤是良性的还是恶性的。胆管腺瘤通常可以手术切除，尽管需要进行肝叶切除术，但预后尚好。只要术前分期检查没有发现任何转移，胆管癌建议手术治疗。然而，即使分期检查时未发现远端转移的病例，但存在远端转移的可能，术后存活时间超过6个月的也很少见。由于缺乏针对犬猫此病的有效化疗方法的报道，所以目前不建议使用细胞毒性药物治疗。

肝脏“类癌”是神经内分泌肿瘤的一种，起源于肝脏的神经外胚层细胞，尽管名称中有“癌”字，但实际上不是一种癌。然而，在临床分期中，这些肿瘤类型也表现出侵袭性，通常伴有转移。对于犬猫无有效的化疗方法，所以目前不建议使用细胞毒性药物治疗。

上皮性胰腺肿瘤（如胰腺癌）也可以引起呕吐、嗜睡和体重下降。这些肿瘤可能很小，难以通过超声检查发现，但是它们的侵袭性行为很强，意味着在临床分期检查的时候就可以确定转移存在。对于犬猫缺乏有效的化疗方法，所以目前不建议使用细胞毒性药物治疗，并且手术切除是唯一的治疗方法。如果实施了部分胰腺切除术，应该给予术后管理，因为胰腺很有可能在手术后演变成胰腺炎。可以考虑通过空肠造口术安置饲管。经胃切开术安置饲管更容易，问题在于这样安置的饲管，在每次喂食时动物常会出现呕吐，但是利用这种饲管至少可以在术后动物无食欲的时候能进行饲喂。对易发性呕吐的动物在术后不建议安置鼻饲管，因动物呕吐或者干呕时有可能把鼻饲管吞进气管。如果发生了这种情况，而饲喂前又没检查发现，可能引起致死性的吸入性肺炎（图9.4）。

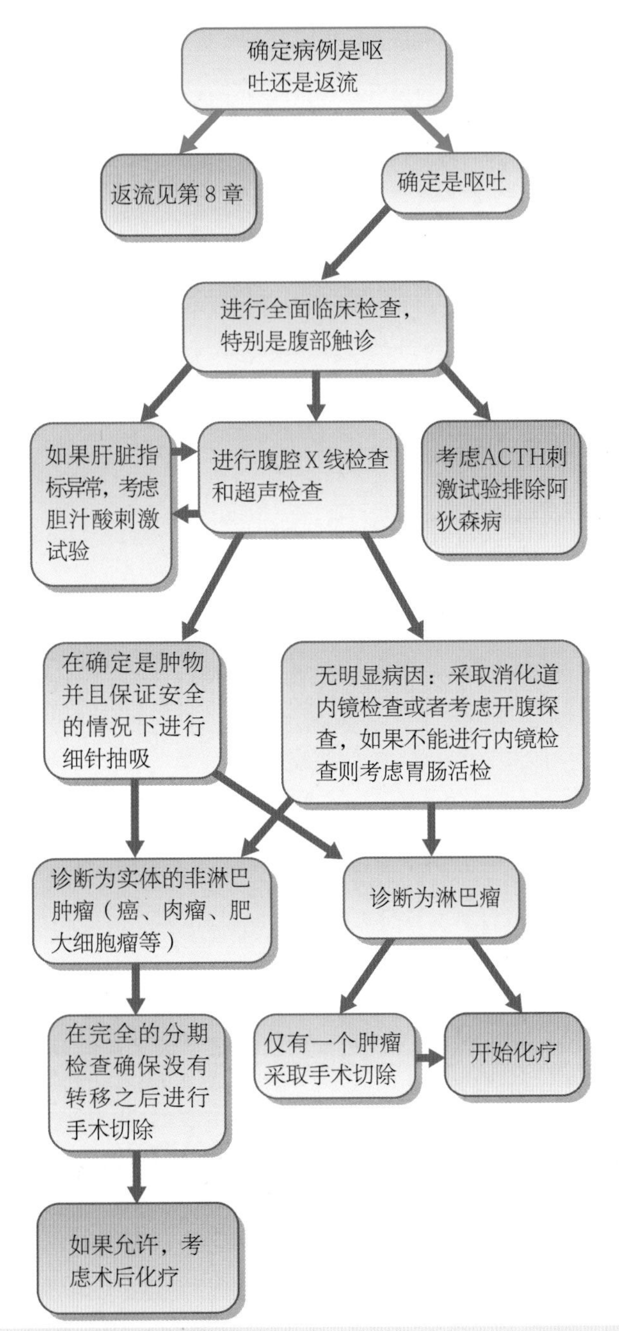

图9.4 呕吐和返流的诊断流程

临床病例9.3——猫肠道淋巴瘤

动物特征

短毛家猫，13岁，绝育，雌性。

表现

4周内食欲逐渐减退、体重减轻和腹泻。

病史

此病例的相关病史为：

- 平时健康，免疫完全并定期驱虫，饲喂优质品牌的干猫粮。
- 在过去4周中，变得越来越嗜睡和不爱动。食欲减退，体重减轻。
- 粪便稠度也越来越差，在整个病程中从糊状变成严重的水样。在就诊的前1周主人描述其粪便像“胶水”一样。

临床检查

- 不爱动，嗜睡，被毛质量差，体况差。
- 腹部触诊，无肿物。
- 外周淋巴结无异常。

诊断评估

- 血清生化显示低白蛋白血症（19g/L），ALT和ALP轻度升高。胆汁酸刺激试验正常。
- FeLV/FIV阴性。

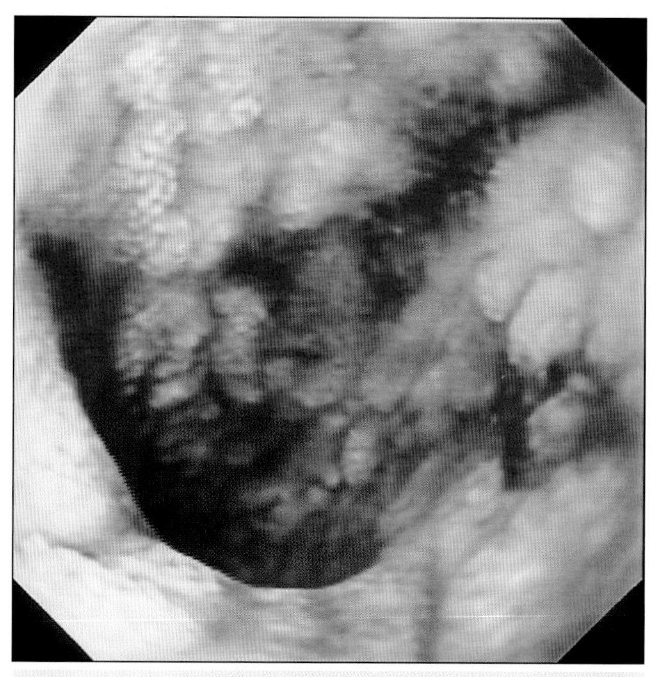

图9.5 病例9.3 内镜检查猫十二指肠黏膜外观异常，肠道表面几乎全部是结节状的（图片由利物浦大学的Alex German博士惠赠）

- 尿液分析未见异常。
- 腹部超声检查显示小肠肠壁分层完全消失并且增厚，伴有中度的肠系膜淋巴结病。
- 肠系膜淋巴结细针抽吸活检没有诊断学意义。
- 软式内镜检查显示胃黏膜正常，但是十二指肠黏膜表现增厚，有颗粒状物，并且苍白（图9.5）。

诊断

- 钳夹活检十二指肠黏膜确诊为淋巴瘤。

治疗

- 以高剂量COP方案进行治疗，在开始治疗后的5d内，动物的临床表现有所改善，主诉为嗜睡减少，食欲有所提高。治疗8d后腹泻停止，状态有显著改善。在治疗的4周后再次进行超声检查未见之前所见的异常，从而表明达到了完全的缓解。
- 维持了15个月的无病期，之后失去联系没有跟进。

知识回顾

据文献报道，肠道肿瘤在全部犬猫肿瘤中约占10%，如胃肿瘤一样，肠道肿瘤类型也是多种多样的，最主要是淋巴瘤和腺癌。恶性上皮肿瘤（腺癌）在猫的小肠、犬的结肠或直肠容易发生。另外，非上皮性肿瘤包括胃肠间质瘤（gastriontestinal stromal tumours，GISTs），平滑肌瘤（有一些不包含在GIST中），腺癌性息肉（常见于犬的结肠）和类癌，类癌在组织学上与癌相似，但是通常起源于内分泌组织并有侵袭行为。

肠道肿瘤的发生率随着年龄的增加而增加，文献报告的平均发病年龄猫为10~12岁，犬为6~9岁。有趣的是，据报道此病在犬猫中微偏好雄性，一些品种有易感性（暹罗猫易患），而中型到大型犬（特别是柯利牧羊犬和德国牧羊犬）比小型犬更易发生肠道肿瘤。除了了解FeLV和/或FIV在猫肠道肿瘤的发生中有一定作用外，其他致病原因不明。

肠道肿瘤引起的临床症状根据病患个体的不同而多种多样，切记，肠道有非常大的代偿储备功能，所以腹泻的发生、发展提示疾病已经到了代偿机能崩溃的程度。一些病例出现呕吐；有的则发生腹泻和体重减轻，通常体况会越来越差。对于有腹泻的病例，确定主要是由小肠还是大肠引起的非常重要（表9.2）。

表9.2 小肠和大肠腹泻的一般症状

小肠腹泻的一般症状	大肠腹泻的一般症状
水性腹泻	黏液性腹泻
大量；但次数几乎正常	量小，常伴有严重的里急后重
里急后重通常很轻微	次数增加
无鲜血	常见鲜血
体重减轻明显	直到疾病后期才会有体重减轻

血清生化检查显示低蛋白血症，原因是肠道疾病导致蛋白丢失，还可见肠道功能一些非特异性指标的变化，如在小肠近端出血时血清尿素氮升高，以及ALP和ALT轻度到中度升高（反映出由肠道疾病继发引起肝脏疾病）。鉴定蛋白质丢失性肠道疾病的一个简单的方法是，通过检测尿蛋白与肌酸酐比值来确定有无大量尿蛋白丢失，也可通过胆汁酸刺激试验来测定肝功能是否正常。血清生化检查结果异常还见于其他疾病，如一些罕

见的患有平滑肌瘤的病例偶可见低血糖。

腹部X线检查，特别是阳性对照X线检查有助于确定肠道肿瘤的存在和位置，而超声诊断技术由于其较高的敏感性和特异性，而成为诊断肠道肿物最有效的影像学工具。任何实体瘤或淋巴结肿大都应进行细针抽吸检查，来确定其是原发肿瘤还是继发肿瘤，而广泛性增厚并且失去“分层结构”的肠壁则提示为弥散性浸润性原发肿瘤。许多病例确诊都需要组织学活检（如果细针抽吸能够确诊则无需进行），超声检查有助于确定是否可通过软式内镜进行活检。对于那些通过内镜无法触及病灶的病例，可以考虑通过腹腔镜或开腹探查进行活检。有些病例会面临手术困难，因为疾病造成营养不良可引起低蛋白血症，从而增加手术创口开裂的风险，特别是在肠道切开和肠道切除术的位置。因此对于密闭创口要给予高度关注。如果仅为单个肿物，那么显然可进行切除活检，但是一定要进行仔细的腹腔视诊和数字化的影像学检查，来确保无诊断影像学所遗漏的远端转移。如果病灶是广泛的，并且要求诊断迅速，可采取压片（从肿瘤的切面制备）或者对肿物细针抽吸进行细胞学分析，这些方法快速简单，在关腹之前值得进行。

除了淋巴瘤，其他肿瘤一旦确诊，治疗的方法几乎都是手术切除（包括活检时没有切除的）。依据肿瘤的种类和分级，肠道肿瘤的预后通常好于胃肿瘤，这是因为肠道肿瘤相对更易于完全切除，而且对动物损伤小。肿瘤未见转移，并且完全切除的病例预后良好。例如，有研究表明肠道腺癌的MST为15个月，1年和2年的存活率分别是40%和30%。对于间质肿瘤/GISTs，影像学诊断没有发现转移的病例，结果更加乐观，小肠肿瘤和盲肠肿瘤1年和2年的存活率分别是80%和70%、83%和62%。然而，有转移的病例预后较差，患有肠道腺癌病例的存活时间大概是3个月。预后较差的部分原因是对于非淋巴瘤的犬猫肠道肿瘤没有很好的化疗方案。有一例报道称使用多柔比星延长了患有肠道腺癌猫的存活时间，但是缺乏其他报告证实。所以除了淋巴瘤外，目前没有常规的术后辅助化疗方案。

犬和猫的消化道淋巴瘤表现可能相当不同；猫的淋巴瘤通常是单个的实体肿瘤，并且可以触及，弥散性的少见。而犬的淋巴瘤常为多中心型，弥散浸润到黏膜下层和固有层，有时影响到肠管的几个区域。化疗是治疗消化道淋巴瘤的首选，但如果在术前的诊断性分期中确定没有转移时，也可考虑对单个恶性肿瘤进行手术摘除。然而一项有关猫的研究表明，在手术切除单个淋巴瘤后使用化疗与单独使用化疗相比没有明显的优势。化疗的成功度相差很大，且在开始治疗前的亚分期显得尤为重要。状况很差的消化道淋巴瘤患病动物通常对治疗的反应不好。猫特定的淋巴瘤亚型也会明显影响治疗效

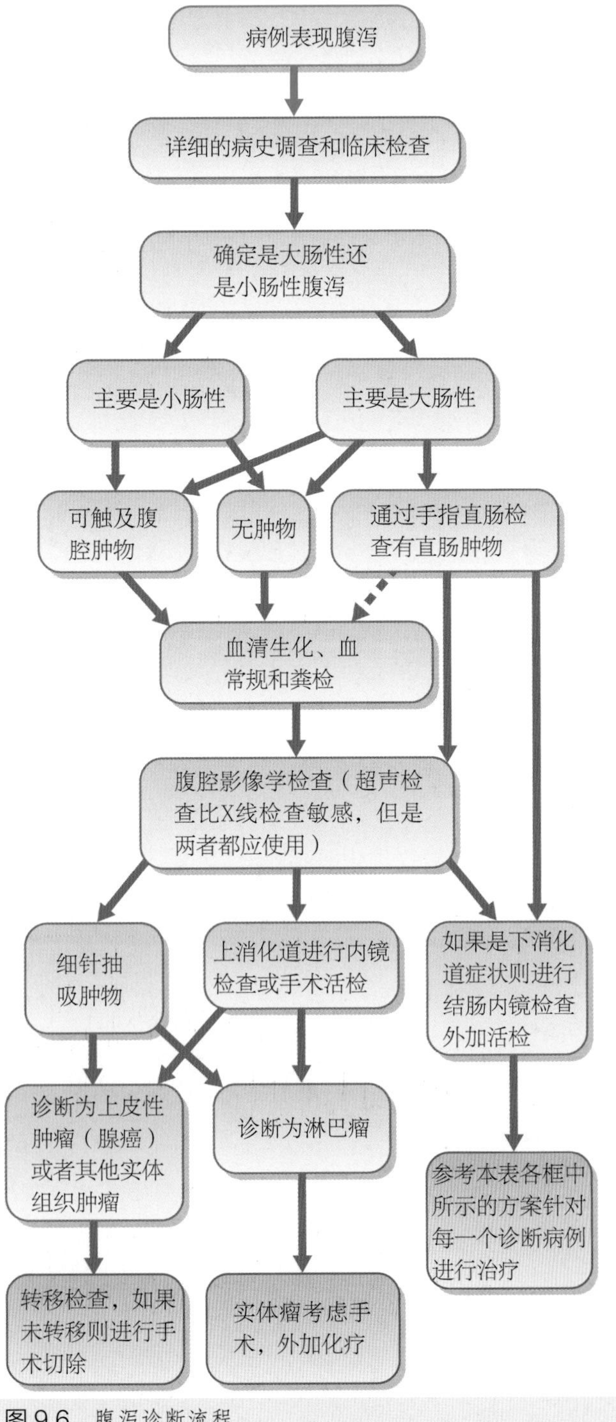

图 9.6 腹泻诊断流程

果，例如，淋巴细胞性淋巴瘤患猫与淋巴母细胞性淋巴瘤患猫相比，前者疗效更好。

一旦分期完成并确诊为淋巴瘤，可根据医师各自的经验、细胞毒性药物处理的设备和主人的经济状况（图9.6）选择治疗方案。在英国，首次治疗仍然最常选择COP方案，尽管许多专家建议使用含有多柔比星的方案，如CHOP、Madison-Wisconsin方案或CVT-X方案。原因是尽管没有大量的随机对比研究来比较COP和含有多柔比星的脉冲式治疗方案，界内仍建议使用多药物、含有多柔比星的脉冲式治疗方案，这一方案达到完全消退的概率更高，第一次缓解维持的时间也比使用COP方案的长，使用多柔比星1年和2年的存活时间也会较好。然而，多柔比星相对较贵，使用时要小心，避免操作人员直接接触和药物漏出，因为漏出会导致广泛的外周血管软组织损伤。另外还有2例使用苯丁酸氮芥和泼尼松龙治疗猫消化道淋巴瘤成功的案例（一项研究中平均存活时间为704d），这也是作者目前经常使用的方案。通常猫对化疗的耐受性很好。报道称缓解率为56%～80%，首次缓解时间为7个月，一项研究中显示2年存活率可达34%。另一项研究显示猫消化道淋巴瘤对COP的全身性反应差，平均存活期仅为50d。然而，此研究还显示一部分猫对治疗反应极好，表明与大部分病例相比，治疗反应良好的少数病例会使平均存活时间延长。消化道淋巴瘤病例的预后也取决于是否达到完全的缓解，那些只有部分缓解的病例生存期通常显著较短。总而言之，对于猫的消化道淋巴瘤通常建议尝试化疗，除非患猫的状态极差，但是很难精确预测可能产生的结果。然而，通常化疗可以使很多患猫拥有较好的生活质量，所以建议使用化疗。

10 便血或排便困难的患瘤动物病例

便血是指粪便表面有鲜血，或排便时带血或便中混杂有血。便血与黑粪症状显著不同，后者是指暗色的且一般是指黑色的焦油样粪便，这是由消化道内消化过的血液引起的。便血可伴随或不伴随排便困难（指排出时困难或疼痛）和/或腹泻，通常提示结肠、直肠或肛门疾病。排便困难通常提示肛门内或肛周疾病，因此可通过仔细观察临床症状来缩小病变定位，但是若怀疑其他疾病，则必须进行全面的临床检查和诊断性评估来准确定位病变位置。当认为便血和/或排便困难可能是由肿瘤性原因引起时，患病动物的鉴别诊断可参考表10.1。

表10.1　导致犬或猫便血或排便困难的肿瘤的鉴别诊断

犬或猫便血的鉴别诊断	犬或猫排便困难的鉴别诊断
回盲肠肿瘤（常见恶性上皮肿瘤或淋巴瘤）	肛门囊腺癌
	直肠息肉
结肠肿瘤（恶性上皮肿瘤或淋巴瘤可能性最大）	前列腺、膀胱或尿道肿瘤
	肠外骨盆腔肿瘤（如软组织肉瘤或源于骨盆肌肉组织的血管肉瘤）
直肠息肉	
肛门囊腺癌	
肛周腺瘤	骶尾骨肿瘤

临床病例10.1——犬肛门囊腺癌

动物特征

拉布拉多杂种犬，10岁，绝育，雄性。

表现

排便困难，有时排出的较正常粪便表面有鲜血。

病史

- 4周来该犬有渐进性排便困难，努责后可将粪便排出，排便次数略显增多，排出的粪便比正常要细，偶见表面有鲜血。
- 饮水增加，食欲下降。
- 该犬之前很活泼，但在就诊前10d变得精神萎靡。

诊断评估

- 就诊时很活泼，体况良好。
- 左侧会阴区有肿胀，除此之外未见异常（图10.1）。
- 直肠指检显示左侧肛门囊有一个质地坚硬的不规则肿块。
- 血清生化检查显示该犬有严重的高钙血症（总钙3.9mmol/L，离子钙1.98mmol/L），磷酸值低于正常（1.05mmol/L）。其他各项检测正常。
- 甲状旁腺素相关肽（PTHrP）显著升高，证实高血钙由恶性肿瘤导致。
- 胸部和腹部X线检查及腹部超声显示无淋巴结转移迹象。
- 对肿胀处超声检查显示在肛门囊内有不规则肿块。

治疗

- 对该犬进行手术，移除肿物（图10.2）。
- 组织病理学检查确定肿物是肛门囊腺癌，处于临床第二期。

结局

患犬恢复迅速且良好，排便困难的临床症状得到解决。在术后3个月和6个月对该犬进行临床检查和腹部超声检测，未发现转移迹象。在术后14个月该犬发生慢性肾衰，不幸的是治疗效果甚微，因此被施行安乐术。然

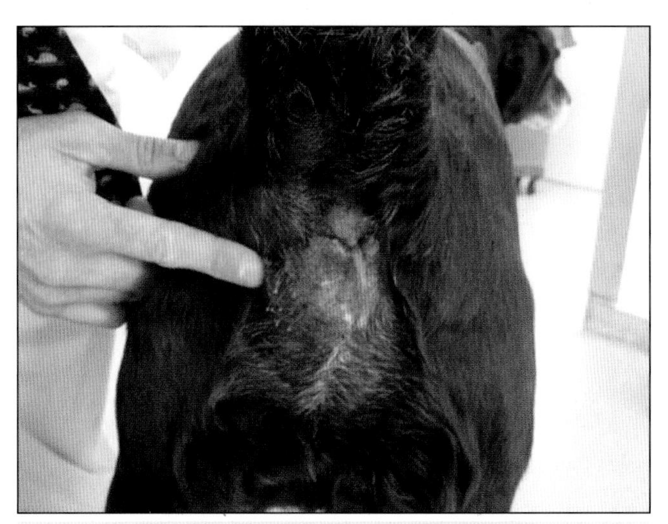

图10.1 病例10.1 拉布拉多患犬会阴部出现肿胀

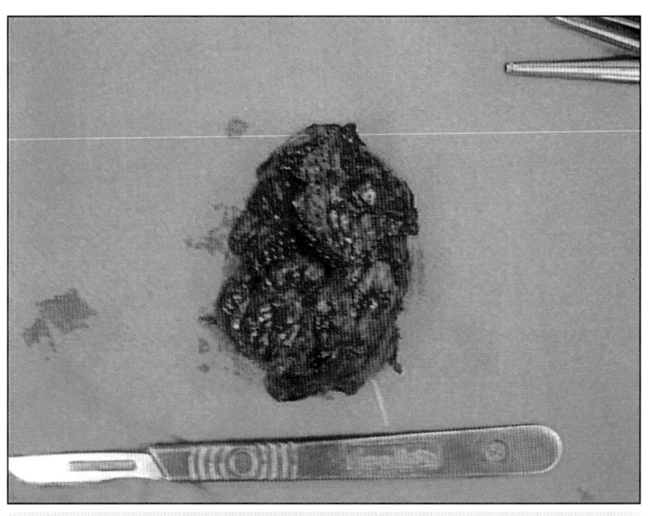

图10.2 病例10.1 肿物切除后的外观

而，腹部超声和胸部X线检查仍未发现转移。

知识回顾

对出现便血或排便困难的患病动物，应考虑多种肿瘤的诊断可能性，如表10.1所示。因此，对于每个病例，主治医生应获得患病动物详尽的病史并对其进行全面的临床检查，以保证诊断正确。

肛周腺瘤（也称为“肝样腺肿瘤”）是肛周肿瘤中最常见的一种，但一般患病动物不表现临床症状，多是由动物主人发现的。这种肿瘤是良性的，常见于老年犬，尤其是未去势公犬。这种性别倾向一般认为与肿瘤形成依赖于性激素有关，因为睾酮可以促使肿瘤的发展，而孕酮可抑制肿瘤的发展（发病的母犬通常都是已绝育的）。这种肿瘤生长缓慢，与对应的恶性肿瘤不同，肛周腺癌尽管在外观上与其相似，但普遍生长更快，因此如果达到一定大小就会导致排便困难。肛周腺瘤对去势术反应良好，无论是否切除肿物（通常情况下若有溃疡则建议切除），有高于90%的治愈率。然而，肛周腺癌对去势术几乎无反应，意味着手术时仔细切除肿瘤边缘是必须的。但是，由于该类肿瘤的局部侵袭性和经常位于肛周括约肌附近，因此很难被彻底切除。对于肛周腺癌尚无有效的化疗方案，因此好的切除手术是对该类肿瘤唯一的治疗方法。美国的一项研究表明，肛周腺癌的临床分期有明确的预后意义；原发肿瘤直径不超过5cm的病例60%在术后至少存活2年，但发生淋巴结侵袭或远端转移的患犬MST只有7个月。

肛门囊的顶浆分泌腺腺癌在门诊中常见，占所有肛周肿瘤发病率的17%，皮肤肿瘤的2%（与之截然相反，猫的肛门囊顶浆分泌腺腺癌罕见，仅有2例报道）。尽管该类肿瘤在老年犬更常见，但也有5岁青年犬发病的报道，因此建议对任何表现排便困难、便血或肛周肿胀的患犬进行仔细的肛门囊指检。肿瘤转移也会导致骨盆狭窄，动物表现顽固性便秘。

对于“肛门囊腺癌”，主要关注其潜在转移性和可能引发高钙血症（25%~50%的病例）。研究表明50%~80%的病例在就诊时已发生转移，髂淋巴结和髂内淋巴结是转移的常发位置。后期可转移到肝脏和肺脏。需要注意的是，小的原发肿瘤仍可以发展成大的转移性肿瘤，因此针对这种情况术前必须进行仔细的临床分期。若怀疑肛门囊腺癌，则应该进行腹侧X线检查和腹部超声检查（评估髂内淋巴结、肝脏、脾脏尤为重要），以及左侧位和右侧位胸部吸气时的X线检查。如果患病动物发生便血，在考虑手术前显然要先对便血进行治疗并使动物的体况稳定。

肛门囊腺癌首要的治疗方法是手术切除，但如果同时辅助放疗，有或没有使用化疗，无病期和存活时间都会延长。几项研究表明这些患瘤动物MST大约为18个月，但是每种肿瘤的TNM分期有重要的预后意义（表12.2）。发生转移的动物不能进行手术治疗，且比未发生明显转移的动物预后差很多。

已经有术后化疗和对含铂类药物（顺铂和卡铂）与美法仑使用的研究。在使用含铂类药物的研究中，单独使用药物治疗可以达到部分缓解，但是反应率低，约为30%，MST是6个月。然而这表明含铂类药物对肛门囊腺癌确有一定疗效。澳大利亚曾对美法仑研究，据报道术后（若发生转移则切除髂内淋巴结）使用美法仑动物的存活时间大约2年。但以作者（RF）术后使用美法仑的经验而言，对于已发生转移的患病动物即使进行了转移切除术，这么长的存活时间是不常见的。这些数据的出现可能与品种有关，因此需要进一步研究肛门囊腺癌术后的化疗作用，这是非常有意义的。

临床病例10.2——犬直肠息肉

动物特征

古代长须牧羊犬，10岁，绝育，雌性。

表现

便血和直肠明显出血。

病史

本病例相关病史如下：

- 6个月渐进性软便并混有鲜血，肛门不时有鲜血滴下，口服柳氮磺胺吡啶或甲硝唑治疗病情未见改善。
- 该犬未表现里急后重或排黏液样粪便，体重没有明显下降，并且行为和运动耐受性仍良好。

诊断评估

- 患犬表现活泼和警觉。
- 除了直肠检查后手套有鲜血外未见其他异常。
- 血清生化和全血细胞计数正常（无贫血迹象，但血涂片检查显示中度的多染性红细胞增多）。
- 腹部侧位和VD位X线检查未见异常。
- 腹部超声显示结肠壁不规则，呈同心状增厚（约8.2mm），并又延伸了数厘米。此部位黏膜显著增厚但呈匀质性。
- 结肠镜检查显示在结肠腹侧面有一个大的不规则出血性肿块，距离肛门大约20cm。肿物出血严重，表面呈溃疡状。结肠镜其他检查正常（图10.3）。
- 抓取活组织检查表明肿物是大肠息肉。根据肿物的位置，对患犬进行了手术，经由腹中线切口切除肿物和部分结肠。患犬恢复良好无继发问题。将肿物送检，经组织病理学检查确认为腺瘤性息肉，没有恶变倾向。

知识回顾

直肠息肉是肠道良性肿瘤中最常见的一种，在一组病例报告中认为最易感的品种是柯利犬。除了腺瘤型息肉，也有直肠平滑肌瘤和纤维瘤的报道。与大多数肠道肿物一样，中老年动物易感，并且没有性别差异性。息肉一般是单发性的，但也有多处病变的报道，因此应该对整个结肠进行全面的检查以保证所发现的息肉是唯一的病变。也有人提出息肉可能是癌前病变，尤其当其比较大时（直径>1cm），有转为恶性的可能，应尽可能将其切除并进行组织病理学检查来确诊。抓取表面的活组织检查可能因为只获得表面一小部分组织而误诊，因此确切的活组织检查应在切除后进行。如果肿物是恶性的，犬最常见的是结直肠腺癌，猫最常见的是结直肠淋巴瘤。犬的淋巴瘤更可能发生在直肠而不是结肠。

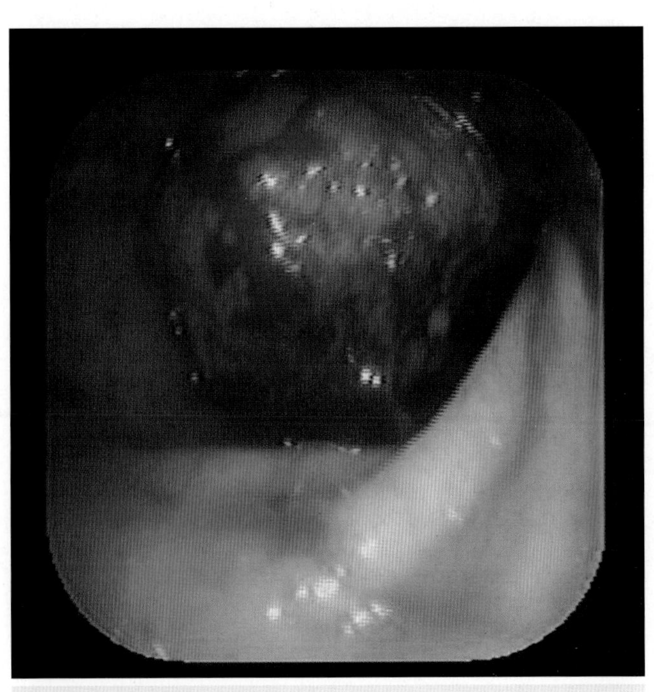

图10.3 病例10.2 结肠内肿物外观，可见表面出血，是该犬出现临床症状的原因

兔子最常见的直肠肿物是直肠乳头状瘤（图10.4），在肛门直肠交界处由病毒诱发，呈典型的菜花状外观。这种肿瘤能够自行消退，但若引发兔子排便困难则可进行手术切除。通过细针抽吸、切除活组织检查或切除后组织病理学检查可以确诊该病。如果怀疑肿瘤是恶性的，则要进行胸部X线检查。

任何种属的就诊动物，只要出现与直肠肛门肿瘤症状相似的病例都需要进行全面的临床检查，尽可能进行直肠指检，一项研究表明超过60%的直肠腺癌患犬在指检时可被发现。如果触诊时未发现肿物，则需要采取精细的影像学诊断手段，超声检查比X线检查更有效，尽管在某些情况下（如结肠内含大量气体，很难进行超声检查）需要进行结肠对比造影。如果具备CT和MRI扫描条件，则可以提供更为精确的诊断信息，但这不是必须的。超声检查应用中的一个难题是如果结肠内有气体则会干扰图像的获取，意味着腔内肿物可能会被漏检。无论如何，超声检查对于识别恶性肿瘤转移造成的结肠淋巴结增大是很有效的，如果结肠淋巴结显著增大，则应尽可能在超声引导下进行细针抽吸。但最终仍需要直接观察到病变和进行组织活检，而最简单的、侵袭性最低的方法是内镜法。软式内镜尤其是对直肠及结肠的诊断和活检极其有用，但首先要对患病动物进行适当的处理，特别是当病变位于靠近身体内部时，必须对结肠进行清洗以防止粪便阻挡内镜光源而不能对黏膜表面进行全面检查。作者一般在操作前24～28h令患病动物禁食，但允许口服补液。然后在内镜检查前8～12h对患病动物多次温水灌肠，每次灌水量为20～30mL/kg。应该将灌肠管末端抹上润滑剂，然后轻柔地向前伸入，无论如何都不要强行灌肠。尽量不要使用肥皂水灌肠，因为肥皂水会刺激黏膜并引发炎症。另一种方法是令患病动物口服胃肠灌洗液“刻见清”，以引起显著的渗透性腹泻。一般在内镜检查前12～18h给予2～3次，每次间隔1～3h。然后在操作前1h进行温水灌肠以保证大肠干净。

还可以采用软式内镜来治疗，因为现在已基本具备内镜电热环装置。装置放在肿物基部，当电流通过电热环时，随着电热环收紧以切割和烧灼肿物。最有效也是最理想的情况是肿物有“颈”部。此外，一项英国的研究表明，该技术对不易采取传统手术操作治疗的直肠良性增生十分有效。但有直肠穿孔的风险，因此不要轻易进行。然而，在作者的医院已有使用内镜电热环成功切除犬胃部肿物的报道，相信在未来几年该技术会有更大发展。

若早期治疗则直肠息肉预后良好，据报道完全切除后无病期可达2年或更久。如前所述，对这类良性肿瘤而言，若不加以治疗则可能发生恶性转变，因此指检到“息肉”后要尽可能进行治疗。直肠息肉一般是孤立性病变但偶尔也为多发性病变。若肿块位于直肠末端，则可以通过“牵拉法”移除（图10.5）。有很多技术可以采用，但最常见的一种方法是通过肛门在直肠黏膜做留置缝合，然后向外牵引缝合线暴露病变部位，在肿块边

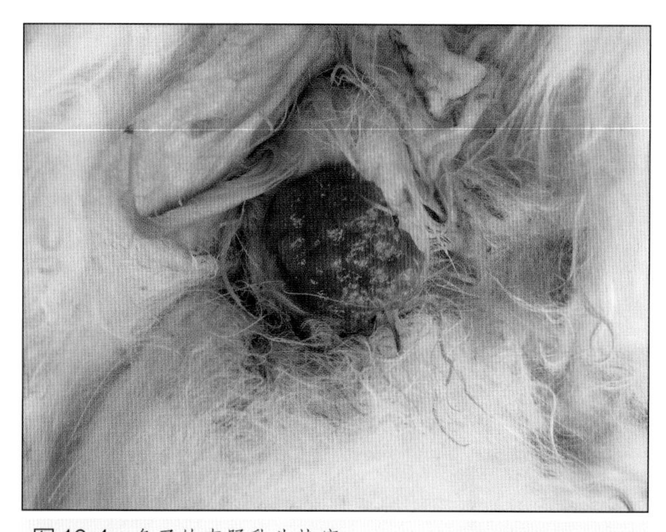

图10.4 兔子的直肠乳头状瘤

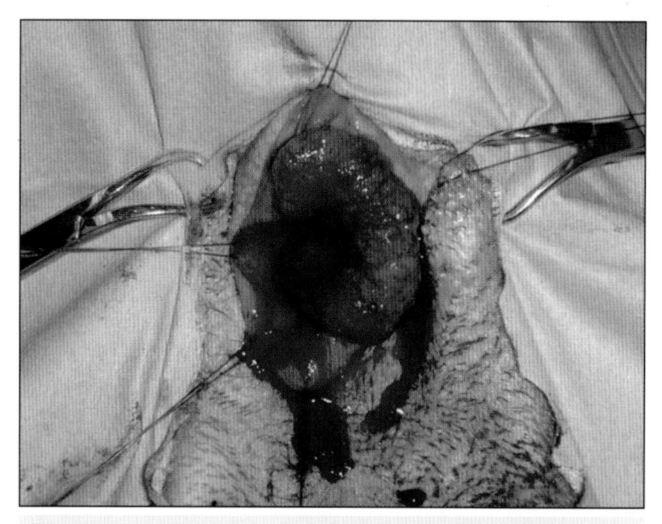

图10.5 一例用牵拉法切除直肠息肉的病例。使用留置缝合向外牵引直肠黏膜直至将肿物暴露，然后切除肿物，缝合黏膜并复位

缘外2cm切除肿块，最后缝合直肠黏膜。另一种方法是通过留置缝合线反复进行肛门环切，牵拉直肠尾端，直到可见2cm边缘的正常组织。最后对直肠肿块进行切除和切口吻合，但该方法更具有侵袭性，因此作者认为尽可能采用第一种牵拉法。

如果肿物存在于直肠深部或位于结肠内，则需要剖腹手术来移除肿物。除手术本身外，要更加注重对患病动物的抗菌消毒。结肠内包含大量的混合菌群，许多学者主张术前抗菌，但在作者的医院常规操作是在手术期间给予广谱杀菌药物（如阿莫西林-克拉维酸），然后术后给予近10d的甲硝唑。对于手术而言，若确定肿瘤只生长在结肠内则可采取结肠切除术。根据肿瘤发展的程度可进行全切或部分切除(保留回盲瓣)。若肿瘤侵入结肠远端或直肠近端，则可采取耻骨切开术或耻骨联合切开术，但大多数孤立的结肠息肉或肿瘤不会位于这样的位置，一般不需要这些手术。结肠切除术采取同小肠相似的端-端吻合术，但还应注意以下两点。

- 建议在结肠使用单层简单间断缝合而不是连续缝合。
- 建议结扎左结肠直肠血管和尾端肠系膜动脉而不是主要血管。这是为了尽可能保持结肠血液供应。

机械缝合器在犬结肠切除术的闭合中十分有效。需要注意的是无论采取何种吻合术，都应使用洁净的手套和器械（有助于防止肿瘤种植性转移而恶性复发），并缝合切口。

犬恶性直肠癌的预后很大程度上取决于肿瘤类型。据报道，直肠腺癌患犬术后MST是22个月，而GISTs患犬的生存期一般要更长。与犬相比，猫恶性结肠肿瘤的预后生存期明显更短。一项报告显示在46例猫结肠肿瘤病例中，患淋巴瘤的生存期是3.5个月，患腺癌的生存期是4.5个月，患肥大细胞瘤的生存期是6.5个月。

11 贫血的患瘤动物病例

多种疾病都会导致动物发生贫血，因此，需要有逻辑的逐步诊断，以确保不会误诊。在遇到贫血的动物时，首先需要弄清楚贫血是再生性的还是非再生性的，因为对这两者的鉴别诊断和即将采取的检查方法是不同的。再生性贫血动物的血涂片中可能会出现多染性红细胞和红细胞大小不等的现象，但更精确的评估方法是网织红细胞计数，可使用新鲜血涂片进行活体染色如亚甲蓝染色（NMB）。人工计数网织红细胞的操作如下。

1. 将等量的新鲜EDTA抗凝血剂和等量的亚甲蓝染液（0.5%，生理盐水稀释）混匀。
2. 将混合物静置20min。
3. 再次混匀，常规制作血涂片。
4. 100倍镜下检查血涂片的单层细胞区，至少数300个细胞，然后记录网织红细胞的比例（图11.1）。

评估网织红细胞的绝对值是非常有用的，网织红细胞的比例受红细胞总数的影响（贫血的动物红细胞总数总是低的），因此需要精确计数。精确的网织红细胞计数有助于确定血液的再生程度与贫血程度是否相一致，但这一结果并不总是可靠的。网织红细胞生成指数是评价网织红细胞生成速率的又一重要指标（表11.1）。

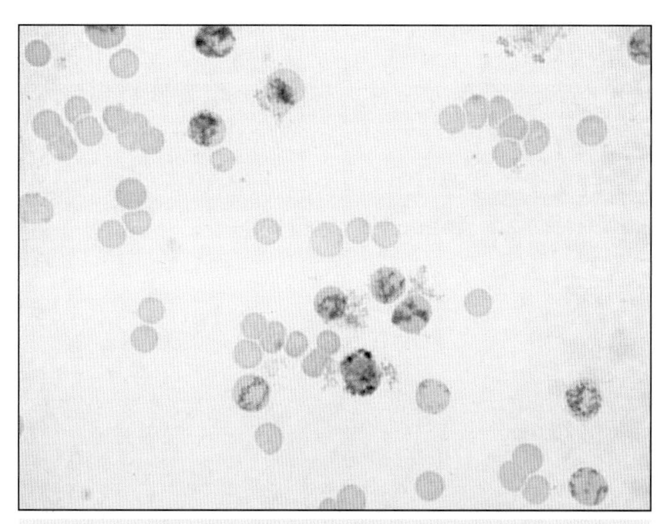

图11.1 犬血涂片中的网织红细胞（亚甲蓝染色）（图片由迪克怀特转诊中心的Elizabeth Villiers女士惠赠）

表11.1 网织红细胞生成指数
• 网织红细胞计数（10^9个/L）=血涂片中网织红细胞百分比（%）×红细胞总数（10^{12}个/L）
• 校正红细胞比例=$\frac{\text{网织红细胞（\%）×患病动物的PCV}}{\text{该物种的平均PCV（犬：45\%，猪：37\%）}}$
• 网织红细胞的成熟时间取决于动物的贫血程度。由于这些数据来源于人，因此，兽医直接借鉴可能不合适。人的数据如下：PCV为45%时，成熟时间为1d；PCV为35%时，成熟时间为1.5d；PCV为25%时，成熟时间为2d；PCV为15%时，成熟时间为2.5d

如果没有能显示网织红细胞的活体染色液，可在常规染色血涂片中查找多染性红细胞和大小不等的红细胞。常规血涂片也能用来查找红细胞的其他变化，如小红细胞症和低色素性红细胞症，这两者都提示缺铁，可能与慢性失血有关。但是，血涂片中出现多染性红细胞或红细胞大小不等的现象并不一定证明就是再生性贫血，因此，所有贫血的动物都需要进行网织红细胞计数。

临床病例11.1——犬脾脏出血性肿物（血管肉瘤）

动物特征

拉布拉多犬，4岁，雌性。

表现

该犬于就诊前一天突然出现虚脱和黏膜苍白的症状。

病史

该病例的病史如下：

- 该病例无其他病史，常规免疫、驱虫，也没有出境（英国）的历史。
- 就诊前一天，患犬于外出活动回家后突然虚脱。该犬出现急性后肢无力、肌肉弛缓和呼吸急促，但仍有意识，未出现抽搐的症状。患犬侧卧10min后逐渐能站立行走，口腔黏膜极为苍白，然而第2天状态好转，就诊时精神良好。

临床检查

- 该犬于就诊时状态良好，机警，并未表现黏膜苍白。
- 轻微心动过速（心率110次/min），股动脉搏动良好。
- 肺部听诊和叩诊均未发现明显异常。
- 腹部触诊发现脾脏增大，但未探及腹水。

诊断评估

- CBC检查显示其PCV轻度下降（33%），有明显的多染性红细胞和红细胞大小不等，网织红细胞计数为94×10^9个/L（正常值< 50×10^9个/L）。未见球形红细胞和自体凝集的现象。
- 凝血检查结果正常。
- 胸部X线检查未见明显异常，但腹部超声检查证实脾脏增大。
- 腹部超声检查发现该犬的脾脏处有一异质性肿物，腹腔内有少量游离液体（图11.2）。抽吸检查证实液体为血液。
- 心电图检查未见明显异常。

治疗

- 考虑到该犬的病史和实验室检查结果，兽医怀疑虚脱的原因是脾脏肿物的急性出血，由于血象显示贫血为再生障碍性的，提示患犬之前也可能有出血的现象（因为再生应答需5d时间才能被察知）。该病例于开腹探查后被施以脾脏切除术。由于脾脏出现异常，因此被全部切除，组织病理学检查证实肿物为血管肉瘤。
- 该病例手术恢复后接受多柔比星化疗，$30mg/m^2$，每2周1次，共用药5次。

结局

该病例术后12个月内均表现良好，但12个月后体重减轻、嗜睡。胸部X线检查见多发性转移性病灶，因此被施行安乐术。

知识回顾

血管肉瘤（Haemangiosarcoma，HSA）是一种恶性间质肿瘤，起源于血管内皮细胞，大多数在脾脏内（犬）形成，占脾脏肿瘤的一半左右。其他好发部位包括右心房、皮肤、心包、肝脏、肺脏、肾脏、口腔、肌肉、骨骼、膀胱和腹膜。猫的好发部位不同，约50%位于内脏（包括脾脏、肝脏和/或肠道）和皮肤。

HSA常见于老年动物，大多数研究报告认为平均年龄8～13岁为高发期。然而，也可见于年轻动物，正如本章节中的这一病例。大型犬发病率较高，尤其是德国牧羊犬，还有一些研究显示公犬比母犬高发。犬的非皮肤HSA具有很强的转移性，可能因为肿瘤细胞与血管密切相关，所以对于脾脏上有肿物的犬在检查时应非常小心，进行切除前应认真进行临床分期。脾脏HSA因出血发生浆膜转移的风险也很高，因为原发肿瘤质度较脆，很多病例在确诊前肿瘤已经破裂出血，这样可能会转移至网膜、肠系膜、膈，也很容易转移至肝脏或肺脏。HSA转移至大脑的风险也比较高，像间质瘤一样在犬的中枢神经系统播散，病患可表现出神经症状，一项研究显示犬HSA的转移率达14%左右。猫内脏型HSA的侵袭性也比较高，但不同种属动物的皮肤HSA的侵袭性

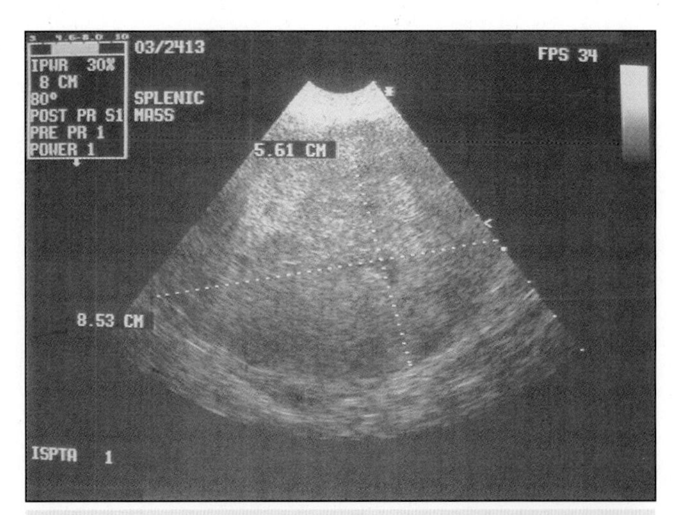

图 11.2 病例 11.1 腹部超声检查显示脾脏肿物呈异质性外观

都较低。

HSA的位置和大小不同，患病动物的症状也不尽相同，常见症状包括虚弱、黏膜苍白、体重减轻和腹围增大，若出现心包积液，还会表现出右心衰竭的症状。特别是大型犬还可能会出现特发性急性虚脱的症状，本文中的病例也有这种表现。这种表现可能与急性失血引起血压急剧下降有关，红细胞被重吸收入循环后这一症状会得到缓解。虚脱也可能跟心脏肿瘤有关，物理梗阻会导致右心输出不良，心律不齐或心脏填塞可能与心包出血有关。不过，还有一些病例只是出现一些非特异性症状，如有时嗜睡，有时无症状，或仅表现腹围增大。

诊疗小贴士

任何一个近期内有间歇性虚脱病史的病例（尤其是青年至中年的中型-大型犬），都应与HSA做鉴别诊断，并进行全面的临床评估，以排除这一疾病。

皮肤HSA通常为稀疏、坚实、凸起的、呈暗红色至紫色的丘疹或结节，也可能是皮下出血性肿物。

诊疗小贴士

很多病例也会出现轻度至中度贫血，理论上讲，贫血应该是再生性的，但一定程度上有时间依赖性，因为再生性应答在3~5d内才会出现。

诊断这一疾病需结合病史、临床检查和影像学检查。如果肿物在脾脏上，不建议进行细针抽吸检查，因为如果被证明是HAS，抽吸可能会引发出血，会增加肿瘤细胞转移到腹腔的可能性。对于脾脏肿物，需与如下疾病做鉴别诊断，如血肿、血管瘤、脾脏结节性增生、平滑肌肉瘤、淋巴瘤和恶性纤维组织细胞瘤。一些研究显示45%的脾脏肿物并非恶性病变，因此必须要获取样本进行组织病理学检查。主要治疗方法为摘除整个脾脏（通过腹中线打开腹腔），由于HSA是一种与副肿瘤性凝血障碍有关的肿瘤，如弥散性血管内凝血（DIC）。因此，术前需进行全面凝血检查（血小板计数、一级凝血酶原时间、活化部分凝血酶的时间或紧急情况下可用活化凝血的时间，以及D-二聚体检测）。出现这些变化的原因是肿瘤内的血管结构不正常，能引起血小板凝集，红细胞通过血管时会受到机械损伤，从而出现裂体细胞和/或棘红细胞。除了这些结构上的变化，肿瘤内的血管内皮不完整，胶原暴露以后，会激发凝血级联反应。所有这些变化都会引起凝血异常，凝血级联反应失常最终导致DIC。因此，全面的凝血评估是非常重要的，一旦检查结果显示正常，可立即进行手术。切口必须足够大（从剑突到耻骨前缘），便于将肿物取出，也便于探查整个腹腔（包括肝脏、肠系膜和局部淋巴结）。这些部位若出现可疑病变，需在手术过程中进行抽吸检查或活组织检查。怀疑或证实脾脏有恶性肿瘤时，需将整个脾脏完全切除。

诊疗小贴士

由于脾脏肿物质脆易碎，术中很容易出血，甚至术前已经出血，因此，脾脏切除手术过程中需要进行外科抽吸。很多贫血动物术前或术中需要输血以防失血过多，因此，建议提前做好这方面的准备。不推荐采集腹腔内的血液进行自体输血，因为里面可能会有肿瘤细胞。

脾脏切除前可先逐个结扎脾脏周围的血管，也可结扎主要的脾脏血管（包括短的胃左动脉）。后者更为便捷，不会损伤胃部血液供应。可捆绑和脾脏接触的网膜后进行分离（图11.3）。结扎脾动脉和脾静脉时可采取

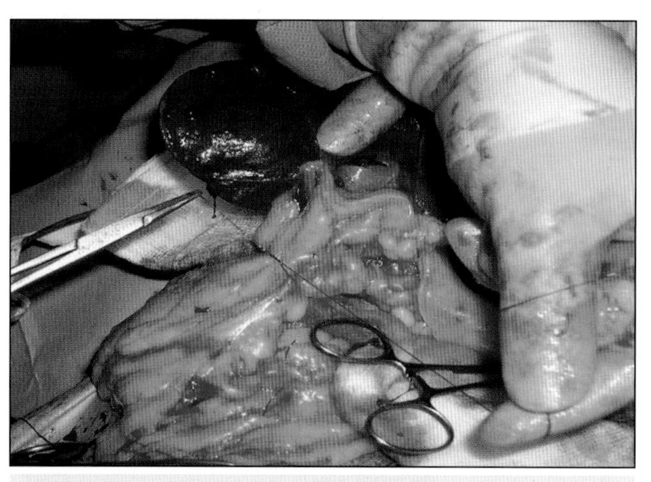

图11.3 利用缝合线结扎网膜处的小血管

双结扎术（双重结扎），该手术需要质地良好、便于操作的缝合材料（如丝线）。

另外，可以用血管钳或机械缝合器作为替代缝合材料。结扎缝合器（ligating dividing stapler，LDS）可同时在一个血管上钉2个钉（材料为不锈钢或钛），然后直接在2个钉中间剪断血管。每个钉盒有15对U形针。需要双重结扎的血管在用LDS缝合前要先结扎一次（图11.4）。利用这一设备能快速结扎血管，从而缩减手术时间，在脾脏切除术中非常有用。

开腹探查和脾脏切除术后，应常规冲洗腹腔并关闭通路。最好将整个脾脏送检进行组织病理学检查；如果不可行，可送检部分有代表性的样本，并将其余组织保存于福尔马林溶液中以备必要时送检。

护理小贴士

脾切除术的常见并发症是出血，可能是速发的，也可能是迟发的，且大多是因结扎缝合失败引起。常规检测出血征象（一些重要参数，腹围）对出血的早期发现和治疗干预非常重要。

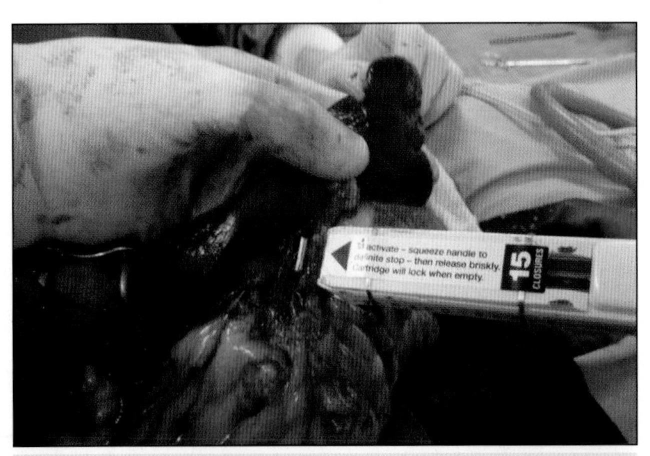

图11.4 在全脾切除术中，利用结扎缝合器结扎并剪开门脉处的血管

诊疗小贴士

任何实施了脾切除术的犬在术后24~48h都可能出现室性心律不齐，因此应密切进行术后监测。如果心律不齐引起严重的血液动力学不稳定，则需进行治疗，不过通常会自愈。

很多研究都显示，包括多柔比星在内的术后辅助化疗的确能延长大多数动物的存活时间（不包括一些本身预后良好的小皮肤肿瘤），但化疗无明显的优势。即使进行辅助化疗，所有类型的血管肉瘤预后都需谨慎。多柔比星可单独给药，每2~3周用药1次，也可和长春新碱、环磷酰胺联用进行化疗（即所谓的VAC方案），存活时间为172~250d，而无辅助化疗病例的存活时间为65d左右或者更短。文献报告清楚地显示，肿瘤大小和肿瘤临床分期是最重要的预后因素。正如本书介绍的其他肿瘤一样，最好用TNM系统建立肿瘤临床分期（表11.2）。

表11.2 血管肉瘤的TNM分类和临床分期

T1	肿瘤直径< 5cm，且局限在原发部位
T2	肿瘤直径> 5cm，和/或肿瘤破裂，和/或侵入到皮下组织（如果是皮肤肿瘤）
T3	肿瘤侵袭到邻近组织
N0	未侵袭局部淋巴结
N1	局部淋巴结受到侵袭
N2	远端淋巴结受到侵袭
M0	未见远端转移
N1	发生远端转移
Ⅰ期	T0或T1、N0、M0
Ⅱ期	T1或T2、N0或N1、M0
Ⅲ期	T2或T3、N0、N1或N2、M1

研究发现，使用多柔比星（每2周1次，连用5次）治疗时，临床分期和MST的关系如下：Ⅰ期为257d；Ⅱ期为210d；Ⅲ期为107d。犬非皮肤型HSA病例预后慎重，即使术后进行辅助化疗，1年存活率也低于10%。猫的内脏型HSA也预后不良。但皮肤型的预后较好。如果肿瘤局限在真皮内，未发生深部浸润，则预后较好，一项研究显示25例皮肤HSA患犬的MST为780d，而发生皮下组织浸润病例的MST为172d。对这些病例进行确切的病理组织学评估显得尤为重要，因为皮肤侵袭性病例需要辅助化疗，而浅表HSA病例若手术切除彻底，则不需要辅助化疗。

临床病例11.2——犬肠道出血性肿物（平滑肌肉瘤）

动物特征

拉布拉多犬，7岁，绝育，雌性。

表现

渐进性嗜睡及体重减轻。

病史

该病例的病史如下：

- 该病例无其他病史，迄今一直常规免疫、驱虫，无出境（英国）的历史。
- 主诉大约6个月前，该犬开始出现“慢下来”的症状。由于患犬嗜睡越来越明显，且呼吸急促，主人去找外科医师咨询，该医师发现患犬有贫血的现象，因此推荐转诊检查。

临床检查

- 该犬中度活泼、机警，但咨询时很快变得安静。此外检查时发现该犬黏膜非常苍白。
- 中度心动过速（HR 145次/min），股动脉脉搏良好。
- 肺部听诊和叩诊未发现明显异常。
- 腹部触诊未发现明显异常。
- 皮毛干枯。

诊断评估

- CBC检查发现PCV显著下降（15%），血涂片见低色素性小红细胞，提示为缺铁性贫血（图11.5）。
- 血清生化检查显示ALT和ALP轻度升高，并有轻度的低蛋白血症（17g/L）。然而，胆汁酸刺激试验结果正常。
- 尿液检查（自然排尿时收集的尿样）未见明显异常。
- 凝血检查（一级凝血酶原时间、活化部分凝血酶的时间）正常。
- 胸腔X线检查未发现明显异常。
- 腹部超声检查显示中段空肠壁上有一小的独立肿物，局部淋巴结无明显变化，也未见其他异常。尝试进行细针抽吸检查，但抽吸的样品不具有诊断价值。

治疗

考虑到该病例的病史和临床检查结果（尤其是该病例没有尿路出血和肝脏功能障碍），贫血最有可能是肠道肿物慢性出血引起的，即与失血性贫血相吻合。为了验证这一猜测，对该犬连续3d饲喂奶酪和土豆制品，粪检证实潜血阳性。为了完全切除肿物，决定对患犬进行开腹探查，并切除部分肠道，手术很成功（图11.6和图11.7）。该肿物经组织病理学检查证实为分级较低的平滑

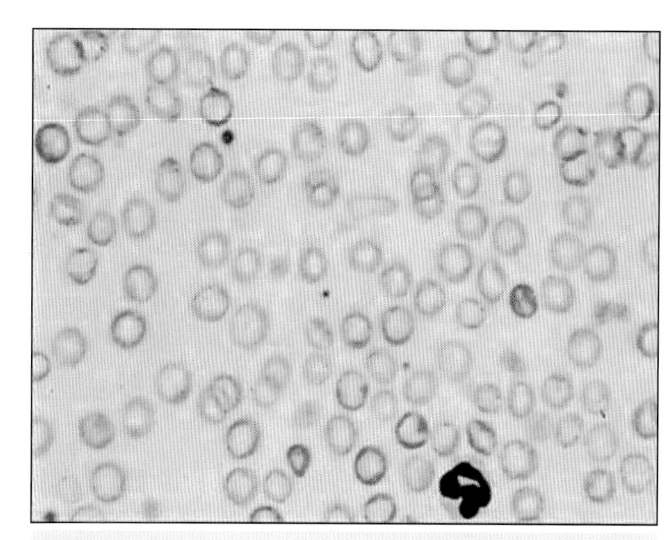

图11.5 病例11.2 该病例血涂片中的红细胞外观。注意观察这些小红细胞，边缘很薄，中央苍白区很大，是典型的缺铁性贫血的形态（图片由迪克怀特转诊中心的Elizabeth Villiers女士惠赠）

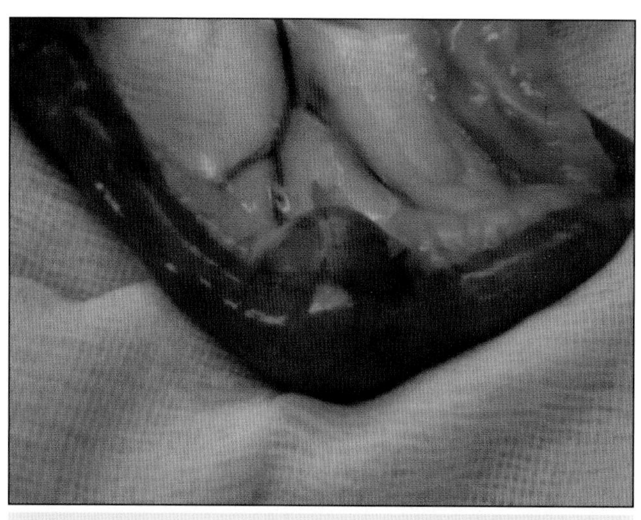

图11.6 病例11.2 术中肿物外观，肿物位于空肠肠系膜的边缘

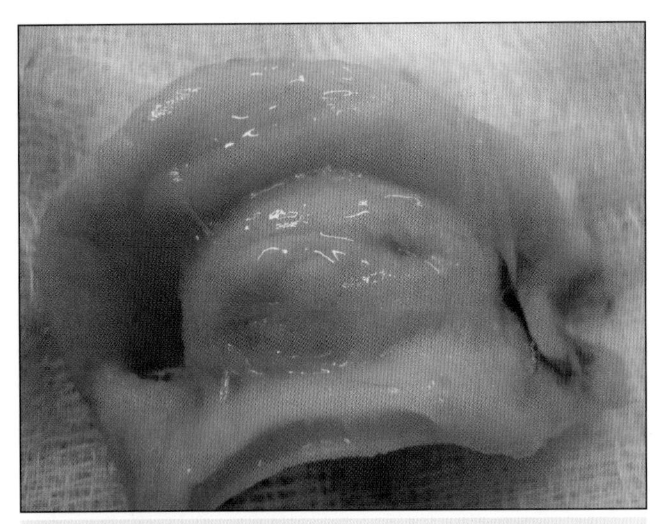

图 11.7 病例 11.2 该肿物的切面不规则，表面溃疡

诊疗小贴士

该病例显示，即使是肠道的一个很小的肿瘤，也会引起显著贫血，但往往无其他胃肠道症状。不能因为无典型胃肠道症状或因草率的超声检查未发现肿物，就直接排除肿瘤，这样可能会导致漏诊。

肌肉瘤，并伴有黏膜溃疡、出血。未推荐做进一步治疗。

结局

- 该病例恢复良好，术后21d复诊时贫血状况略显好转，PCV恢复至32%，一周后升至35%，患犬表现良好。术后16个月一直表现良好，之后随访中断。

知识回顾

正如图11.8所示，再生性贫血提示动物可能某处有出血或者存在溶血性疾病。如果动物有再生性贫血，且怀疑是出血引起的，首先要找到出血的位置。若再生性贫血病例的血涂片中有球形红细胞，则提示溶血，如有血小板增多症、低蛋白血症，并在血涂片中见低色素性小红细胞，则怀疑动物有胃肠道出血。胃肠道出血的动物在血涂片上常常没有球形红细胞。另外，慢性失血可能会引起缺铁。因此如果失血时间太长，最终会因为血红蛋白生成不足而变为严重的再生障碍性贫血或非再生障碍性贫血。胃肠道出血可能源自于食管、胃、小肠和大肠，可能是良性的、恶性的或非肿瘤性的（如肠道寄生虫或炎症）。胃十二指肠溃疡也可能继发于非胃肠道疾病，如严重的肝脏疾病（尽管不常见），但伴有肝脏功能障碍的弥散性肝脏肿瘤，或肝功能衰竭的患病动物，也可能是失血性贫血病例（图11.9）。

其他出血位置包括尿路和“第三间隙”，后者常指腹腔和胸腔。确定肿瘤的位置至关重要，可通过以下方式实现：

1. 进行全面而详尽的临床检查，包括胸腔叩诊和听诊、腹部触诊和直肠指检。
2. 进行全面的凝血检查（PT、APTT、血小板计数和颊黏膜出血时间检查）。
3. 对接取的尿样进行试纸条检查和尿沉渣检查。
4. 在动物连续72h内不吃肉（可饲喂奶酪和土豆制品）的情况下进行粪便潜血检查。
5. 进行高质量的胸部X线检查和腹部超声检查。
6. 进行胆汁酸刺激试验。

一旦确定了出血位置，需要查找发生原因。肿瘤可能会在原发位置引发出血，也可能引起全身凝血障碍（如DIC），这些动物可能病情非常严重。对于一些特殊的病例，需要高质量的影像诊断检查才能查找出出血的

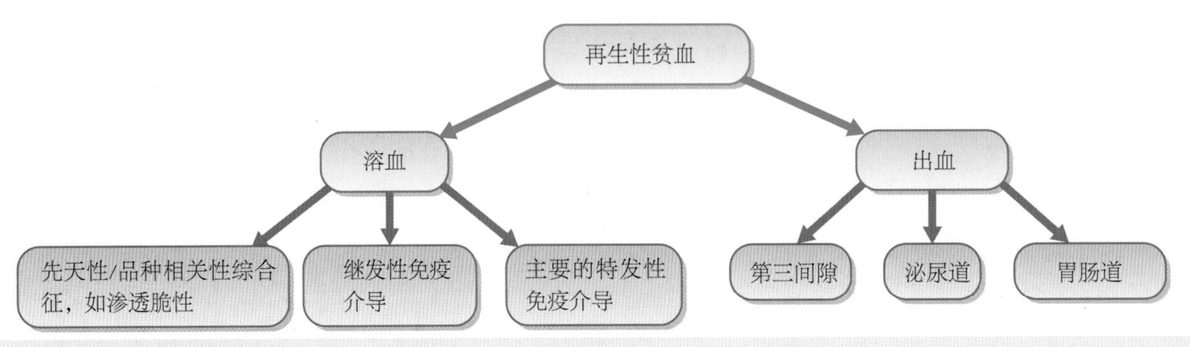

图 11.8 对再生性贫血患病动物的一般鉴别诊断

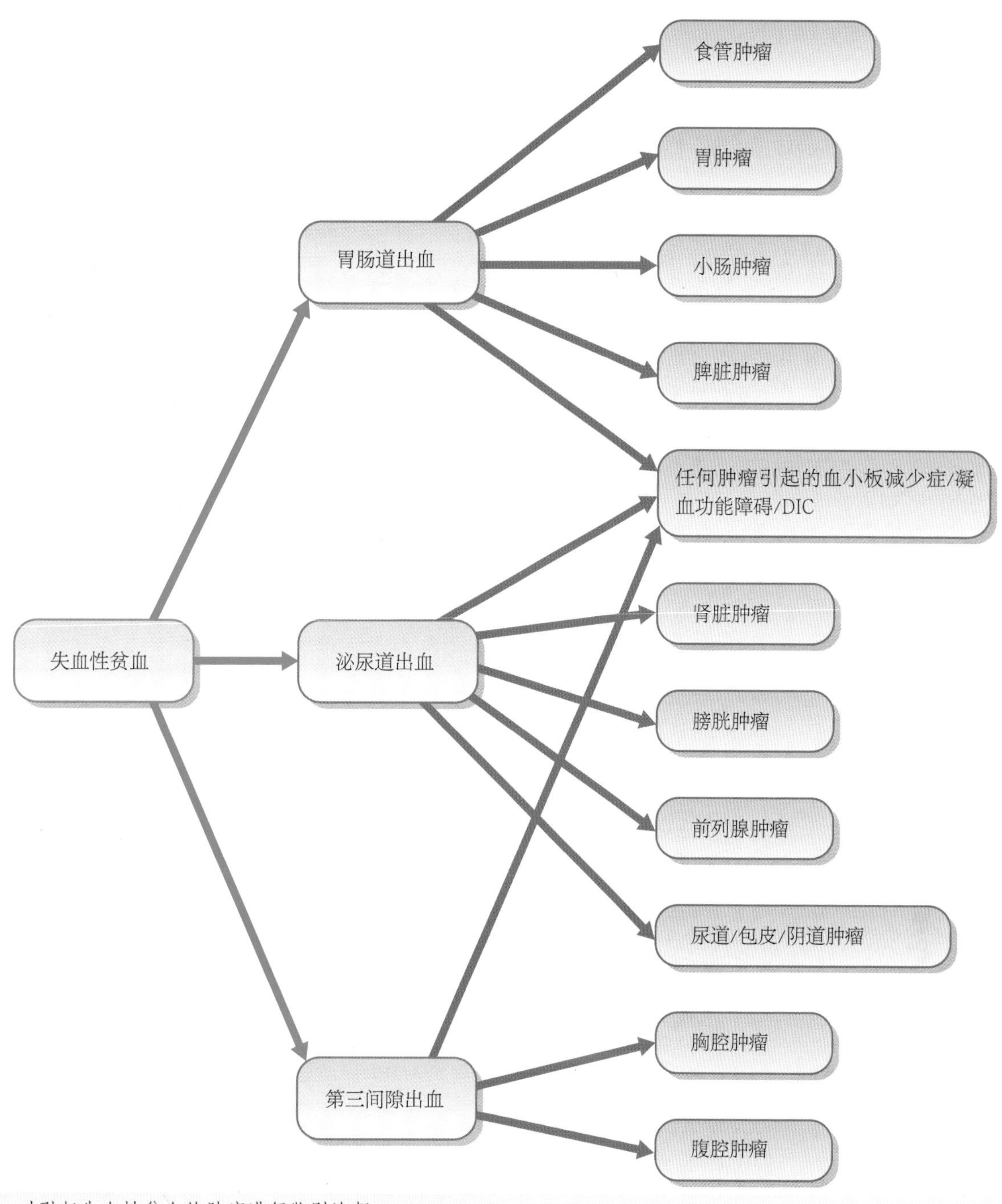

图 11.9 对引起失血性贫血的肿瘤进行鉴别诊断

原发位置。若怀疑或确诊肠道出现肿瘤，需要手术切除（淋巴瘤例外），并且要进行腹腔探查，检查整段胃肠道、肝脏、脾脏和肠系膜淋巴结。任何怀疑有肿瘤转移的部位都要进行抽吸检查或活组织检查。待切肠段需和周围组织分离开，并用开腹海绵包裹好，以减少污染。切除的边缘至少距离肿瘤两侧4cm，还需切除病变范围内任何局部增大的肠系膜淋巴结。将肠道内容物挤到手术区以外后，助手可用手指或非压碎性钳（如Doyens）隔离肠道。除了为肠系膜边缘供血的弯曲血管，其他为待切肠段供血的血管都要分离结扎。用手术刀切除部分肠道后，要将切除部分送检（进行组织病理学检查）。吻合术最好使用单层间断缝合或单层连续缝合［作者（JD）推荐］，两种缝合方式最好从肠系膜和肠系膜小肠游离部开始缝合第一针。简单连续缝合可用两种不同的缝线从两个方向开始缝合，逐渐向中间靠拢，最后用两个线端打结。简单连续缝合的优势在于肠黏膜不会外翻，黏膜下组织对接良好，且能节省手术时间。外科医生会根据喜好选择缝合材料，推荐使用合成吸收材料，作者会选择单纤维丝可吸收材料，如聚二噁烷酮缝线（图11.10和图11.11）。

端-端缝合也可利用机械缝合器具实现。虽然造价昂贵，但操作更为迅速。肠道缝合器的种类有很多种，如胸腹30缝合器、端-端吻合缝合器和胃肠道吻合缝合器。最近一项研究显示，15个临床病例采用肠道端-端吻合缝合器缝合后，恢复情况非常好。不过，术后恢复跟外科医生的水平也有很大关系。另外，也曾尝试采用皮肤缝合器缝合，闭合结果既安全又迅速。

肠道缝合结束后，需要彻底清洗，并吸干水分。网膜残余可直接切除，也可轻轻缝合在缝线旁边。肠系膜缺口也要缝合，以防形成嵌闭套叠。关腹时最好换一副新手套和新器材，这样可以避免肿瘤细胞散布，也可避免污染扩散。

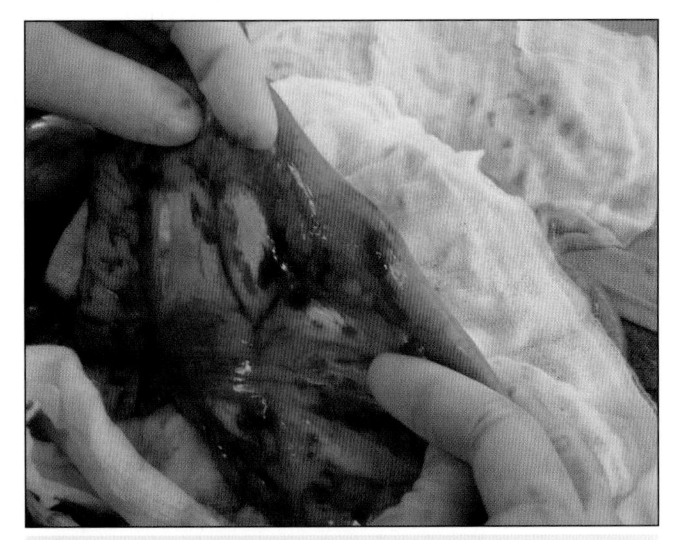

图 11.10　猫肠腺癌切除前外观

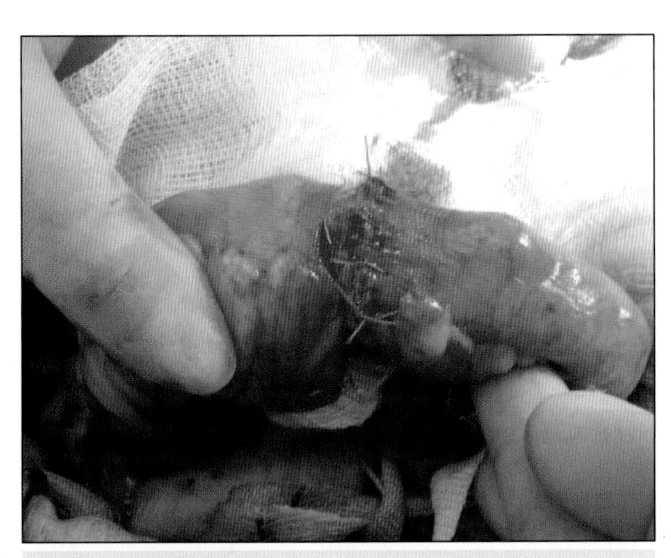

图 11.11　小肠腺癌切除后，采用简单间断缝合术完成端－端吻合术后的切口外观

诊疗小贴士

不管采取哪种吻合术，都应小心进行手术，防止手术部位缺血，以最大限度地降低手术失败的风险。完成端-端吻合术后应立即检查缝线处是否发生渗漏，助手向切口附近的肠腔内缓慢注射灭菌生理盐水，然后认真检查缝线附近是否出现渗漏现象（图11.12）。

护理小贴士

对此类病例护理的关键在于早期经肠道饲喂。不建议对任何胃肠道手术病例禁食，术后及早喂食对伤口愈合有利。需计算动物的代谢能量（metabolic energy require-ment，MER，见附录4），并达到其能量需求。若动物于术前一段时间食欲不振，则护理团队需谨慎处理，术后第1天提供的营养需达到MER的33%，第2天达66%，第3天达100%。

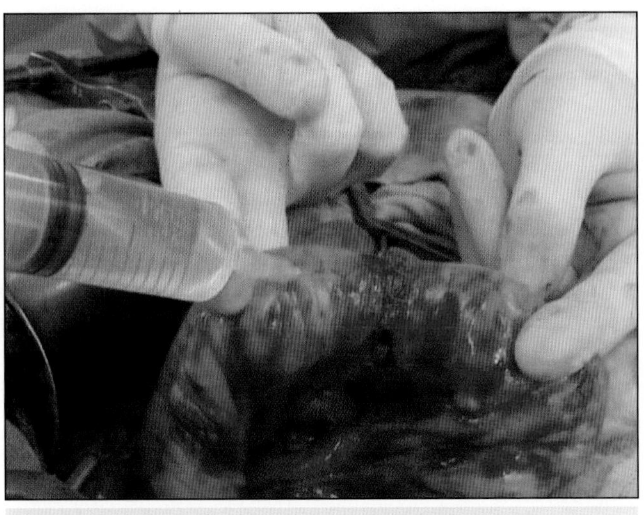

图 11.12　用生理盐水检查切口处是否出现渗漏

考虑到疾病的类型和分级，肠道肿瘤的预后通常比胃部肿瘤的好，因为肠道肿瘤相对易于全部切除，复发率低。对于一些未发生转移的病例，如果肿瘤被完全切除，预后较好。一些研究显示肠腺癌病例的MST约为15

个月，而1年存活率和2年存活率分别为40%和33%。未发生转移的GISTs病例预后更好，小肠肿瘤病例的1年存活率和2年存活率分别为80%和67%；而盲肠肿瘤的1年存活率和2年存活率分别为83%和62%。发生转移的病例预后较差，小肠腺癌发生转移后MST约为3个月。部分原因在于犬猫非淋巴类肠道肿瘤没有合适的化疗方案，因此出现转移的病例预后很差。一篇报道显示肠道腺癌患猫用多柔比星化疗后存活时间延长，但除此之外无其他类似报道。因此，现阶段除了淋巴瘤，很难给出其他肿瘤术后的常规辅助化疗建议。

犬猫消化道淋巴瘤很不同；猫通常表现为单个实质性肿物，通过触诊常能探及到，而弥散性病变不常见。而犬表现为多灶性、弥散性黏膜下浸润，还有一些肿瘤会出现在多段肠道上。化疗是消化道淋巴瘤的首选治疗方案，但化疗效果不尽相同。治疗前病例的亚分期尤为重要，症状非常严重的消化道淋巴瘤病例对化疗通常反应很差。一旦确诊淋巴瘤并明确临床分期，医生可根据经验、细胞毒性、药物操作设施和主人的经济承受能力等选择化疗方案。在英国，虽然一些专家推荐采用含有多柔比星的化疗方案，如CHOP方案，但大多数诊所在实践中依然选择COP化疗方案。有两篇报道显示仅用苯丁酸氮芥和泼尼松龙来治疗猫消化道淋巴瘤，效果良好（其中一项研究中病猫的平均存活期为704d），这与猫对化疗药的耐受性好有关。还有一项研究指出，病患的缓解率为56%~80%，首次缓解时间约为7个月，一项研究称2年存活率达34%。消化道淋巴瘤病例的预后与是否能到达完全缓解有很大关系，部分缓解病例的存活时间明显比完全缓解的病例短。简而言之，除非猫的症状非常差，对消化道淋巴瘤患猫可尝试进行化疗，但也很难准确预料疾病结局。由于化疗能提高猫的生活质量，因此不能放弃这一治疗手段。

兔子的消化道肿瘤包括下颌骨骨肉瘤，该病表现为下颌骨出现硬质肿物，很容易和牙病混淆。这一疾病并不常见。通过X线检查和CT检查可确诊，这些检查可发现骨骼密度的改变，也可以发现肺脏、胸腔和腹部器官的转移。对该肿瘤可进行手术切除，已报道过的治疗方法有半下颌骨切除术。胃肠的腺癌和平滑肌肉瘤也可发生，这些肿瘤也会转移至邻近的器官。据报道其他肿瘤还包括胆管腺瘤/腺癌、肝细胞癌等。

如果未发现出血，但血涂片中出现大量球形红细胞，则提示动物有溶血的现象。球形红细胞是红细胞发生免疫介导性破坏的产物，且要牢记，免疫介导性溶血性贫血（immune-mediated haemdytic anaemia，IMHA）可能是原发性（特发性）疾病，也可能继发于其他疾病（包括肿瘤）。和IMHA有关的肿瘤中，最常见的是恶性造血系统肿瘤，如淋巴瘤、骨髓瘤和白血病，不过IMHA也可能和实质肿瘤有关，如脾血管肉瘤和组织细胞肉瘤。出现IMHA的动物需要进行全面的临床检查和影像学检查（胸部X线检查和全腹部超声检查），以发现肿瘤病灶。同时要进行CBC检查和血涂片检查，以排查白血病的可能，还要检查血清生化指标，以排查骨髓瘤，该病会导致高球蛋白血症。如果血涂片检查发现有疑似肿瘤性细胞，最好进行骨髓抽吸检查或骨髓针芯活检。也可以进行流式细胞分析，这种方法可证实这些细胞是否为肿瘤性的。该检查也许可以确认细胞系，从而做出确诊。当前英国唯一的流式细胞诊断中心设在剑桥大学兽医学院，这是一项非常有用的技术，在作者的诊所中使用频率非常高。

若动物被诊断为肿瘤引发的IMHA，首先需要治疗贫血并稳定体况，如果不去除病因，免疫介导的溶血过程就不会停止，因此，兽医必须全力查找引起IMHA的原始病因。对于IMHA这种病例需要迅速做出精确的诊断，然后进行谨慎而确切的治疗。

临床病例11.3——一只拉布拉多犬的Ⅴ期淋巴瘤，伴有非再生障碍性贫血

动物特征

拉布拉多犬，12岁，绝育，雌性。

表现

精神不振、嗜睡和食欲减退。

病史

该病例的病史如下：

- 该病例常规免疫、驱虫，无旅行史。

- 主诉该病例近3个月来状况不佳，转诊2周前症状加重，变得沉郁、嗜睡，且食欲越来越差。
- 6个月前兽医对其手术切除2个脂肪瘤，未见其他异常。

临床检查

- 就诊时，该犬黏膜极度苍白，心率仅为88次/min，提示贫血为慢性的，身体具有代偿反应。
- 股动脉强劲有力。
- 体重减轻，其他检查正常。

诊断评估

- CBC检查证实该病例严重贫血（PCV为16%），且是非再生性的（网织红细胞计数为45×10^9个/L）。
- 血清生化检查显示ALP和ALT轻度升高，与贫血表现相一致。其他未见异常。
- 胸部和腹部X线检查未见明显异常。
- 腹部超声检查发现其肝脏实质回声不均匀，有弥散性高回声样变化，因此进行了细针抽吸检查。然而样品为出血性的，未见到明显的病理学变化。
- 骨髓抽吸检查发现红细胞系发育为网织红细胞形成阶段处于上调状态，但很少见到网状细胞。然而可见巨噬细胞吞噬红细胞现象，即吞红作用。另外，骨髓中也可见大量不典型的淋巴细胞。未采集骨髓进行流式细胞分析。这些异常细胞通过PCR进行抗原重排分析（“PARR”分析），最终发现细胞学样本中的淋巴细胞为克隆增殖的T淋巴细胞。
- PCR检查结果显示钩端螺旋体和巴尔通体阴性。
- 血清胸苷激酶强阳性（22.3U/L），提示淋巴瘤。

诊断

- 髓内溶血性贫血（继发于髓内淋巴瘤），该病例被诊断为淋巴瘤。

治疗

- 该病例最初进行了红细胞输血，而其PARR分析结果还未完成。一旦出结果，该病例将接受CHOP化疗方案治疗。

结局

- 该病例出现了严重的类固醇反应，因此主人拒绝继续治疗，患犬于4周后被施行安乐术。

知识回顾

非再生性贫血常提示骨髓对缺氧刺激无反应，而缺氧刺激是由红细胞数量不足引起的，和非再生性贫血病例一样，初次诊断时往往难以明确病因（图11.13）。一旦贫血属于非再生性的，从肿瘤疾病方面考虑，肿瘤要么是髓内肿瘤（骨髓痨），要么是能引起骨髓抑制的髓

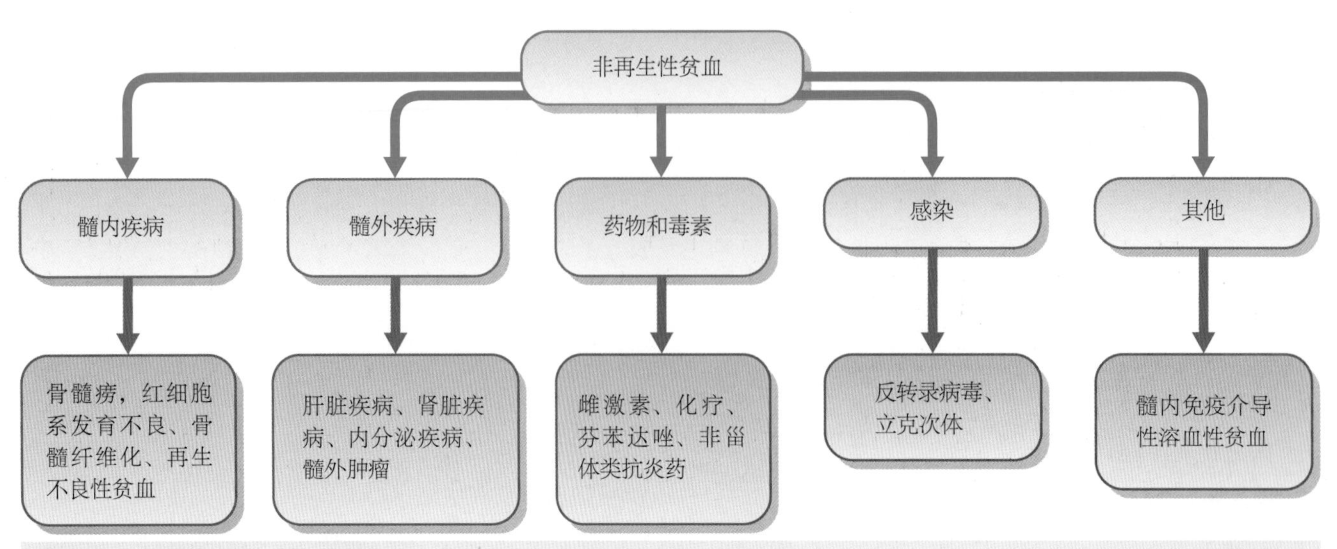

图 11.13 非再生性贫血的鉴别诊断

外肿瘤（如肾肿瘤）。髓内肿瘤通常会引起2个或多个细胞系异常，而事实上，若病例出现2个或多个细胞系异常，则提示需要进行骨髓抽吸并进一步检查。常见髓内肿瘤如下：

1. 白血病。
2. Ⅴ期淋巴瘤。
3. 骨髓瘤。
4. 转移性肿瘤。

在本病例中，引起贫血的原因并非预想的那样是骨髓中出现大量肿瘤细胞所致；而是肿瘤性淋巴母细胞触发了免疫介导性反应，造成网织红细胞成熟障碍，从而导致外周血出现非再生性贫血的现象（虽然骨髓内有再生性反应）。PARR分析对淋巴瘤的诊断非常有帮助，虽然目前只有美国科罗拉多州立大学可以进行这一检查，但所有淋巴瘤病例都应该进行这项检查。由于PARR分析能分辨出淋巴细胞是单克隆还是多克隆的，因此，这一检查对淋巴瘤诊断的特异性达90%以上。除了肿瘤疾病，其他会引起淋巴细胞单克隆增殖的疾病包括埃里希体感染、落基山斑点热、莱姆病和巴尔通体感染。该犬从未到英国境外旅行过，且PCR检查钩端螺旋体和巴尔通体均为阴性，因此，虽然该病例未进行骨髓针芯活检确诊，但PARR阳性强烈提示该犬患有肿瘤疾病，细胞学中见到的异常淋巴母细胞应该是肿瘤性的。另外，胸苷激酶（Thymidine kinase，TK）分析是诊断淋巴瘤的有效方法。TK是一种细胞内的酶，在DNA合成的补救途径中发挥作用。TK在细胞周期的G1期或S期活化，其活性和肿瘤细胞（尤其是犬淋巴瘤）增殖有关。一项犬的淋巴瘤对照研究显示TK升高至7U/L以上可诊断为淋巴瘤。另外，TK升高对判断预后有重要的指示作用。TK>30U/L的淋巴瘤患犬的存活时间更短（$P<0.001$）。因此，TK对淋巴瘤患犬的预后，对预测接受化疗病例的复发，是一个重要的肿瘤物标记。

正常骨髓

为了理解骨髓瘤发生的病变，首先要了解骨髓的正常功能。骨髓是血液中所有细胞成分发育的起源。幼年动物的扁平骨和长骨都有造血功能，而成年动物中，只有四肢长骨具有造血功能。血液中的所有细胞，包括红细胞、粒细胞（中性粒细胞、单核细胞、嗜碱性粒细胞、嗜酸性粒细胞和血小板）和淋巴细胞（B细胞、T细胞和浆细胞）均起源于一个共同的多能造血干细胞系。造血干细胞会经历不同的分化，转变为定向干细胞，逐渐增殖成熟。

骨髓评估可通过抽吸检查或者针芯活检来实现，进行骨髓取样分析的适应证包括：

1. CBC检查或血涂片检查中发现不止一个细胞系的细胞数量出现异常。
2. 血涂片中一个或多个细胞系的细胞形态出现异常。
3. 一种或多种细胞类型发生难以解释的数量过高或过低。
4. 采用基本诊断方法不能对肿瘤的发生进行定位。

很多部位都可进行骨髓抽吸（Bone marrow aspirates，BMA）和针芯活检，包括髂骨翼、股骨颈、肱骨隆粗处、胸骨和胫骨脊（图11.14至图11.20）。通常动物镇静（必要时需用手保定）后可进行BMA取样，这一操作对患有血小板减少症的动物来说相对安全，而针芯活检需要在简易麻醉下进行。进针位置需要剪毛消毒，然后进行局麻（局麻药需浸润到皮肤、皮下组织、

诊疗小贴士

动物在进行骨髓抽吸后常会出现一些不适的症状，因此最好使用一些阿片类镇痛药，如丁丙诺啡。

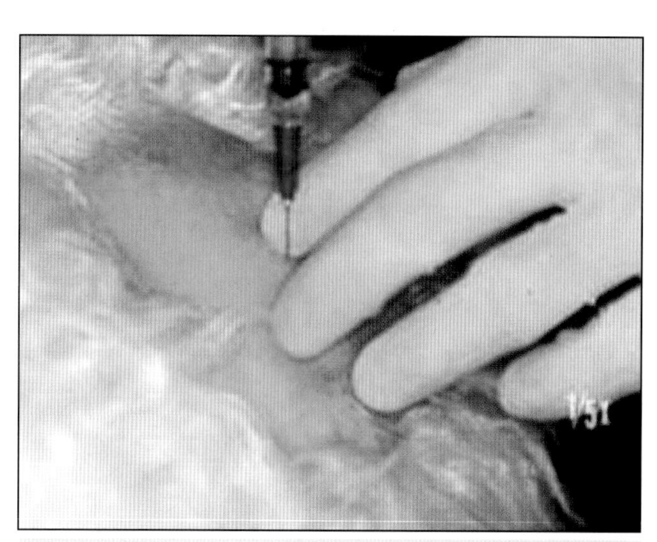

图11.14 骨髓抽吸进针部位剪毛、消毒，然后进行局麻，麻药需能到达皮下组织、肌肉和骨膜

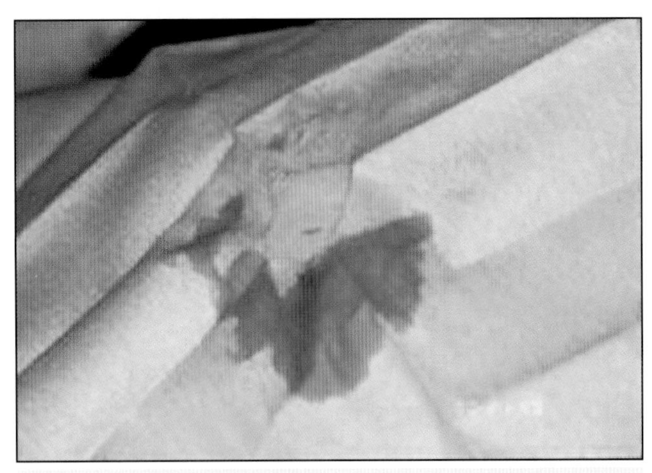

图 11.15 再次清洁进针部位，然后切开一个小口

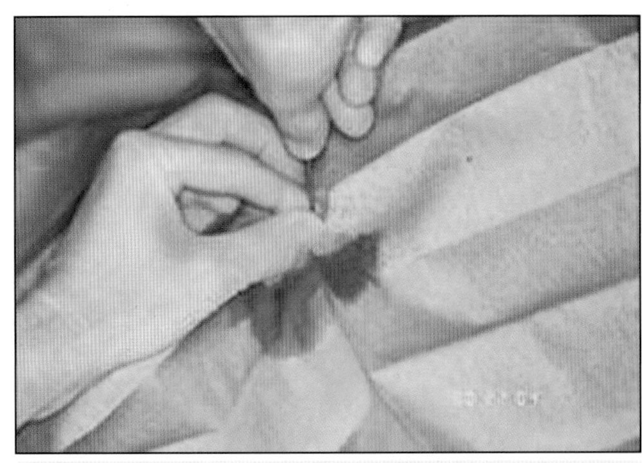

图 11.16 无菌条件下向骨髓腔内进针

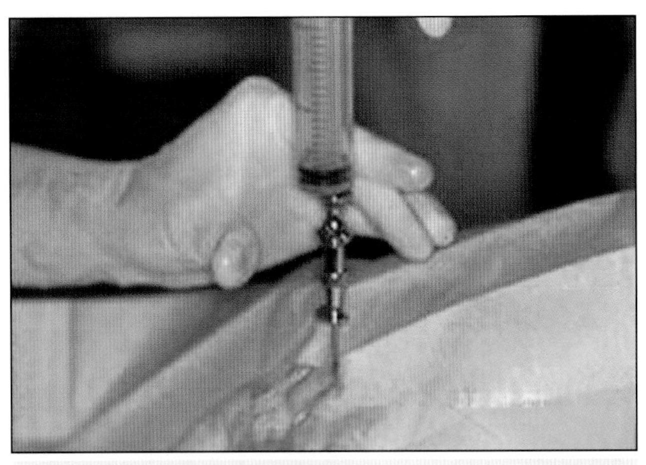

图 11.17 向骨髓腔内正确进针后，去除内芯，使用 20mL 注射器回抽，直至注射器内出现少量血液

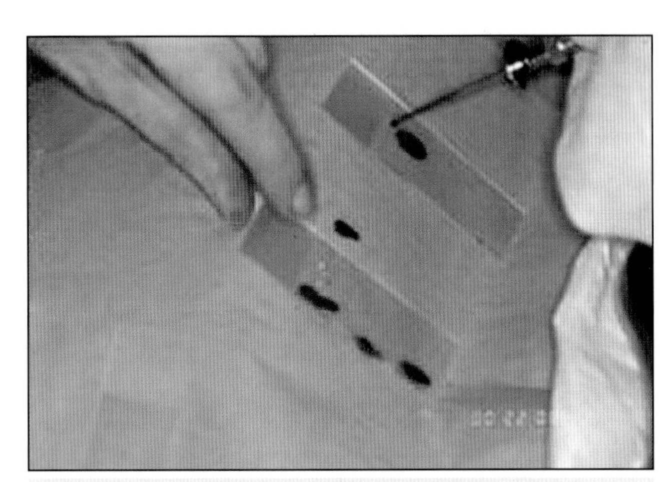

图 11.18 向准备好的玻片上涂少量样本

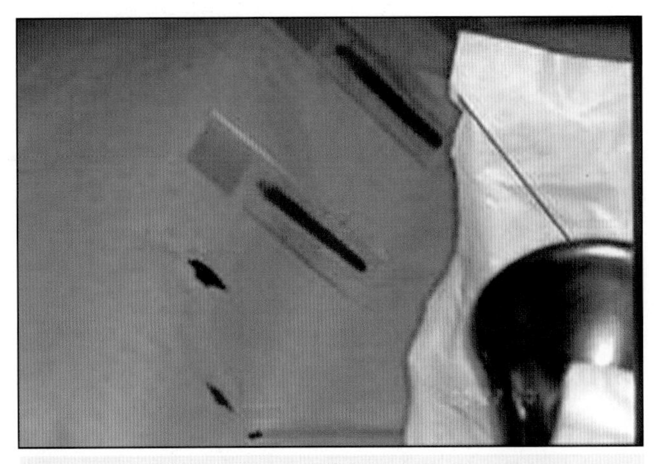

图 11.19 多余的血液可沿玻片自然流下

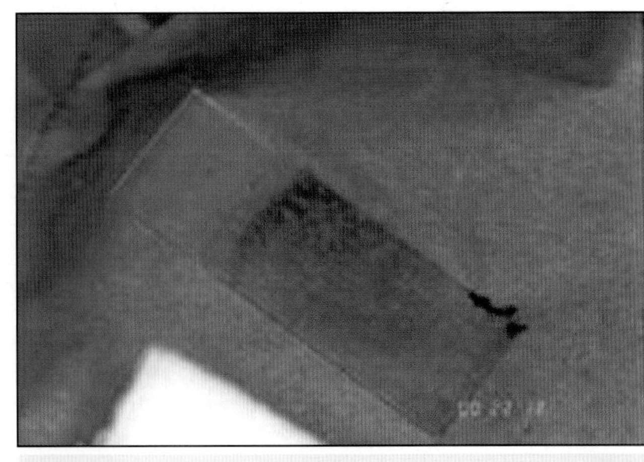

图 11.20 从玻片顶端制成骨髓的涂片

肌肉和骨膜）。用手术刀做一切口，然后向骨内小心进针（Klima针或Jamshidi针）。进针时需要用力。待进入骨髓腔，针头被包埋在骨头里，或许你会产生用针就可以举起犬的感觉后，再去掉内芯，然后连上20mL注射器，回抽（这个过程有些痛，需保定好动物），一旦针筒内出现血泡，抽吸1～2mL液体后，立即将针头和注射器一起拔出。之后向准备好的玻片（角度要合适）上滴上几滴抽吸液。需要准备20～30张玻片，连续地制作样本。骨髓抽取物凝集非常快（10s内凝集），因此需要1～2个助手制作涂片，然后等其自然风干。将涂片送至你所认识、信任并易于电话沟通的临床病理学家或细胞学家处进行评估。最好同时送上一份新鲜血液涂片或EDTA抗凝血样本。

临床病例11.4——一只波美拉尼亚丝毛犬的急性粒细胞性白血病，伴有非再生性贫血

动物特征

波美拉尼亚丝毛犬（狐狸犬）。

表现

该犬2周以来体重显著减轻，就诊时发现有明显的非再生性贫血，然后转诊至我院。

病史

该病例的病史如下：

- 该犬常规免疫、驱虫，无英国境外旅行史。
- 主人发现该犬2周以来食欲减退、体重减轻，并且有多饮的现象。
- 就诊前1周，该犬精神不振、嗜睡。
- 主人还发现该犬近期有间歇性跛行的症状。

临床检查

- 进行临床检查时，该犬很安静、精神不振（图11.21），其黏膜极其苍白，但未见明显瘀斑。
- 直肠温度为39.8℃。
- 安静状态下心率为92次/min，提示机体有代偿反应，贫血并非急性的。
- 腹部触诊时感觉患犬非常消瘦，伴有轻度肝脏增大。未发现其他明显异常。

诊断评估

- 血清生化检查显示其ALP和ALT轻度升高，CK中度升高。
- 胸腔和腹腔X线检查未见明显异常。
- 腹腔超声检查显示其肝脏增大，回声不均匀，可能有浸润性疾病。
- CBC检查显示该病例有中度非再生性贫血（PCV为28%，网织红细胞计数绝对值为11×10^9个/L），并伴有白细胞增多症（65×10^9个/L）。血涂片检查发现大多数白细胞形态不正常（图11.22）。
- 流式细胞术分析证实这些异常的白细胞是不成熟的粒细胞。

诊断

- 急性粒细胞性白血病。

治疗

- 由于预后不良，主人放弃治疗，该犬7d后被施行安乐术。

知识回顾

白血病是由骨髓内造血细胞肿瘤性增生引起的，可

图11.21 病例11.4 患犬的整体情况比较差

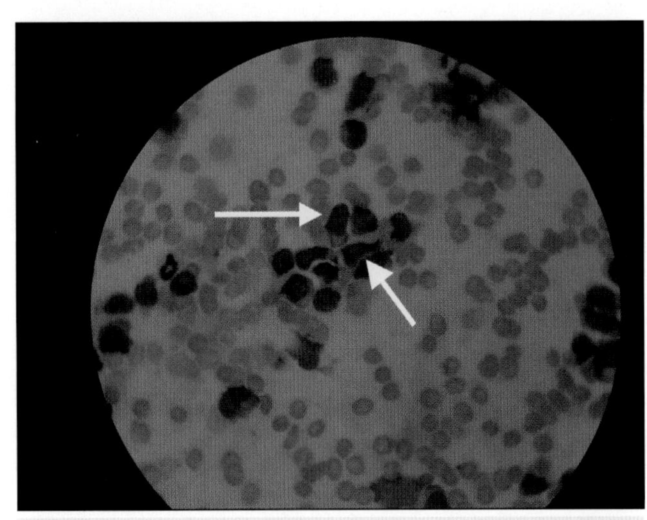

图 11.22 病例 11.4 血涂片细胞异常，细胞成簇聚集（红色箭头所示）。细胞普遍增大、细胞形态异常，包括红细胞大小不均、细胞核大小不等、细胞核变形、多核仁（黄色箭头所示）

能涉及一个细胞系，也可能是多个细胞系异常。异常可能会引起循环血液中出现肿瘤细胞。最常见的临床表现为循环血液中出现大量肿瘤细胞系的细胞；也可能是骨髓中肿瘤细胞大量增殖，但却未进入血液循环中。后者称为“骨髓型白血病”。这种情况是，骨髓发生严重的浸润，但循环中只出现少量异常细胞，称此为“亚白血病性白血病”。

白血病的分类方式有很多种。最简单的方法是根据主要细胞系分类，结合考虑临床病程。据此，白血病可分为如下几种：

- 急性粒细胞性白血病（AML）。
- 慢性粒细胞性白血病（CML）。
- 骨髓发育不良。
- 急性淋巴细胞白血病（ALL）。
- 慢性淋巴细胞白血病（CLL）。
- 浆细胞瘤（多发性骨髓瘤）。

急性白血病以循环血和骨髓中出现大量不成熟的母细胞为特征，骨髓出现急性病变，病程较短。而慢性白血病常发展缓慢，以骨髓和循环血中出现大量“成熟细胞”为特征。通常慢性白血病预后较好。

粒细胞性白血病

急性粒细胞性白血病

本病是指成髓细胞（任何粒细胞系，此有10种亚型）在骨髓内快速增殖，然后释放入循环血液，从而导致白细胞（主要是未成熟的成髓细胞）增多。骨髓内上述细胞增殖极迅速，占据其他细胞系的空间，从而导致血小板减少症和非再生性贫血。本文上个病例即出现了这种变化。

临床症状（发热、肝脾肿大、轻度淋巴结病变、出血和各种眼部症状）的持续时间比较短（1～2周）。本病可通过外周血涂片检查、骨髓抽吸检查/针芯活检、免疫组化和流式细胞术做出诊断。流式细胞术非常有用，单用血液样本就可完成分析。这个病例就是通过流式细胞分析确诊的，否则就要采取侵入性的骨髓检查和针芯活检。

犬AML的治疗效果较差，大多数文献认为确诊后的平均存活时间仅为3周。因此本文中病例经确诊后，主人即将其带回家中。可采用联合化疗方案进行试验性治疗，包括长春新碱、泼尼松龙、环磷酰胺、阿糖胞苷等药物，1个病例报告显示，1只患犬使用阿糖胞苷、6-硫鸟嘌呤和泼尼松龙治疗后存活了240d，但另外2只犬用同样的方案治疗10d后即被施行安乐术。

慢性粒细胞性白血病

本病在犬中非常少见，以成熟中性粒细胞不成比例地增生为特征。患病动物也表现为非特异性的临床症状。循环血中性粒细胞可能会显著升高，但不出现（或极少出现）异常的母细胞。

排除了炎症或感染后，中性粒细胞增多症可能提示CML，还需要做骨髓检查。确诊很重要，因为CML的预后比AML好。羟基脲在治疗本病时，可使白细胞数量恢复正常，但目前还没有大数据证实这一疗效。曾有报道显示患病动物的存活时间低于2年。

骨髓发育不良综合征

本病不常见，由于有些病例并未确诊，因此真实的发病率不详。像其他白血病一样，本病骨髓出现增生，

<30%的细胞为母细胞，病变细胞成熟不全（“成熟停滞”）。尚无成功治疗的报道。人医对这种疾病的治疗专注于引导病变细胞系的细胞发育成熟。一些病例报道显示病犬使用多柔比星治疗，能促使细胞完成终分化。但英国未采用这一疗法。

淋巴细胞性白血病

急性淋巴细胞性白血病

和AML相似，该病也是由超过30%的肿瘤性淋巴细胞在骨髓内增殖引起的。但淋巴母细胞显著多于成髓细胞。这些淋巴细胞进入循环血液中引起白细胞增多症。

本病的病史比AML（通常为2～4周）稍长，但临床症状相似，包括嗜睡、厌食、呕吐、腹泻、跛行和多饮多尿。病犬常表现为体况很差，和Ⅴ期淋巴瘤（通常表现良好）不同。另外，ALL患犬仅表现为轻度淋巴结病变，而Ⅴ期淋巴瘤患犬会出现明显的淋巴结病变。中年犬的发病率较高，一项研究显示德国牧羊犬易患该病。WBC计数可能会显著升高，可能会大于100×10^9个/L，曾有报道显示一个病例的WBC升高至600×10^9个/L。确诊需仔细检查血涂片，对血液标本进行（或不进行）流式细胞术检测，对骨髓标本进行（或不进行）流式细胞术检测和免疫组化检测。

ALL的预后和AML不同，但也需慎重。如果动物出现明显的血小板减少或贫血，可使用长春新碱、L-天门冬酰胺酶进行治疗，这些药物单独使用不会引起严重的骨髓抑制。当然，能耐受化疗的病例可接受更激进的化疗，如CHOP化疗方案（附录2）。预后仍需慎重，一项报道显示MST为120d（仅用泼尼松龙和长春新碱治疗）。

慢性淋巴细胞性白血病

和CML相似，CLL也引起骨髓内细胞增殖和白细胞增多，但增多的是成熟的淋巴细胞而非淋巴母细胞。病犬可能不表现临床症状，但很多病例会出现嗜睡。本病多见于老年犬，不少临床医师选择不予治疗，但会监测病情发展，并在出现危象时及时处理。可使用苯丁酸氮芥和泼尼松龙进行治疗，效果不错。

多发性骨髓瘤

B淋巴细胞肿瘤性增生并分化为浆细胞，由于过度生成单一的免疫球蛋白，因此会出现单克隆γ-球蛋白血症。骨髓瘤会出现多种副肿瘤综合征，如高黏血症、高钙血症、出血性素质、肾脏功能障碍、免疫缺陷、血细胞减少症和心脏衰竭。8～9岁的病犬可能出现不明确的病史，可见嗜睡、虚弱、跛行、鼻出血、多饮多尿和中枢神经系统缺陷。眼部检查可能会发现视网膜出血、静脉扩张、静脉曲张、视网膜脱落，甚至失明。严重的骨骼病例还可能会出现骨折及脊髓急症。

若从以下4条诊断标准中发现2、3条符合，即可做出诊断。

- 血清球蛋白浓度过高，蛋白电泳显示为单克隆性升高。
- 骨髓内浆细胞增多。
- 溶骨性病变。
- 尿液中出现球蛋白片段（存在于多发性骨髓瘤病例尿中的一种分子质量低，且对热敏感的两种微球蛋白——译者注）。

多发性骨髓瘤通常预后良好，因为大多数患犬对烷化剂、美法仑较为敏感，美法仑和泼尼松龙联用缓解率较高。使用美法仑治疗时要进行血液监测，以防出现严重的骨髓抑制，尤其是巨核细胞系抑制，平均存活时间约为18个月。

12 烦渴的患瘤动物病例

简介

烦渴是指动物每日饮水量超过每千克体重100mL；但当动物每日摄水量达到每千克体重80mL时，即可高度怀疑为烦渴。有趣的是，许多动物主人更多了解的是烦渴的患病动物表现为多尿，这不足为奇，尤其是在动物出现大小便失禁的症状时。烦渴可能是由不同的疾病包括肿瘤病所致，所以对患病动物而言，采取一个合乎逻辑的和有清晰步骤的方法做出诊断至关重要。烦渴的患病动物可有多种不同的分类方法，图12.1给出了一个诊断烦渴患病动物的流程，并可与不同组别进行鉴别诊断。

通过图12.1可明显地发现，肿瘤是引起多饮多尿的一个重要原因。这可能与肿瘤产生的非组成性激素的直接作用有关，如肛门囊腺癌产生的甲状旁腺激素相关肽，或者与疾病中产生的大量组成性激素有关，如肾上腺依赖性肾上腺皮质功能亢进产生的皮质醇。肿瘤可影响血浆渗透压和黏度（如多发性骨髓瘤），引起肾脏损伤（如肿瘤相关性肾小球肾炎），影响肝脏功能（如弥散性肝癌），并且可能还有一些尚不完全清楚的致病机制。

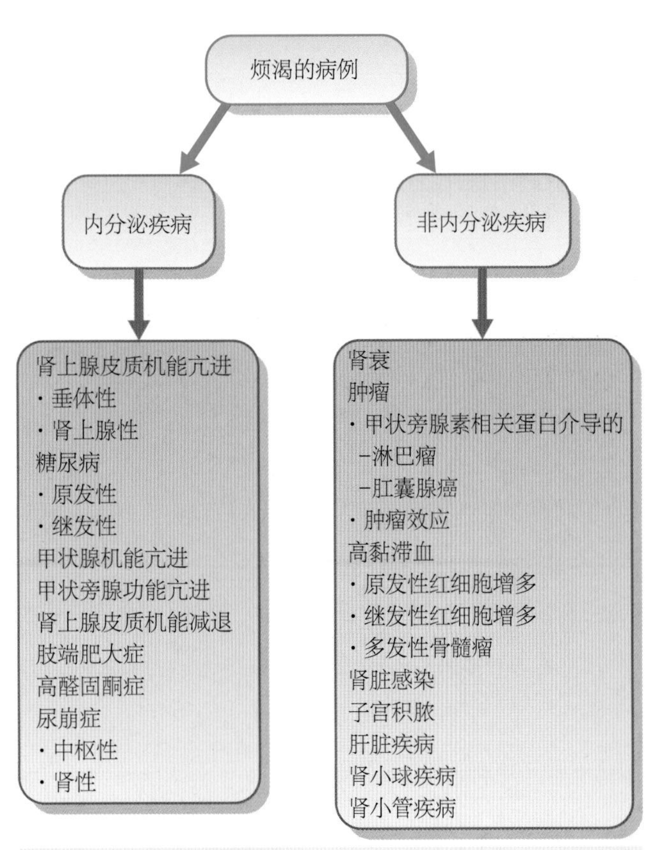

图12.1 对于烦渴病例的初步分类诊断的方法

临床案例12.1——犬纵隔淋巴瘤

动物特征

拳师犬，6岁，去势，雄性。

表现

多饮约120mL/（kg·d），迟钝，嗜睡，食欲不振。

病史

此病例的相关病史有：

- 该犬常规免疫、驱虫，无旅行史。
- 该犬在过去的3周逐渐出现多饮多尿的症状，现在又出现夜尿症。
- 该犬无排尿困难或痛性尿淋漓，但尿液颜色淡。
- 嗜睡和食欲不振的症状不断加重，在就诊前3~5d变得尤为严重。主人描述患犬拒食，行走不远就出现气喘和疲惫的现象。
- 患犬体重下降了1.5kg（从28kg下降到26.5kg）。

临床检查

- 患犬沉郁、虚弱，并对周围环境失去兴趣。
- 胸部听诊发现心尖部心脏跳动向尾侧移动，并且在胸部颅侧听不到呼吸音。
- 胸部叩诊发现颅侧肺区呈浊音。
- 胸腔压缩性大幅减少。
- 腹部触诊未见异常。
- 其余检查未见异常。

诊断评估

- 尿检发现呈明显的稀释尿［尿相对密度（USG）1.009］，尿沉渣检查未见异常，无蛋白尿（尿蛋白：肌酐为0.24）。
  - 血清生化分析显示患犬呈高钙血症（总钙3.6mmol/L，离子钙1.9mmol/L），而磷酸盐浓度位于低限（0.85mmol/L），肾脏功能指标均在正常范围。
  - 直肠检查未见异常。
  - 侧位胸部X线检查显示颅侧纵隔存在肿物，占据颅侧胸腔的较大区域。
  - 除了超声检查显示肾盂扩张（预期烦渴动物可出现）以外，腹部X线检查和腹部超声检查未见异常。
  - 超声引导下细针抽吸纵隔肿物。细胞学检查高度提示淋巴瘤。流式细胞仪检查证实了肿物为T细胞淋巴瘤。
  - 甲状旁腺素相关蛋白显著增高，而甲状旁腺激素低于正常水平，从而确诊是由纵隔淋巴瘤所引起的恶性高钙血症。

治疗

在等待化验结果期间，患犬住院并接受4倍维持量生理盐水的静脉输液（每小时每千克体重8mL）治疗以试图减缓高钙血症。确诊后，动物主人同意开始化疗，因为在大多数情况下纵隔淋巴瘤的最佳治疗方法依然是全身化疗。该病例使用的是麦迪逊-威斯康星方案，详见附录2。

结果

血清总钙和离子钙在治疗后72h之内恢复正常，患犬的状态大幅改善，食欲有所恢复。血钙正常后则尽快停止静脉输液，患犬出院回到主人身边。动物主人注意到，患犬的临床症状持续好转，直到该化疗方案的第5周停止使用泼尼松龙后烦渴才彻底解决，在第一次多柔比星给药时（第4周），重新做了胸部X线检查，发现结果完全正常，淋巴瘤全部消退。

患犬在化疗停止之后状态依然很好，且维持了11个月，但是之后又变得沉郁，出现食欲不振和呼吸困难。胸腔X线检查证实为纵隔肿物复发并伴有胸腔积液。使用洛莫司汀进行补救治疗其后出现第2次缓解（胸部X线片再次清晰），但是这种缓解只历时不到3个月又再度复发，最终该患犬被施行安乐术。

知识回顾

淋巴瘤是犬常见的肿瘤之一，占所有报道过的犬肿瘤的7%～24%。中年到老年犬最常见，发病似乎没有性别倾向。淋巴瘤和淋巴肉瘤可通用，虽然淋巴组织从理论上讲起源于间充质，但淋巴肉瘤作为术语更准确。肿瘤细胞可由任何一个存在淋巴细胞的组织中克隆扩增而形成。结果发展为许多不同类型的疾病，目前还存在几种不同的分类系统，给病理报告的阐释造成困难。然而实际上这些分类系统不会真正改变疾病最初的临床检查和治疗方法，包括：

- 通过细胞学或组织病理学做出诊断。
- 确定肿瘤存在的位置。
  - 多中心。
  - 消化道。
  - 纵隔/胸腺。
  - 肝。
  - 脾。
  - 中枢神经系统。
  - 皮肤。
  - 其他。
- 确定是否存在有任何副肿瘤综合征，是否需要同时治疗，是否会对淋巴瘤的治疗造成不利影响。
- 确定最好的治疗方案并予以实施。

对外周淋巴结或超声引导下的内部器官穿刺抽吸标本，做简单的细胞学检查就可以做出诊断。故强烈建议在所有的病例上先尝试细胞学检查，然后再考虑经手术获取样本进行组织病理学诊断，因为细胞学检查更简便、廉价并且得到结果更快捷。如果质疑细胞学诊断的准确性，则可以经过组织病理学检查确诊，但是通过细胞学检查诊断淋巴瘤是作者的诊所通常采用的方法。细胞学评价的主要缺点是不能对肿瘤准确分级，但是如上所述，肿瘤等级对于治疗几乎不会造成重要的影响。

细胞学检查的临床效果可以通过同时使用流式细胞术而提高。流式细胞术是一种根据细胞的大小进行分选，通过结合到细胞表面分子的单克隆抗体识别细胞外部分子标记物的技术。流式细胞术对淋巴组织增生性疾病的诊断是非常有用的，因为存在一些白细胞的标记物，如CD45，B淋巴细胞（如CB21和CD79a）和T淋巴细胞（如CD3、CD4、CD8）的这几种标记物是特有的，还有一些标记物只能在未成熟的细胞上存在（如CD34），若发现这些标记物则能证明该细胞为母细胞。通过使用这个专门的技术可以准确地识别细胞类型，因此无论是特殊的细胞系亚型还是不同成熟阶段的细胞，都可以被确定是肿瘤细胞或正常细胞。流式细胞术已被证明在鉴别胸腺瘤和淋巴瘤上是特别有用的，这在细胞学上是一个挑战，因为胸腺包含处于不同发展成熟阶段的淋巴细胞，具有正常的生理特征（图8.8）。少数病例胸腺瘤也可以导致犬高钙血症（在某研究中高达30%），所以发现有纵隔肿物的动物存在高钙血症，并不能排除胸腺瘤。有人证明犬胸腺瘤可在超声引导下抽吸获得纵隔肿物的标本，制备细胞悬液再通过流式细胞术来鉴定，结果细胞中超过10%为CD4和CD8双阳性；而对于淋巴瘤的病例来说，仅有不到2%的细胞为双阳性。这就是在此临床病例中会使用这项技术的原因。

外科手术对于淋巴瘤的治疗作用很少，因为：① 该病一般对化疗有很好的反应。② 通常一个单一的淋巴瘤病变往往是全身性多中心淋巴瘤的一部分（此时肿瘤的全貌难以确定）。手术对于单个的、一期淋巴瘤非常有用。而且如果细胞学检查为不能明确诊断，还可以通过手术获得活检用淋巴结组织。通过剖腹手术切除肿大的脾脏（脾脏淋巴瘤）对此病例应否进行化疗是一个较难的问题。但作者认为，脾脏淋巴瘤很可能是多中心淋巴瘤的一种表现形式。因此，对于此种病例，术后应进行全面检测，并确定疾病的临床分期，但是通常要进行全身化疗。

如果进行组织病理学检查，则表12.1中的分期系统在英国最具参考价值。

表12.1 世界健康组织对家养动物的淋巴肉瘤的临床分期系统

解剖部位

A. 全身性
B. 消化道
C. 胸腺
D. 皮肤
E. 白血病（真性）*
F. 其他（包括单个肾脏肿瘤）

分期

Ⅰ 病变仅限于1个淋巴结或单一器官的淋巴组织 +
　Ⅰa 第Ⅰ期无全身症状
　Ⅰb 第Ⅰ期存在全身症状
Ⅱ 病变累及1个区域的多个淋巴结（有/无扁桃体）
　Ⅱa 第Ⅱ期无全身症状
　Ⅱb 第Ⅱ期存在全身症状
Ⅲ 病变涉及全身淋巴结
　Ⅲa 第Ⅲ期无全身症状
　Ⅲb 第Ⅲ期存在全身症状
Ⅳ 病变涉及肝脏和/或脾脏（存在或者不存在第Ⅲ期病变）
　Ⅳa 第Ⅳ期无全身症状
Ⅴ 病变在血液中表现出来并且涉及骨髓和/或其他器官系统（存在或不存在第Ⅰ~Ⅳ期病变）
　Ⅴa 第Ⅴ期无全身症状
　Ⅴb 第Ⅴ期存在全身症状

* 只涉及血液和骨髓
\+ 除骨髓以外

肿瘤不同的分类系统有以下不同用途。

- 一般B细胞淋巴瘤比T细胞淋巴瘤对治疗的反应更好，而且缓解持续期更长。
- 组织学分级高的肿瘤往往比分级低的肿瘤对化疗反应更显著。
- 患级别低的肿瘤病例与患级别高的肿瘤病例相比，在不使用化疗的前提下，前者往往会有更长的寿命。

- 级别高的肿瘤常起源于B细胞，而级别低的肿瘤常起源于T细胞。

与T细胞淋巴瘤相比，B细胞淋巴瘤是更常见的类型，但是也存在B细胞和T细胞混合型的淋巴瘤；偶尔也会出现无明显B细胞或T细胞免疫表型的淋巴瘤，即所谓的“裸细胞”淋巴瘤。从临床上看，没有明显临床症状的患犬（Ⅲ分期为“a”）比有明显临床症状的患犬（Ⅲ分期为“b”）对于治疗的反应（不论是缓解率还是缓解时间）更好。

T细胞淋巴瘤常伴有高钙血症（虽然在B细胞淋巴瘤患病动物中也出现），并且认为高钙血症是一个负面的预后指标。然而，现在很清楚细胞类型（B细胞或T细胞）才是淋巴瘤的负面预后指标，而不是高钙血症本身。正如前一病例介绍中所述，肿瘤细胞产生的甲状旁腺激素相关肽（pnrathyroid-hormone-related peptide，PTHrP）才会引起高钙血症。可见于PTHrP升高的（随后发生高钙血症）许多肿瘤病例，但是在淋巴瘤、肛门囊腺癌和多发性骨髓瘤的病例中最为常见。犬猫高钙血症的鉴别诊断见表12.2。

表12.2 犬猫高钙血症主要的鉴别诊断

常导致高钙血症的肿瘤性原因	导致高钙血症的非肿瘤性原因
原发性甲状旁腺功能亢进症——甲状旁腺腺瘤或癌产生PTH	肾上腺皮质功能减退
淋巴瘤——产生PTHrP	肾脏功能衰竭（慢性或急性）
肛门囊腺癌——产生PTHrP	维生素D中毒
多发性骨髓瘤——产生PTHrP	肉芽肿性炎症（如组织胞浆菌病、芽生菌病、肉芽肿性淋巴结炎）
其他肿瘤（罕见，但有多种不同肿瘤已有报道）	特发性
	假性

预后

淋巴瘤患病动物的预后多变，并且取决于多种因素，所以很难给予动物主人确切的回答。前已说明肿瘤细胞的类型（B或T）比较重要，而临床亚分期（“a”或“b”）也很重要。多中心淋巴瘤的临床分期也有一定的影响；具有第Ⅴ期病变的患犬结局往往不好；但在一般情况下，具有第Ⅰ～Ⅳ期病变的患犬对治疗的反应类似。对于患有非多中心性淋巴瘤病例，也有一些好的研究数据支持相似的结果（皮肤型淋巴瘤除外）。然而，有报道称原发性中枢神经系统淋巴瘤的患病动物对于体外放射治疗有反应。

对多中心性淋巴瘤采取不同的治疗方法也可能影响预后。业已证明，使用含有多柔比星化疗方案的患犬一般比使用不含多柔比星化疗方案的患犬复发和死亡的风险更低。此外，联合用药化疗方案通常比单一药物治疗获得的缓解时间和存活时间更长。如果可能，应避免用类固醇进行预先治疗，因为类固醇会增加多种药物抗性基因表达的风险，导致再使用其他化疗药物时成功率降低。因此对每一个病例选择正确的治疗方案时，都需要考虑许多因素，如治疗费用、治疗频率、持续时间，患病动物是否适合注射治疗以及药物毒性不良反应。现将最常用的治疗方案总结如下：

1. 单药——泼尼松龙
   - 简单并且经济。
   - 大约60%的患犬会产生短期（1～2个月）的缓解。
2. COP（环磷酰胺、长春新碱和泼尼松龙）
   - 简单、给药方便，成本相对较低。
   - 约70%的病例完全缓解。
   - 6～7个月的MST。
3. 单药——多柔比星
   - 3周治疗1次，仅能治疗5次。

- 中度昂贵。
- 约70%的病例完全缓解。
- 6～8个月的MST。

4. 以CHOP为基础的化疗方案
   - 更复杂的治疗。
   - 更昂贵。
   - 85%～90%的病例完全缓解。
   - 大约12个月的MST。
   - 报道称2年生存率为20%～25%。

附录2详细给出了上述所有方案。

因此，如果可能的话，一个包含多柔比星的联合用药化疗方案是多中心性或内脏型淋巴瘤患犬的最佳选择，并且理想状况下应将其作为首次缓解方案的一部分。

补救治疗

如同临床案例所示，在许多情况下，淋巴瘤病例可能获得第2次（有时是第3次）缓解，所以一直强调应为此制订一个方案。大部分淋巴瘤病例会遭遇疾病的复发，但是只要它们依然处于亚分期“a”，而且第1次缓解的持续时间也令人满意，那么采取补救治疗通常值得一试。然而，动物主人须知成功的机会充其量只有第1次治疗的一半，并且遗憾的是较长久的二次缓解持续期并不常见，但如果患犬的状况还不错，补救治疗是值得考虑的。与首选治疗方案一样，有许多不同的补救方案可供选择，但是假定在第一疗程已经完成后出现复发，那么最好考虑使用原来的方案尝试二次治疗。如果没有成功或临床效果不佳（如在一期治疗过程中出现复发或者在一期治疗结束后没多久就复发），则可考虑使用一些替代的救治方案，列举如下。

1. 单独用多柔比星（只有当首次治疗时未用本药才予考虑；30mg/m^2，每3周1次，使用5个周期）
   - 大约有40%的应答率（有报道30%完全缓解），中位缓解期约为5个月。
2. 单独用药洛莫司汀（CCNU）
   - 给药方便（90mg/m^2，口服，每3周1次）。
   - 大约有30%的应答率（10%的病例完全缓解），中位缓解期约为3个月。
3. 单独用药米托蒽醌
   - 给药方便（5mg/m^2缓慢静脉滴注，每3周1次）。
   - 大约有40%的应答率（30%的病例完全缓解），中位缓解期约为3个月。
4. MOPP（氮芥，长春新碱，甲基苄肼，泼尼松龙）。
   - 不太复杂的方案，涉及的都是家庭和医院所需要的药物。
   - 大约有65%的应答率（报道称30%完全缓解），中位缓解期约为3个月。
   - 费用适中。
5. D-MAC（地塞米松，美法仑，放线菌素D和阿糖胞苷）
   - 不太复杂的方案，涉及的都是家庭和医院所需要的药物。
   - 大约有72%的缓解率（44%的病例完全缓解，28%部分缓解），中位缓解期约为61d（范围为2～467d，可能会更长）。
6. LAP（洛莫司汀，L-天门冬酰胺酶和泼尼松龙）
   - 不太复杂的方案，涉及的都是家庭和医院所需要的药物。
   - 87%的应答率，52%完全缓解，中位缓解期为2～3个月。
   - 费用适中。

从这份列表中可以明显看出没有哪一个方案比其他方案更有效，应根据每个病例的具体情况选择最合适的方案。作者一般倾向于先使用单一药物洛莫司汀，以MOPP作为第二选择，以D-MAC作为第三选择，但上述数据表明，以上所列举的任何治疗方案（并且这也并不是一个详尽的列表）均可以考虑。

临床案例12.2——犬肛门囊腺癌

动物特征

金毛寻回猎犬，10岁，去势，雄性。

表现

烦渴持续2周，并且食欲显著降低。

病史

该病例的相关病史有：

- 该犬常规免疫、驱虫、无旅行史。
- 2周内患犬逐渐出现烦渴和多尿的症状，2次在窝里发生尿失禁。
- 无明显排尿困难和尿淋漓的症状，尿液颜色非常淡。
- 患犬的食欲迅速变差，最初是食量减少，在就诊前3d几乎拒食。但这期间并未出现呕吐、腹泻或大便困难的症状。

临床检查

- 患犬显得相当机灵和兴奋，但是主人表示，它没有往常活泼。
- 胸部听诊发现心脏和肺脏的声音正常，胸部叩诊未见异常。
- 胸廓压缩性正常。
- 腹部触诊未见异常。
- 直肠指检发现右侧肛门囊存在一个质地坚实、形状不规则的团块，直径约为4cm。
- 未见其他异常。

诊断评估

- 尿检发现为等渗尿（USG为1.011），尿检，未见异常，无蛋白尿。
- 血清生化检查显示高钙血症（总钙3.3mmol/L，离子钙2.1mmol/L）。肾脏功能指标均在正常范围。ALP轻度升高。
- 细针抽吸肛门囊肿块做细胞学检查，结果高度提示癌。
- 胸部X线检查未见异常。
- 腹部X线检查未见异常，但是腹部超声显示髂内淋巴结轻度肿大（直径1cm）。无内脏转移。
- PTHrP显著升高，而PTH低于正常，从而确认该高钙血症是由恶性肿瘤（肛门囊腺癌）所引起的。

诊断

- 肛门囊腺癌，临床第Ⅲa期，已转移。

治疗

由于发现髂内淋巴结肿大，临床治疗团队认为有可能已出现淋巴结转移。然而淋巴结的大小和过于靠近主动脉不允许细针抽吸。因此，患犬需要进行外科手术治疗，使用封闭式肛门囊切除术，然后通过剖腹手术取出肿大的髂内淋巴结。患犬经麻醉并且以腹卧位保定在手术台上，双后肢固定在手术台的后方，将患犬尾部提起并且将垫子置于患犬腹股沟下方以提高尾部骨盆。再将消毒纱布放入直肠，以防止手术过程中的伤口污染。接着进行术前常规备皮，在肛门囊内插入一个探针，由助手固定住，沿肛门囊和周围组织（特别是肛门扩约肌）做垂直切口。用钝性（小的止血钳）和锐性（组织解剖剪）分离的方式，小心的从肛门囊分离出肛门外括约肌的肌纤维。用可吸收线结扎肛门囊管后，切断，然后用无菌生理盐水仔细、彻底地灌洗手术部位。常规缝合伤口。然后进行骶腹部开腹手术。确定髂内淋巴结的位置，结扎其血液供应，分离去除淋巴结。仔细探查腹部，没有发现其他病变，常规关腹。术后患犬接受非甾体类抗炎药（使用卡洛芬5d）治疗和阿片类药物镇痛（美沙酮治疗24h，之后使用丁丙诺啡治疗24h），同时口服阿莫西林-克拉维酸5d。

诊疗小贴士

肛门囊一般紧密附着在肛门外括约肌上，因此在切开操作过程中，必须注意避免对肌肉和尾椎直肠神经的过度损伤。常使用弯蚊式止血钳分离肛门囊周围的肛门外括约肌的肌纤维。

随访

术后患犬立即好转，并在12h以内正常排便。组织病理学分析证实肿物为肛门囊腺癌，并已向髂内淋巴结转移。然后使用卡铂治疗（300mg/m^2缓慢静脉给药，每3周1次，治疗4次）。患犬很好地适应了治疗，未现不良反应。

结果

患犬的良好状态情维持了18个月，因为主人发现其体重减轻、饮水再次增加以及食欲降低等症状而再次就诊。患犬表现安静、呼吸稍急促，但听诊和叩诊患犬肺部未见异常。血钙检查发现高钙血症复发，并且在胸部X线检查中发现有多个肺部转移灶，所以最终对该犬施行了安乐术。

知识回顾

肛门囊腺癌不是犬的常见肿瘤，对猫而言更是罕见。然而，在高达53%犬的病例中，肛门囊腺癌都与PTHrP引起的高钙血症相关，所以很多病例都会出现血钙增多的症状（即多饮、多尿、食欲不振和嗜睡），如同上述病例一样。尤其要注意的是：相当数量的肛门囊腺癌病例并不存在高钙血症，但肿瘤仍有恶变的可能性，所以肛门囊有肿物的犬纵使血钙正常也不能排除恶性肿瘤的可能性。肛门囊腺癌源自于肛门囊腺的顶浆分泌腺细胞（贴于囊内壁）并且常见于老年犬（平均年龄9～11岁）。虽然一些研究认为该病多见于雌性犬，但是最近在英国进行的研究发现雌雄发病率相似。某些品种似乎更倾向于发生本病，代表犬种有可卡猎犬、金毛寻回猎犬、德国牧羊犬。

肛门囊肿瘤需要手术切除，但是至关重要的是要先评估患病动物的临床分期，因为分期对于治疗方法的选择以及对预后转归都有重要影响。近来一个关于130只肛门囊腺癌患犬的系列病例报告，将TNM分期系统用于肛门囊腺癌（表12.3）。

表12.3 适用于患有肛门囊腺癌患犬的TNM分期系统

临床分期	原发肿瘤	淋巴结病变（区域引流淋巴结）	转移（远端）
1期	最长直径小于2.5cm	阴性	阴性
2期	最长直径大于2.5cm	阴性	阴性
3a期	任一肿瘤	最长直径小于4.5cm	阴性
3b期	任一肿瘤	最长直径大于4.5cm	阴性
4期	任一肿瘤	任一淋巴结疾病	阳性

引自Poulton and Brealey，JVIM(2007) 21(2):274-280

本文描述的病例应归于上表中的3a期。

临床分期如此重要的原因是：首先，分期结果会严重影响推荐使用的治疗方案；其次，疾病分期不同，预后也不尽相同，如表12.4所示。

表12.4 一项大型研究中证实，肛门囊腺癌患犬的中位存活时间和其变化性都依赖于临床分期

临床分期	MST（d）	MST 范围
1期	1 205	690～1720
2期	722	191～1253
3a期	492	127～856
3b期	335	253～417
4期	71	6～136

引自Poulton and Brealey，JVIM(2007) 21(2):274-280

外科手术在肛门囊腺癌的治疗过程中的作用是非常重要的，这是针对原发疾病和淋巴结转移的首选治疗方法。许多研究清楚地表明，手术切除转移淋巴结可以显著地延长患病动物的寿命，因此建议有这种并发症的患犬应考虑转诊至软组织外科专家处，除非门诊从业者有这方面的经验并有合适的医疗设施以完成门诊患犬的术后管理。然而，对于肿瘤转移至内脏器官的病例，通常无必要再做进一步治疗。因此，现在的问题是，是否有作用明显的辅助治疗方法，以帮助这些患病动物完成外科手术治疗。关于化疗方面，已经有研究表明在超过50%的病例中卡铂可以缩减原发肿瘤的大小，从而可以进行较少范围的根治性手术，以尽量减少损伤外部肛门括约肌的风险，但其有效性是不定的。近期的研究提示卡铂的一个作用，即其可在术前缩小3b期患犬淋巴结的转移。然而，是否应该用化疗治疗术后肉眼不可见的微转移并不清楚，还需要进一步展开工作，以阐明化疗药物在这种情况下的作用。

最近有人称对肛门囊腺癌切除不完全的病例使用电化学疗法可能有疗效。除了连续14d给予2倍剂量的顺铂之外，结合双向电脉冲疗法，患犬仍然在18个月之内保持完全缓解。像电化学疗法这种较新的治疗方法值得在相关病例中做进一步的评估，而在不久的将来可能会成为一种更可行的治疗方法。

放疗的疗效目前还不清楚，一般认为外束线直接照射原发性肿瘤的部位，可改善这些病例的转归，特别是对于那些肿物切除不完全的病例。有报道称不论低分割还是高分割方案在术后都有疗效，但要采取防护措施以降低直肠在射线中的暴露。一项研究表明采用放疗结合米托蒽醌治疗可以获得较长的生存时间（中位生存时间为956d），但需要进一步研究以搞清放化疗所起的作用。也有报道称对1只肛门囊腺癌的患猫于切除术后使用放疗，并未出现明显的不良反应。

临床案例12.3——犬原发性红细胞增多症

动物特征

威尔士史宾格犬，5岁，绝育，雌性。

表现

持续4周的烦渴、多尿和尿失禁。

病史

该病例的相关病史有：

- 该犬常规免疫，没有出境史。
- 无既往病史。
- 动物主人注意到大约4周前患犬夜间出现排尿，且意识到患犬的饮水量远超以往。主人计算出患犬的平均饮水量为134mL/（kg·d）。
- 由于饮水过多，患犬在家中变得困倦，不愿去散步。但其食欲一直保持适度，并未增加。
- 患犬体重没有减轻。

临床检查

- 患犬表现得很安静。
- 口腔黏膜和眼结膜比正常的偏红，尤以颊黏膜最为明显，但患犬未现脱水迹象。
- 胸部听诊发现肺音和心音正常，胸部叩诊正常。
- 胸部压缩性正常。
- 腹部触诊未见异常。
- 直肠指检未见异常。
- 没有发现其他的异常。

诊断评估

- 根据病史和症状，怀疑红细胞增多症的可能性极大，所以首先进行全血细胞计数。结果表明患犬的红细胞计数明显升高（PCV：77%）。
- 患犬的血清生化检查显示ALT和AST轻度升高，其他指标未见异常。
- 尿检显示等渗尿（USG为1.010），尿沉渣检查未见异常，无蛋白尿。
- 胸部X线检查未见异常。
- 腹部超声检查未见异常。
- 血清促红细胞生成素的浓度在正常范围的低限，从而确认该犬患有原发性红细胞增多症。

诊断

- 原发性红细胞增多症（真性红细胞增多症）。

治疗

患犬住院并进行放血治疗，共放血340mL（20mL/kg），然后开始对患犬进行静脉输液治疗，持续36h，4mL/（kg·h）。经上述治疗，患犬PCV降至63%。然后使用羟基脲治疗，剂量为500mg/（次·d）（相当于30mg/kg的剂量），10d后将剂量减少为隔日1次，每次500mg。患犬对于治疗的反应良好，在6周内PCV下降到53%，并且临床症状得到了改善。该犬在随访了18个月后失去联系，但在这期间，一直无临床症状。

知识回顾

原发性红细胞增多症（也称真性红细胞增多症）是指循环中成熟红细胞的数量绝对增加。红细胞数量增多有两种情况：一是相对增多而不是绝对量增多（如严重脱水、急性脾收缩或体液量改变）；二是继发性红细胞增多，如红细胞数量增加可能是一种正常的生理反应（如生活在高海拔地区的反应，严重的慢性肺疾病，存在左心-右心血液），或是因为潜在病理学因素引起促红细胞生成素分泌增多（如肾肿瘤、真正的原发性红细胞增多症）只有在排除所有其他可能疾病后才能诊断是原发性红细胞增多症。

原发性红细胞增多症多见于中年犬，常见症状是多饮、多尿、嗜睡、无力，有时出现明显的是神经症状（如共济失调和癫痫发作），食欲不振，患病动物有时出现凝血功能障碍。临床检查时，黏膜常呈砖红色，巩膜血管充血，PCV往往会显著升高（>70%）。最好的诊断策略是排除其他所有可能的原因，推荐做全项生化评估，拍摄左侧位和右侧位吸气末的胸部X线片、腹位的X线检查和腹部超声检查。如果在临床上或影像学上发现有肺部疾病或缺氧的症状，则应做患病动物的动脉血气分析。一旦排除了肺部疾病，或已经确定有肾脏肿物，就应对血清促红细胞生成素进行检测（本病例是在英国剑桥大学的专家实验室中获得的）。通常原发性红细胞增多症病例血清EPO的浓度位于正常范围的低限。

治疗本病需要初步稳定患犬状况，通常使用放血和液体疗法。按20mL/kg放血，并输入等量的离心血浆或替代性晶体溶液，PCV通常会降低约15%，如同上述病例所示。治疗药物主要是羟基脲，用量为30mg/kg，每天1次，使用7d（不同报告对早期阶段推荐的剂量介于20~50mg/kg，但PCV正常后，维持剂量应降为15mg/kg，每天1次或隔天1次）。

临床案例12.4——垂体肿瘤引起的尿崩症

动物特征

拳师犬，9岁，绝育，雌性。

表现

突发显著的多尿和烦渴，持续10d，伴随有尿失禁。

病史

该病例的相关病史有：

- 该犬常规免疫、驱虫、无旅行史。
- 患犬开始在室内发生排尿，动物主人以为是尿失禁。咨询兽医外科医师后，医师用苯丙醇胺进行治疗，但症状并没有得到改善。随后动物主人开始测量每日的饮水量，发现每天饮水量超过200mL/kg，因此该犬需转诊做进一步检测。

临床检查

- 体检该犬活泼、警觉，体况良好，体重28kg。
- 心肺听诊和叩诊未见异常。
- 腹部触诊未见异常。
- 直肠指检结果正常。
- 神经系统检查未见异常。

诊断评估

- 根据病史，首先进行了尿液检查，结果显示尿相对密度为1.004，尿沉渣未见异常，无蛋白尿。
- 血清生化（包括胆汁酸刺激试验）检查和全血细胞计数未见明显异常。
- ACTH刺激试验正常。
- 胸部X线检查未发现病变。
- 腹部超声检查除肾盂扩张外未见其他异常，这与患犬的烦渴症状一致。超声引导下的膀胱穿刺样本培养结果为阴性。
- 对患犬进行禁水试验，见附录3，试验开始12h内，患犬体重降低了5%，但是它的尿相对密度没有显著上升（USG变为1.008）。然后肌内注射抗利尿激素类似物——去氨加压素（DDAVP，1-脱氨基，9-D-精氨酸后叶加压素），患犬的尿相对密度在2h内上升至1.030，且体重没有进一步减轻。

诊断

通过诊断评估，排除了非内分泌原因导致的烦渴，也排除了内分泌原因（不含尿崩症），及精神性原因导致的烦渴，禁水试验和对外源性去氨加压素试验的结果确诊为中枢性尿崩症（central diabetes insipidus，cDI）。

治疗和早期随访

患犬最初使用DDAVP（去氨加压素）滴入结膜进行治疗（每天3次，每次3滴），开始效果很好，临床症状完全缓解。然而，在接下来的3周时间里，患犬DDAVP的用药量上升了40%（每天3次，每次5滴），但仍不足以控制患犬的多尿症，所以前来复诊。复诊

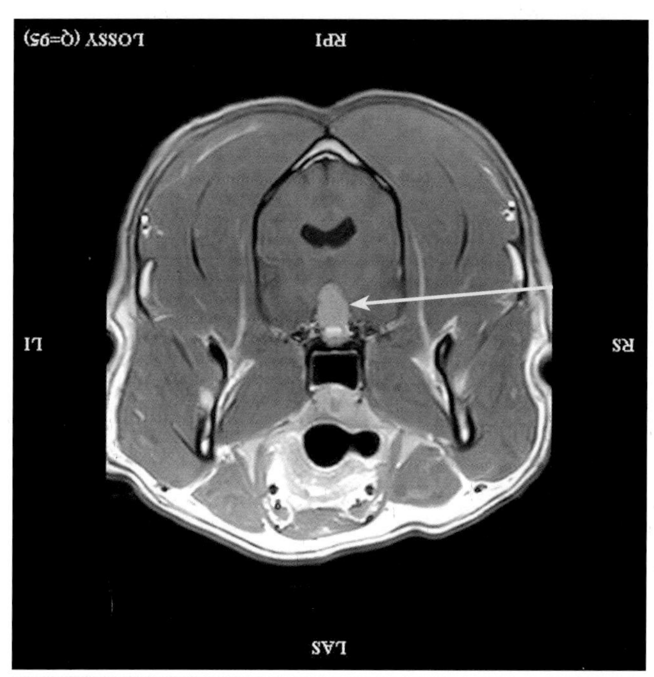

图12.2 案例12.4 患犬T1加权对比MRI扫描结果，如红色箭头所示，表明脑垂体中存在一个大的高对比度的肿物

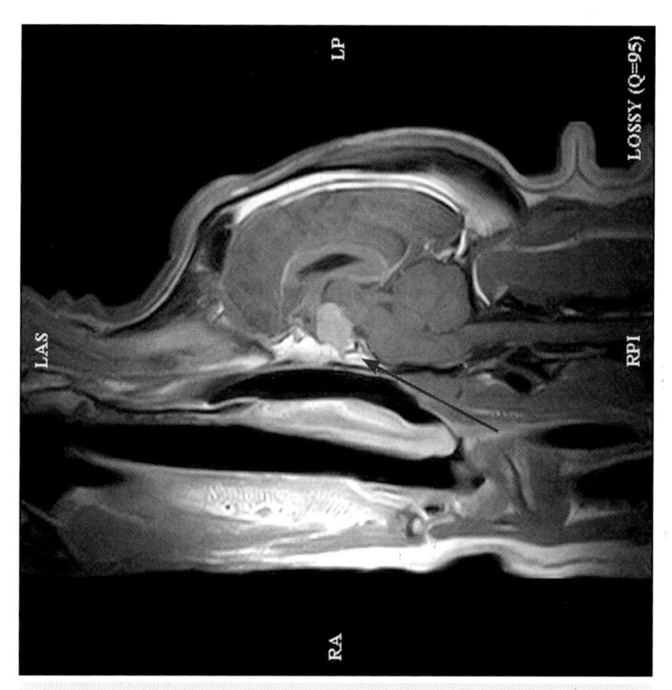

图12.3 病例12.4 患犬T1对比增强矢状面的MRI扫描结果，显示垂体瘤的一小部分延伸到前侧并且压迫视交叉（红色箭头所示），从而解释了第二次检查时发现瞳孔大小不等的原因

时，患犬仍然活泼、警觉，但可见轻度瞳孔大小不等。此外神经系统检查依然未见异常。鉴于已知中枢性尿崩症和轻度瞳孔大小不等的病史，决定对患犬进行脑MRI扫描，检查垂体内是否存在肿瘤。如图12.2和图12.3所示，结果证实垂体位置存在一个大的肿物。

结果

患犬继持使用DDAVP滴眼，同时接受外束线放射治疗垂体肿瘤。该犬对放疗的耐受性良好，无急性不良反应。DDAVP的使用确实稳定了病情（多尿和烦渴的症状得到了良好的控制，）但是尿崩症并没有得到治愈。

知识回顾

尿崩症（diabetes insipidus，DI）是以急性发病，明显多尿、烦渴为特点的一种临床疾病，该病有2种主要形式；中枢性尿崩症（cDI）和肾性尿崩症（nDI）。本病的发病机制是由于垂体后叶不能产生足够量的抗利尿激素（ADH、也称精氨酸加压素），称为中枢性尿崩症，或者是由ADH不能有效作用于肾脏所致（称为肾性尿崩症）。尿崩症可以是先天性的，也可以是获得性的，据此可将中枢性尿崩症和肾性尿崩症进一步分类。临床上最常见的是获得性肾性尿崩症。然而本病例是获得性中枢性尿崩症，因此临床医师应关注可能存在下丘脑或垂体占位性病变。ADH与催产素一起在下丘脑的视上核和室旁核中合成，从这里以轴浆运输的方式被转运到垂体后叶。因此任何阻碍或损伤这一途径的病变都可能导致尿崩症。

对于正常动物，ADH的释放可引起血浆渗透压升高，出现脱水，而这种变化可被下丘脑特殊的渗透压感受器所预测。ADH进入循环血液后，与肾细胞的V2-受体结合，这个过程刺激远曲小管和集合管上皮细胞由“水通道蛋白”形成暂时性的水通道，从而使水分经由渗透梯度（由盐分和尿素形成）被重吸收。因此ADH的作用对于机体内保持正常水分和维系平衡至关重要，如果ADH分泌减少或缺失，肾脏会迅速失去大量的水分。

因此，为做出尿崩症的诊断，应先仔细排除图12.1中所列出的引发多尿和烦渴的常见病因，做到这一点并不难，只需要进行仔细的临床检查、血液化验、尿检分析和适当的影像诊断即可。在进行鉴别诊断时要记住一个关键点，即只有尿崩症和原发性/精神性烦渴可导致尿相对密度低于1.006，所以如果为1.008～1.015，则不可能做出尿崩症的诊断。因此，只有当排除了其他可能的鉴别诊断之后，才应该考虑禁水试验。

诊疗小贴士

禁水试验存在着潜在的危险，只有在其他所有鉴别诊断都已经完成以后才可以进行。

确定尿崩症的另一个关键指标是患犬往往存在过高的饮水欲。如果在临床症状上未报告这一点，那么首先应考虑做其他更常发病的鉴别诊断，但有些情况下也可不必这样做。例如，已确定患犬有轻微神经系统异常或USG极低（即小于1.006）。

护理小贴士

除非在进行可控的禁水试验时，否则必须保证疑似尿崩症的犬猫可以补水，不补水会迅速发生病床脱水。

一般认为脑肿瘤并不常见，相比而言犬比猫更易罹患此病。脑肿瘤多见于中年至老年动物，偶尔也发生于年幼动物。许多不同类型的脑肿瘤都有报道，包括起源于不同神经组织的原发性肿瘤，也有从远离部位（如乳腺癌和血管肉瘤）转移来的肿瘤。垂体肿瘤是犬颅内肿瘤中比较常见的一种，且短头犬这一品种更多发。考虑到拳师犬脑肿瘤的发病率过高，所以本病例的诊断结果是垂体肿瘤并不意外。然而引起尿崩症的垂体肿瘤却不常见，更常见的是一种发生在垂体前叶远侧或中间的功能性瘤，导致垂体依赖性肾上腺皮质机能亢进。

可以使用手术疗法或者放射疗法治疗脑肿瘤特别是垂体肿瘤。手术切除垂体肿物在人医上司空见惯，但对于兽医而言，有很多技术上的困难。将此方法用于垂体前叶功能性肿瘤患犬时，已报道的1年和2年的生存率分别为84%和80%。然而现在更普遍使用的治疗方法是放射治疗，特别是外束线放射治疗中的常压放射疗法已有报道，但是使用兆伏直线加速器更显优越。2007年一项涉及46只患垂体瘤病犬的研究中，其中19只犬接受放射治疗，另外27只未接受放射治疗；治疗组的平均存活时间是1 405d，而非治疗组的平均存活时间仅是551d；治疗组第1、2、3年的预测存活率分别为93%、87%和55%，非治疗组的预测存活率分别为42%、32%和25%。其他几个早期的研究支持这些发现，指出应用放疗治疗垂体瘤可以显著延长患病动物的寿命，治疗相关的不良反应小，能维持甚至改善动物的生活质量。

13 尿血/痛性尿淋漓/尿闭的患瘤动物病例

尿血是指尿液内存在过多的红细胞，从肿瘤角度看，尿血可能是由尿路中任何地方潜在的肿瘤病变引起的。痛性尿淋漓通常提示下泌尿道排尿障碍，而尿闭则提示尿道阻塞性病变或神经功能障碍。这些症状都可以由肿瘤造成，理论上病变可以发生在任何解剖学部位，因此需要一个明确合理的诊断程序（图13.1），以尽可能确保快速而又准确地做出诊断。

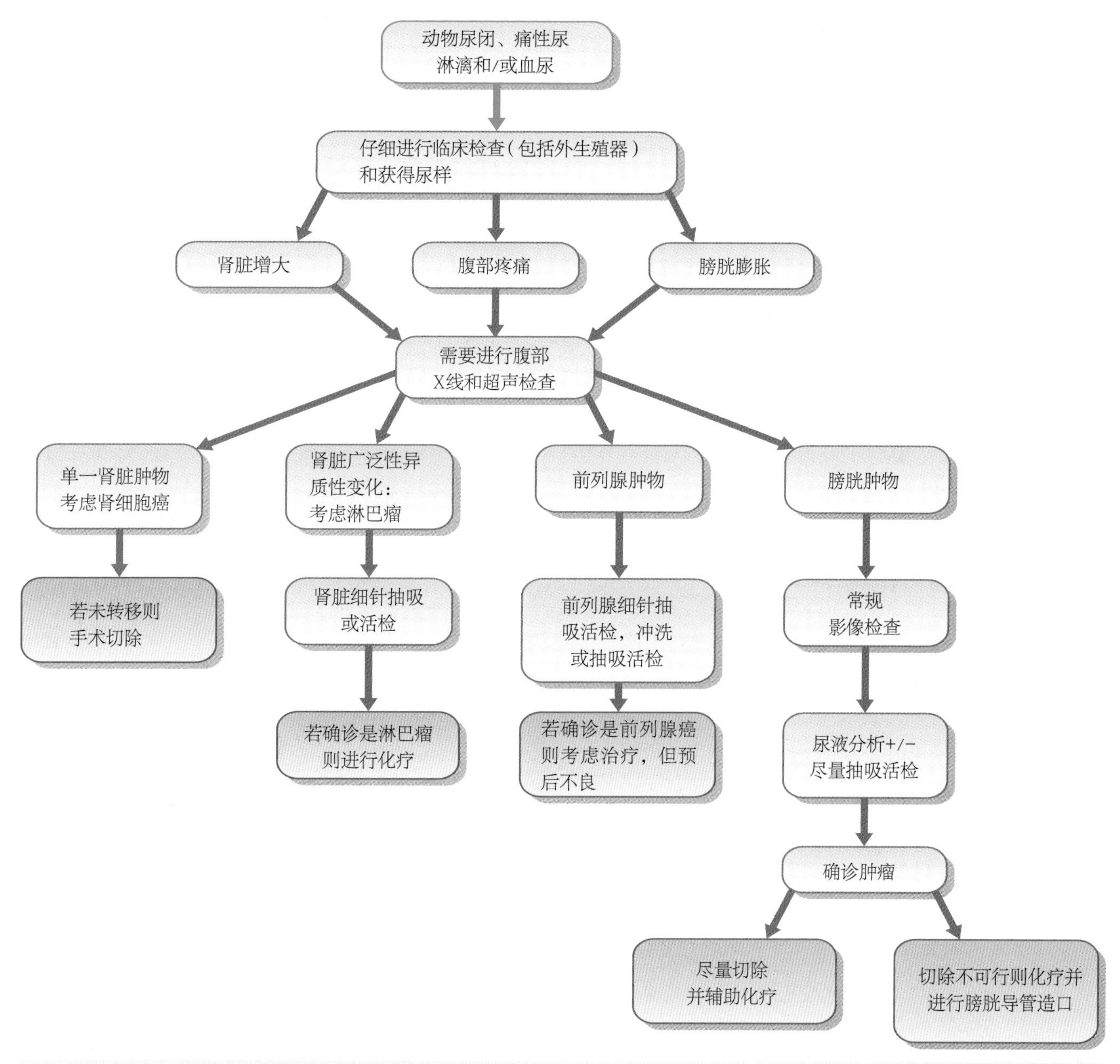

图13.1 血尿、尿淋漓/或排尿困难患病动物的诊断流程

临床病例13.1——犬单侧肾细胞癌

动物特征

杜宾犬，6岁，绝育，雌性。

表现

3周间歇性尿血。

病史

本病例相关病史如下：

- 该犬免疫完整，包括狂犬病疫苗（3年前已免疫，使用的是美国进口疫苗）。
- 2年来该犬口服苯丙醇胺成功治疗泌尿括约肌功能不全，用药期间情况稳定。
- 上个月动物主人发现该犬尿液颜色有一两次异常，并注意到其在混凝土上排尿时尿液颜色比正常偏暗，但当在草地排尿时不能辨认。就诊前10d患犬尿液呈明显血样，动物主人说现在能经常看到含血的尿迹。
- 饮水正常，没有表现出任何痛性尿淋漓、尿闭或者多尿的症状。然而，该犬体重有所下降，并有一定程度的嗜睡和运动耐受性下降。

临床检查

- 患犬安静但警觉。
- 口腔和眼结膜轻度苍白。
- 胸部听诊显示肺部和心音正常，叩诊未见异常。
- 腹部触诊显示患犬左肾区域有肿物样病变。
- 未见其他异常。

诊断评估

- 血清生化检查显示ALT和ALP轻度升高，但不显著。
- 全血细胞计数显示轻度贫血（PCV33%；正常值为37%～55%），血涂片红细胞呈显著多染性，表明为再生性贫血。
- 无肉眼可见血尿，但尿液镜检显示高倍视野存在很多红细胞，试纸条潜血++++。
- 胸部X线检查未见异常。
- 腹部X线检查发现左肾增大及形态异常。
- 腹部超声显示左肾异常，在肾的尾侧有大约6cm×8cm的肿物。肾脏的头侧正常，但由于肿瘤的存在，已无法分辨正常肾脏结构。肾脏淋巴结未见增大。超声探查膀胱时可见少量点状回声，与尿液中存在红细胞相符。

诊断

- 原发性肾脏肿瘤，未转移。

治疗

对该犬施行单侧肾切除手术。患犬经麻醉后，以仰卧位保定，对皮肤进行常规术前准备。在腹中线切开腹腔，并用贝尔福牵引器保持切口开放。提起降结肠移到右侧，暴露左侧异常肾脏，然后用靠近肾脏的肠系膜包裹住小肠并移向右腹部。之后切开覆盖肾脏的腹膜，用手将肾脏剥离，采用电凝止血。肾周脂肪组织内显露出肾脏血管和输尿管的位置。识别肾动脉和肾静脉后将血管分离，接着分别用3-0丝线结扎后横断。分离输尿管并在靠近膀胱处将其结扎后横断，之后移除肾脏（图13.2）。然后清洗腹腔，常规关腹。

术后使用阿片类药物镇痛（美沙酮12h，丁丙诺啡24h），联合使用NSAID类药物（卡洛芬2mg/kg，每天2次，连用5d），患犬恢复良好。无肉眼可见血尿，但3d内镜检仍可见血尿。

诊断

- 肾小管细胞癌。

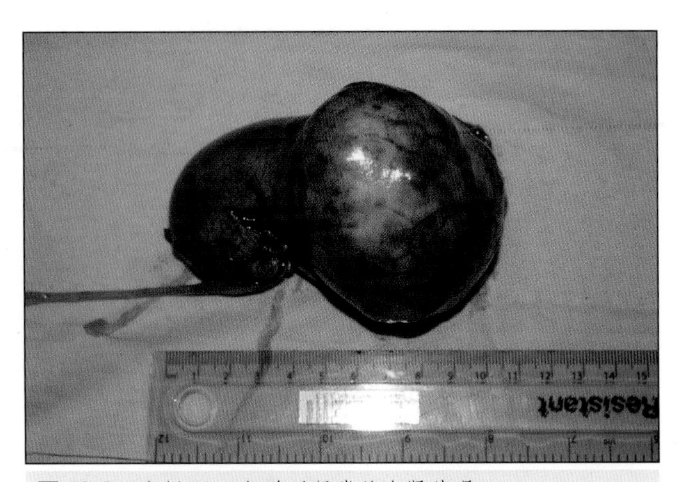

图13.2 病例13.1 切除后异常的左肾外观

知识回顾

原发性肾脏肿瘤实际上在犬是相当少见的；肾脏肿瘤一般都是继发性肿瘤而不是原发性肿瘤。由此对疑似肾脏肿瘤病例必须进行全面的术前评估和术前分期，以确保其他部位没有原发性肿瘤，同时也要尝试确定肿瘤的严重程度。如果患犬疑似出现原发性肾脏肿瘤，那么肿瘤多数是癌（有几种不同类型），但也有可能是淋巴瘤，并且一般可能是双侧性的。最近多个医疗中心的一项研究报道称双侧癌仅占肾脏肿瘤的4%。此外，也有其他更不常见类型肿瘤的报道。在猫报告最常见的肾脏肿瘤类型是淋巴瘤。

与肾肿瘤相关的临床症状通常是非特异性的，如本病例中由动物主人注意到的血尿情况实际上并不多见，但血尿常可在镜检时被发现。体重下降，嗜睡和厌食也常见报告，因此需要仔细的临床检查来评估肾脏大小和形状，如在腹部有可触及的肿物往往是病情严重的首要表现。患肾淋巴瘤的动物肾脏通常会显著增大、轮廓不规则，在本病例，由肿瘤引起的单侧肾脏肿大可能仅影响一个肾脏。

临床病理诊断结果往往也是非特异性的。本病例的血尿检查结果大约在50%的病例中都会出现，大约33%的患病动物会发生失血性贫血。

影像诊断特别是超声诊断是确诊的非常重要和有效的方法。可进行超声引导下的抽吸或者穿刺活组织检查，通常本文作者对疑似淋巴瘤则病例只进行细针抽吸检查。腹部超声对探寻局部和血管转移及评估肿瘤是否突破肾被膜、侵袭周围肌肉组织或者脉管系统也很有效。当原发性肾脏肿瘤仅发生局部侵袭时不应放弃手术，但会使手术复杂化，因此利用超声扫描功能来确定肿瘤的局部严重程度是很重要的。X线检查对确定是否发生肺部转移或者探寻患病动物不明原因的骨转移很重要。肾癌（与大多数癌症相同）确实有继发骨转移的可能性，尽管不常见但会造成显著骨疼痛，并增加治疗难度。作者（RF）有一些联合美洛昔康和口服双膦酸盐药物成功治疗骨转移的案例，使用这些治疗方法可在有限时期内达到止痛和提高生活质量的目的。最近报道的一个犬一侧肾盂发生移行细胞癌并引起肥大性骨病的病例，该犬出现尿血和不愿运动。手术切除肿瘤后临床症状消失，再没发生骨疼痛。

除非诊断出淋巴瘤，或者多发性继发肿瘤，肾脏肿瘤的治疗方法都是肾切除术，确诊手段是组织病理学检查。预后在一定程度上取决于肿瘤类型；在一项对82只肾脏肿瘤患犬的研究中，恶性肿瘤患犬MST是16个月（范围为0～59个月），肉瘤患犬是9个月（范围为0～70个月），肾母细胞瘤患犬是6个月（范围为0～6个月）。有趣的是虽常见，但肾脏血管肉瘤病例比其他内脏血管肉瘤病例的存活时间相对较长（一组研究报告称14只进行手术治疗的犬MST是278d，范围是0～1 005d）。然而，总的来说，肾脏肿瘤通常是高度恶性的，常在做出诊断时都已处病程的晚期且患病动物对化疗反应很差（除非诊断结果是淋巴瘤），因此对于非淋巴性肾肿瘤，进行手术切除是目前唯一实用的治疗方法。

结局

再次就诊时，除了表现运动不耐受和嗜睡，该犬状态良好，19个月内没有转移迹象。而后检查发现该犬有中等程度呼吸急促且胸部X线检查显示肺部出现多个转移灶，因此进行了安乐术。然而，诊断后该犬的无病期有19个月，比平均生存期要长，并且在这个阶段其生活质量正常。

临床病例13.2——家养长毛猫肾淋巴瘤

动物特征

家养长毛猫，2岁，去势，雄性。

表现

体重减轻和食欲不振。

病史

本病例相关病史如下：

- 从10周龄时由动物主人抚养，除了绝育和常规免疫外没有看过兽医。
- 该猫就诊5d前有些呆滞和嗜睡，来就诊时已不进食，动物主人认为在这之前2～3周内体重一直在减轻。

临床检查

- 精神紧张，检查困难。
- 心肺听诊未见异常。
- 腹部触诊显示双侧肾脏显著肿大，能感觉到表面不规则但不明显。
- 未见其他异常。

诊断评估

- 对该猫做进一步检查。腹部超声证实两侧肾脏显著增大，轮廓模糊不规则，伴随一些低回声结节。肾皮质呈斑点状外观，肾盂见少量游离液体，双侧肾被膜下有少量积液（图13.3）。其他超声检查未见异常。
- 常规生化检查未见显著异常，猫FeLV/FIV阴性。
- 全血细胞计数显示应激白细胞象，但没有贫血和血小板异常。
- 对一侧肾脏进行细针抽吸，显示大的、异常的淋巴母细胞成簇存在，细胞大小不均，核仁数量和大小不等，染色质粗大，核重塑。

诊断

- 肾淋巴瘤。

治疗

- 最开始对患猫采用CHOP联合化疗方案，但是该猫对多柔比星严重过敏，表现心动过速，血压过低和流涎（图13.4）。治疗有效但不再使用多柔比星，仅使用高剂量COP方案12个月，然后每2周交替使用环磷酰胺/长春新碱12个月后结束全部化疗。

结局

- 撰写本文时该猫仍然健在，并且从确诊4年后一直没有淋巴瘤复发的迹象。

知识回顾

肾脏淋巴瘤是猫最常见的肾脏肿瘤，但据报道这不是猫淋巴瘤最常见的形式。病患的临床症状与本病例的基本相似，非特异性的症状是腹部触诊时通常可发现双侧肾脏明显肿大。

诊疗小贴士

很容易忽视猫的尿血，除非使用小容器排尿，因此猫的肾脏肿物通常是其他症状（如嗜睡或者食欲不振）出现而就诊时被发现的。

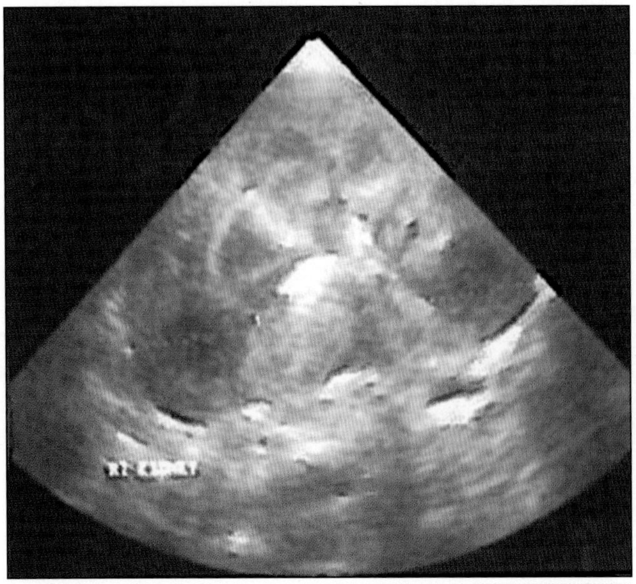

图13.3 病例13.2 猫右侧肾超声影像，显示不规则轮廓，肾脏肿大、有低回声结节和肾皮质斑点状外观

图13.4 病例13.2 使用多柔比星后患猫表现显著流涎，舌乳头扩张。同时也呈严重心动过速（220次/min）。这些临床症状在多柔比星注射5min后出现

通常采用超声引导细针抽吸确诊该病，但是需要牢记的是这样的操作可能会导致肾脏一定程度的出血，因此在操作前必须进行准确的血小板计数。肾脏超声影像检查可能提示是淋巴瘤，一项研究表明低回声被膜下增厚和肾脏淋巴瘤之间有密切联系。该研究中淋巴肉瘤低回声被膜下增厚的阳性预测值是80.9%，阴性预测值是66.7%。依据低回声被膜下增厚诊断肾脏淋巴肉瘤的敏感性和特异性分别是60.7%和84.6%。

犬和猫肾脏淋巴瘤的治疗方法不是手术而是化疗。经WHO分类，肾脏淋巴瘤属于第Ⅴ期，据报道对化疗会有不同的反应，但本病例说明当猫的状态良好时是值得尝试的。尚无研究表明不同化疗方案之间会有显著差异，但是荷兰的一项研究显示对猫以COP为基础的化疗方案对于任何形式的淋巴瘤都比犬的更有效，报道称完全缓解率为75%，据估计猫的1年和2年完全缓解无病期（disease-free periods，DFPs）分别是51.4%和37.8%。中位缓解时间是251d。所有淋巴瘤患猫总的估计1年存活率是48.7%，2年的存活率是39.9%，MST是266d。本病例中猫的状况远超主治医生的预期，动物主人很满意。

临床病例13.3——膀胱移行细胞癌

动物特征

比熊犬，7岁，去势，雄性。

表现

尿血和阴茎出血。

病史

本病例相关病史如下：

- 该犬免疫完整，无旅行史，从未接受过兽医诊治。
- 就诊前3周动物主人发现该犬比以前更频繁地舔舐阴茎包皮。随后动物主人注意到该犬阴茎包皮附近的被毛上有鲜血，但该犬未表现排尿困难。
- 兽医外科医生给予该犬抗生素治疗（口服阿莫西林-克拉维酸），但情况没有改善。
- 包皮出血变得频繁，动物主人注意到该犬的尿中已有明显的血色，因此前来就诊。

临床检查

- 检查时该犬活泼警觉，没有其他临床症状。
- 心肺听诊无明显异常。
- 腹部触诊无显著异常。
- 检查阴茎和包皮显示阴茎包皮周围被毛有血迹，其他变化不明显。
- 未见其他异常。

诊断评估

- 该犬安排做进一步检查。
- 凝血功能在正常范围内。
- 血清生化检查未见显著异常，但是白蛋白值为24g/L，稍低于正常值。
- 全血细胞计数初看正常（PCV为38%），但血涂片检查显示红细胞呈中等程度多染性，提示骨髓红细胞系活性增加。
- 腹部平片检查没有显著异常。
- 腹部超声显示膀胱腹侧壁有一肿块样病变。肿物表面不规则，直径小于2cm。未见局部淋巴结增大，其他超声扫描未见异常。
- 尿道逆行造影未见尿道疾病迹象。
- 尿液细胞学检查显示许多红细胞，与尿血的表现一致。也见小簇状的恶性上皮细胞，与膀胱移行细胞癌的诊断结果一致（图13.5）。

诊断

膀胱肿瘤，很可能是移行细胞癌。

治疗

根据病史和临床表现对犬进行手术并探查肿物。犬经麻醉后仰卧保定，对皮肤进行常规准备。在腹中线包皮旁切口，沿腹白线切开。用沾湿的纱布在腹腔内分离膀胱并仔细触探以确认肿块。分别在计划切口（肿物外围2cm）的头侧、尾侧和两侧以缝线固定，然后用23号针头穿刺排出尿液。用手术刀刺入切开后用剪刀扩大切口。将切口边缘扩大2cm以移除肿物（图13.6和图13.7）。接着外科医生更换手套、器械和创巾，以防止在检查其余尿道黏膜时造成肿瘤的散播。而后使用可吸收

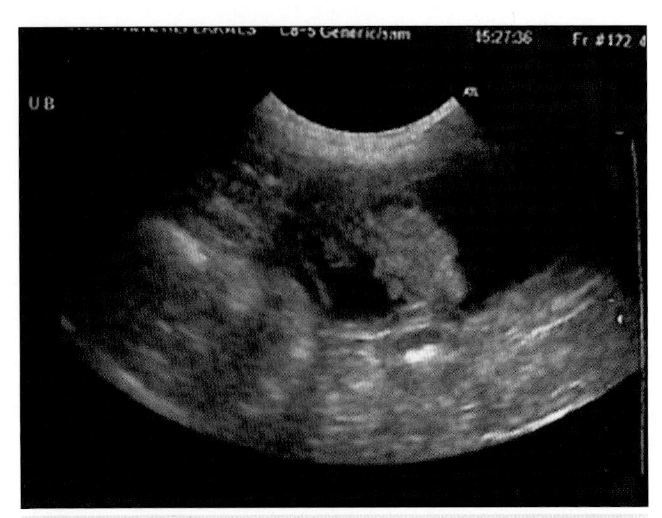

图13.5 病例13.3 膀胱超声影像，显示膀胱腹侧壁肿物

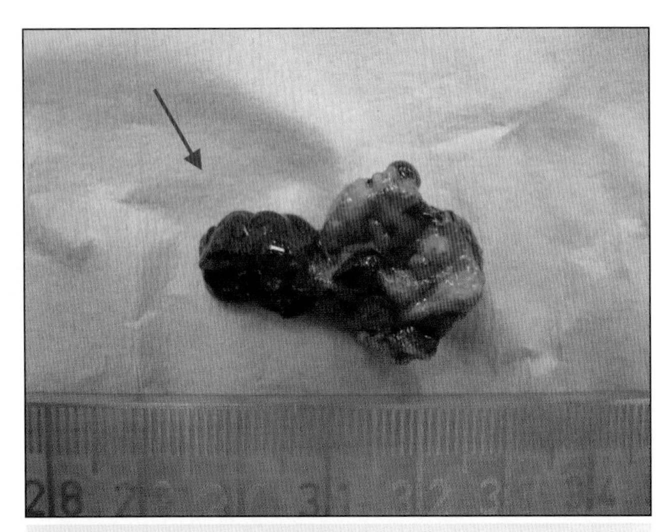

图13.6 病例13.3 切除组织的外观，红色箭头指向肿瘤组织，白色箭头指向正常膀胱组织

图13.7 病例13.3 在福尔马林中的切除组织，展现了在原发位置时的外观，与超声影像相吻合

单丝缝合线采用单层缝合模式闭合膀胱。并通过导尿管向膀胱内注入生理盐水引起膀胱膨胀来检查闭合情况，然后用温生理盐水清洗腹腔，最后常规关腹。

术后对该犬使用导尿管24h，联合使用阿片类药物（美洛昔康12h，丁丙诺啡24h）和NSAID（卡洛芬BID，5h）止痛。

诊断

组织病理学确定肿物是移行细胞癌。

结局

术后患犬恢复很好，并不再发生尿血和包皮出血。确诊肿瘤后立即开始化疗，口服吡罗昔康0.3mg/mg，每天1次（2.5mg），且每3周按照5mg/m^{2}的剂量缓慢静脉注射米托蒽醌，共5个疗程。患犬对化疗很耐受。每2个月采取超声检查评估病情。在术后第10个月复查时动物主人认为又看见血尿，超声扫描确认肿瘤复发并且这次向尾端三角区侵袭。动物主人拒绝再一次进行手术，该犬存活了9周，直到动物主人发现它严重尿血并有痛性尿淋漓，最后对该犬实施安乐术。

知识回顾

通常膀胱癌并不是犬的一种常见疾病，估计其占犬恶性肿瘤的2%，猫更加少见。犬和猫最常见的膀胱肿瘤类型就是移行细胞癌（TCC）。其他原发性膀胱肿瘤如已报道的鳞状细胞癌并不都是上皮源性的，还有来自间叶组织的如平滑肌肉瘤和淋巴瘤。此外，雄性动物的膀胱还可能受前列腺肿瘤蔓延侵袭的影响，罕见远端肿瘤转移（如血管肉瘤）。

猫的膀胱肿瘤常发于中老年公猫，而在犬，雌性更易发病。一般情况下，犬膀胱肿瘤在老年犬常见。膀胱肿瘤还有显著的品种偏好，苏格兰㹴是目前报道的最易感的品种。文献报道喜乐蒂牧羊犬、比格犬、硬毛狐狸㹴和西高地白㹴也较常发。

膀胱肿瘤的临床症状在一定程度上取决于肿瘤的大小和位置，但在很多病例膀胱肿瘤都会导致血尿。本病例中不寻常的地方是阴茎出血，这一般不是膀胱肿瘤的特征，通常与阴茎、尿道病变或前列腺增生有关。如果肿瘤位于膀胱体，则血尿可能是唯一的临床症状。然而，大多数犬的膀胱肿瘤位于膀胱三角区，这通常会导致膀胱排尿受阻（如痛性尿淋漓和尿闭）。在某些情况下，也会出现尿失禁。猫的膀胱肿瘤多位于膀胱顶，这可能有利于手术切除，但也往往意味着肿瘤在确诊时已经很严重了，因为动物主人可能很难从临床症状上去辨认。

对膀胱肿瘤的诊断最初是依据一定的临床症状和良好的影像诊断。腹部平片检查很少能显示肿瘤，但良好的对比造影可能很有用，尤其当很难进行超声检查时。首先应在插导尿管前（如Foly管或者犬尿道导管）获得一份腹部侧位平片。注意不应直接将导尿管放入膀胱，而应在远端放置，以便于实施尿道X线造影对比，即通过将空气注入导尿管造影。这个操作通常会突出膀胱的任何充盈缺损，并显示肿瘤和提示是否尿道受牵连。然而，超声检查是一种更有价值的诊断方法，因为它可清晰显示肿块的存在。此外，可通过评估局部淋巴结来判断是否出现转移。通常必须检查局部转移，因为据报道诊断时有40%的病例已经发生转移。此外，在一项研究中有56%的病例肿瘤累及尿道，29%的公犬发生前列腺浸润。因此，如果怀疑尿道侵袭，作者首先要进行腹部超声检查，然后双重对比造影为第二选择。应始终考虑做胸部X线检查以探查远端转移，尤其是在有手术计划的情况下，据报道有17%的膀胱肿瘤患犬和15%的膀胱肿瘤患猫在诊断时已发生肺部转移。

一旦肿瘤被定位，可有几种方法来获得确诊结果。超声引导下细针抽吸是其中一种方法，但是有引起肿瘤播散的风险，因此要尽量避免使用。当然可以使用尿液样本仔细进行尿检和细胞学检查，但其敏感性差。因此，作者推荐的2种主要方法是使用灵活的膀胱镜在病变可视的情况下进行抓取活检和更简单的抽吸活检。抽吸活检的操作是将有侧孔的导尿管置入尿道到达病变部位。通过超声引导确定导管尖端准确放置的位置。导管尖端可以通过直肠内手指的力量向下压向病变。然后将20mL注射器与导管外部相连来进行抽吸。在抽吸的同时，一个助手应该将导尿管拉出。导尿管的尖端含有肿瘤样品，适用于压片细胞学和组织病理学检查。在不适合使用膀胱镜检查的情况下，这是作者医院术前在膀胱内、前列腺和尿道获得病变组织的首选方法。

在人医中有膀胱肿瘤抗原检测的应用，但人类的抗原检测试剂盒用于犬的特异性非常差，因此不推荐使用。已有兽医用的膀胱肿瘤抗原（V-BTA）检测试剂盒的研发并且其诊断结果合理，尤其是用于离心尿液时。这表明肿瘤抗原检测方法可用于兽医临床，特别是当外科诊室影像诊断设备不可使用时。然而，在作者的诊所由于有其他的方法，因此还没有使用该方法。

治疗膀胱肿瘤最常用方法是手术切除，在犬病例上进行手术切除的难题首先是有很多肿瘤均位于三角区，其次很多病例的膀胱肿瘤为多发性的。因此手术通常被认为是保守疗法，完全切除是不可能的。6只施行保守法、永久性膀胱造瘘术的患犬，留置管解除尿路梗阻，犬的MST为106d，有趣的是这与施行膀胱部分切除术病犬的MST大致相同。

本病例中外科医生更换手套和器械的原因是膀胱移行细胞癌（TCC）的癌细胞很容易脱落，因此一旦暴露肿瘤，如果直接操作的话则很容易污染“干净”的组织。由于肿瘤细胞有沿着尿路上皮传播的危险，所以建议广泛切除。

已证明术后化疗有助于改善无病期状况，对于不能手术切除肿瘤的患病动物也可以考虑采用化疗，或者作为放置膀胱造口管患病动物的单一治疗或辅助治疗方法。非甾体类抗炎药物和环氧化酶抑制剂吡罗昔康已被证明在约20%的TCC病例中有临床作用，据报道其MST将近6个月，多达20%的患病动物MST超过1年。吡罗昔康和米托蒽醌联合用药（按照5mg/m^{2}缓慢静脉滴注，每3周1次，共4次），能够提高反应率到35%，降低毒性反应的发生率，MST是291d。基于这个原因，该方案是作者诊所的首选化疗方案，无论术后使用还是作为保守治疗。当顺铂和吡罗昔康联合使用时有较高的反应率，然而该方案具有显著的肾毒性，因此不推荐作为常规治疗方案。卡铂和吡罗昔康也被尝试作为联合治疗方案，犬的缓解率为40%，但74%的病例有显著的胃肠道不良反应，35%的病例有血液毒性。这些结果表明卡铂联合吡罗昔康也不是膀胱TCC的最佳治疗方案，尽管有高反应率。美洛昔康已被证明对实验性膀胱癌的大鼠有保护作用，并且有些数据表明其可能在兽医实践中有临床效果，但作者在撰写本文时，尚未见发表的兽医临床试验结果证明其对犬或猫有临床疗效。然而依据现行管理办法，美洛昔康在犬、猫上许可使用，但吡罗昔康没有，因此应优先使用美洛昔康。

已有在动物膀胱TCC模型中使用光动力疗法（photodynamic therapy，PDT）的报道，也有对少量TCC患犬使用该方法取得一定成功的报道。因此PDT可能是今后有效的治疗方法，但还需要做更多的临床试验。

临床病例13.4——兔多发性子宫血管瘤

（本病例作者是Livia Benato，兽医学博士，爱丁堡大学皇家兽医学会会员）

动物特征

狮子头兔，2岁，未绝育雌性。

表现

间断性尿血轻度发作。

病史

本病例相关病史如下：

- 该兔免疫完整，动物主人称其无既往病史。
- 就诊时该兔皮屑易脱落，间歇性轻度尿血和排软便。
- 动物主人不接受为兔做检查，因此开始药物治疗。恩诺沙星口服液每天1次，持续1周，以治疗可能由泌尿生殖道感染引发的血尿，皮下注射1次伊维菌素来治疗皮肤问题。
- 尽管皮肤方面有所改善，但血尿在恩诺沙星治疗结束后又再次出现，动物主人寻求进一步检查。

临床检查

- 临床检查时该兔警觉且敏感。
- 心肺听诊未见显著异常。
- 该兔腹部表现轻度疼痛。
- 腹部尾侧触诊有软性肿物。
- 肛周被毛有血迹和软便痕迹。
- 皮肤有皮屑、易脱落。
- 未见其他显著异常。

诊断评估

- 该兔需要做进一步检查。
- 血液学和生化检查未见显著异常。
- 穿刺膀胱获得尿液样本，潜血阴性。
- 进行了腹部X线检查，除了膀胱背侧软组织密度有些增加外未见其他异常。
- 根据病史和临床检查建议进行卵巢子宫切除。
- 皮肤深层刮皮检查该兔的皮肤问题，发现姬兔皮毛螨类的螯螨（Chey/etilla spp）。

治疗

皮下注射右旋美托咪啶、氯胺酮和布托啡诺联合诱导全身麻醉，插管后，患兔维持呼吸异氟烷和氧气。之后进行卵巢子宫切除术。患兔以仰卧位固定，沿腹中线切开腹腔后，将阴道、子宫角和输卵管从腹内取出。子宫外观红肿（图13.8和图13.9），对卵巢血管进行结扎和横断。再对子宫动脉分别进行结扎，取出双子宫颈并从头侧到阴道方向贯穿缝合。采用简单间断缝合两层关闭腹腔，皮肤使用可吸收缝线进行皮下连续缝合。

术后使用美洛昔康和恩诺沙星。抗生素持续使用7d。该兔稍行恢复后次日出院。

诊断

多发性子宫血管瘤。

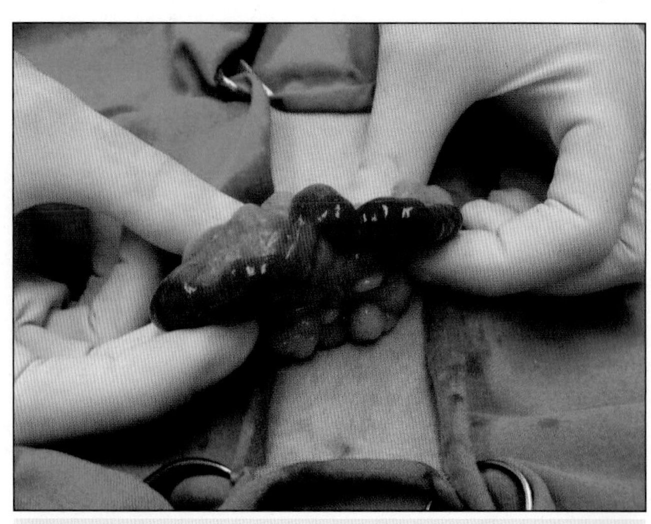

图13.8 病例13.4 卵巢子宫切除术前子宫外观。子宫出现肿胀和发炎

结局

术后2周回访，动物主人没有再见到尿血，兔子表现正常。同时也发现兔子皮肤也在好转，痂皮变少。注射伊维菌素每2周1次，3次后，皮肤疾病痊愈。

知识回顾

家兔（*Oryctolagus cuiculus*）是一种古老的兔形目动物，是英国第三大受欢迎的宠物。

子宫肿瘤在未绝育的雌兔常见，80%的病例超过5岁龄，但像本病例中的青年兔发病的情况罕见。子宫肿瘤最常见的类型是子宫腺癌（图13.10）。子宫腺癌是恶性肿瘤，不仅有向肺脏转移的倾向，还有向邻近器官转移的倾向。其他常见的肿瘤类型是血管瘤、血管肉瘤和平滑肌肉瘤。

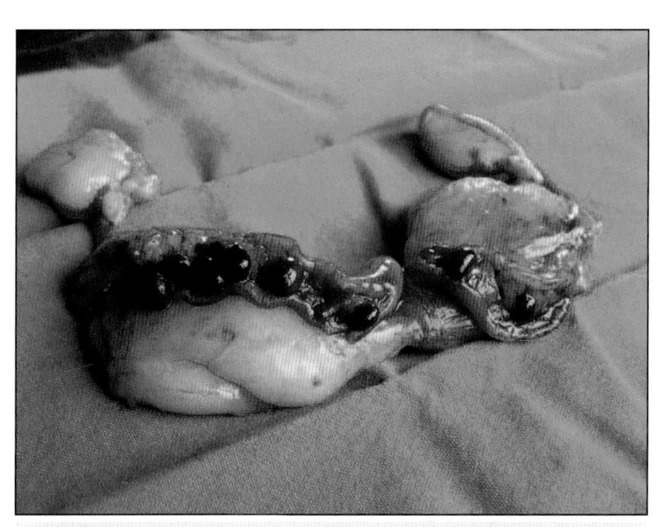

图13.9 病例13.4 子宫腔内突起的结节是患兔出血和血尿的原因

图13.10 前列腺肿瘤上皮细胞的外观（姬姆萨染色，×100）（图片由迪克怀特转诊中心的Elizabeth Villiers女士惠赠）

子宫肿瘤的临床症状多样，但血尿是泌尿生殖道疾病中最常见的症状。可尝试使用尿液试纸鉴别这些症状。兔子的尿液颜色由于卟啉色素的存在，其颜色可从浅黄色到橙红色，很容易与血尿混淆。如果有疑问，使用尿液试纸鉴别非常方便。子宫肿瘤的其他临床症状包括厌食，体重下降，活动减少，排便量减少，乳腺肿胀和贫血。病例晚期可能会发生腹水，伴发肺转移的病例会出现呼吸困难。血尿是兔泌尿生殖道问题最主要的症状。区分生殖器和泌尿道疾病是很重要的。泌尿道的肿瘤包括与肾脏肥大和继发肾脏衰竭有关的肾脏肿瘤（肾细胞癌、肾腺癌和肾脏淋巴肉瘤），也有膀胱肿瘤包括平滑肌瘤的报道。尚可见良性的肾母细胞瘤，但通常是在尸检中意外发现的。单个或多个肿瘤可能会发生在单侧或双侧肾脏，但是不会导致明显的肾脏损害。如果一侧肾脏发生肿瘤，则肾脏切除是有必要的。子宫腺癌是雌兔最常见的肿瘤。腹部触诊可定位发生在双侧子宫角的多发性肿块。这种类型的肿瘤可发生局部转移或者通过血液循环转移至肺脏、脑、骨、皮肤、乳腺和肝脏。其他常见的生殖器肿瘤是子宫血管瘤、子宫血管肉瘤、子宫平滑肌肉瘤和阴道壁的鳞状细胞癌。卵巢子宫切除术是治疗和预防的方法。泌尿生殖道肿瘤的其他相关临床症状是尿灼热和尿闭。这意味着，膀胱炎是一种重要的应鉴别疾病。

在本病例中，兔子还有因体表寄生虫而导致的皮肤问题。这是发生免疫抑制动物常出现的潜在性疾病或应激时的常见症状。健康兔子的皮肤也会有体外寄生虫寄生，但当皮肤疾病严重时应对兔子进行全面的检查。

有很多种方法可以诊断子宫肿瘤。列出病史和临床检查症状进行鉴别诊断以排除其他疾病。腹后部做扇形触诊可发现子宫肿物。影像学检查能够确证临床检查时的发现。绝大多数的时候，以上三种检查基本上足够做出诊断。如果怀疑肺部转移则应进行胸部X线检查。超声检查和剖腹探查可进一步提供关于子宫肿瘤性质方面的信息。首先检查肿瘤有无侵入性，可在没有镇静的情况下进行，并允许在引导下进行穿刺活检。剖腹探查应是最后考虑的诊断方式。无论怎样，应全面检查腹部器官，尽可能发现异常或转移。如果结果明确可立即进行手术治疗。

子宫肿瘤的首选治疗方法是手术。卵巢子宫切除术是肿瘤完全移除和治疗临床症状（如本病例中的尿血）的最好方法，特别是当肿瘤是良性的或者处于早期时。虽然兔子的全身麻醉问题较大，但是卵巢子宫切除术是常规手术，只要安全操作，多数情况下兔子恢复很快。在本病例中皮肤采用可吸收缝线进行皮下连续缝合，以避免手术创口污染，同时还可防止兔子撕扯缝线。

为避免手术引发的并发症，对兔子术前和术后进行精确管理是十分必要的。术前液体疗法和使用肠道兴奋剂及镇痛剂治疗是必须的。若兔子厌食，可在术前2～3d辅助饲喂。术后兔子应该在温暖、安静和无应激因素的环境下恢复。当兔子恢复食欲且不再表现胃肠道停滞的症状时可尽快送回家去。

如果没有转移，一般预后良好，不会复发。对兔子子宫肿瘤的预防治疗方法，是在4～6月龄时进行绝育。

兔子子宫肿瘤可通过X线检查、超声检查、内镜检查和剖腹探查做出诊断。若条件允许，最好的治疗方法是手术切除。在血管肉瘤不能进行手术的情况下可使用化疗。

临床病例13.5——金毛寻回猎犬前列腺癌

动物特征

金毛寻回猎犬，11岁，绝育，雄性。

病史

本病例相关病史如下：

- 该犬免疫完整。两侧髋部有骨关节炎，口服非甾体类抗炎药（卡洛芬）和糖胺聚糖进行治疗。除此之外从未接受过任何兽医治疗。
- 就诊前约4周动物主人注意到该犬排尿时间比以前要长，且在排尿前会站立几秒。但动物主人认为状况日益严重可能与犬年龄增大有关。
- 该状况持续4周，并且犬变得倦怠。
- 就诊前约2周动物主人注意到患犬排便时出现努责，粪便比正常的要细，呈带状。
- 就诊前2d患犬出现尿血并且排尿时非常用力。

临床检查

- 检查时患犬安静，且体况尚可。
- 心肺听诊未见显著异常。
- 下腹部触诊犬表现抵触和不适，膀胱充盈。
- 直肠指检显示前列腺显著增大，触诊前列腺引起患犬不适。
- 未见其他异常。

诊断评估

- 对该犬做进一步检查。
- 血清生化检查显示ALP轻度升高（460IU/L；正常值为10～100IU/L），未见其他异常。
- 全血细胞计数未见异常。
- 尿液分析显示潜血和蛋白阳性（+++），但未见尿沉渣和细胞。
- 腹部平片检查显示前列腺明显肥大和膀胱扩张，但腰下淋巴结未见增大。
- 胸部X线检查未见显著异常。
- 腹部超声检查显示前列腺不规则，呈不对称增大。实质有明确的异质性。同时低回声影像提示腔洞病变。
- 在超声引导下对前列腺进行细针抽吸检查，获得了中等数量的有核细胞（图13.11），在红细胞和中等数量炎性细胞的背景下见许多紧密成排的上皮细胞。这些上皮细胞大且呈多形性。大的细胞核内含有粗大、簇状的染色质，常有2～3个核仁。细胞核呈中度到重度的大小不等。还可见大量的双核细胞，偶见多核细胞。其细胞质嗜碱性且一般无空泡，有些细胞质呈泡沫状。细胞内的细胞密集，排列混乱无序。细胞呈圆形、多边形或狭长形（后者有条纹状胞浆）。也有少量小的较一致的前列腺上皮细胞存在，其细胞核直径约为大的多形性细胞的1/4。

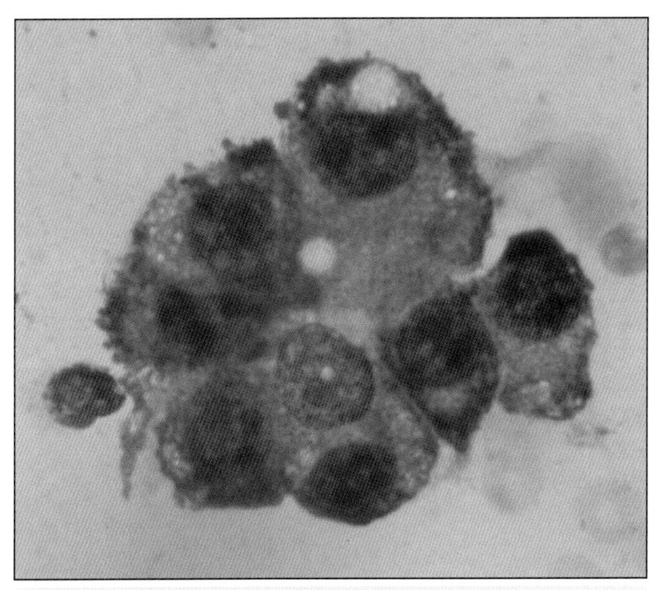
图13.11 病例13.5 前列腺癌上皮细胞的细胞学形态，如上文所述（姬姆萨染色，×100）（图片由迪克怀特转诊中心的Elizabeth Villiers女士惠赠）

诊断

前列腺癌及炎症。

治疗

根据前列腺癌的侵袭特性、患犬的年龄及同时患有关节炎，决定对该犬进行简单治疗，口服美洛昔康（可与卡洛芬互换）和粪便软化剂乳果糖，然后评估病程。

结局

治疗1周后患犬稍见活泼，痛性尿淋漓减轻，使用乳果糖后排便困难的情况得到大大改善。但6周后又再次表现严重的痛性尿淋漓和不适，因此兽医对其进行安乐术。

知识回顾

实际上犬的前列腺癌很罕见，猫的更属罕见。多见于老年犬（犬的平均年龄是9岁），弗兰德牧羊犬患该病的风险较高。尽管去势犬和未去势犬都可发生前列腺癌，但有报道显示该病在去势犬中更多发。此外，尽管去势没有启动前列腺癌的发展，但的确提高肿瘤转移的风险。需要记住的一点是前列腺良性增生与未去势有关，前列腺癌与去势无关，因此对于去势的老年犬在指检和影像诊断时发现前列腺增大，则更可能为前列腺肿瘤。

前列腺癌本质上是上皮细胞癌（前列腺癌和移行细胞癌是报道中最常见的两种），虽然最近有一例前列腺血管肉瘤的报道，之前也有诊断出淋巴瘤、鳞状细胞癌、平滑肌瘤和平滑肌肉瘤的报道。肿瘤在前列腺内可呈局部性或弥散性分布，这意味着任何抽吸或者活检样品必须是有代表性的异常组织，以保证诊断准确。

前列腺癌的临床症状是多变的，但在本节所描述的病例正好综合了所有症状。经常报道的症状是排尿困难，并且可伴有血尿，但血尿不是所有病例的一致表现。前列腺癌病患也可出现尿失禁。肿瘤并发细菌感染可能会导致出现尿道感染的临床症状，即离心样品的尿沉渣细胞学检查为阳性。一些病例偶尔在排尿或排便时表现出中度到重度疼痛，但这是不常见的。前列腺肥大挤压结肠会导致粪便外观的改变，造成该病例中的“带状”粪便。

前列腺癌通常是侵袭性恶性肿瘤，容易转移，癌细胞首先转移到椎静脉窦和髂内淋巴结，也可能转移到膀胱、直肠或骨盆。在病程晚期可以转移到腰椎和骨盆肌肉组织，从而导致跛行，后肢无力或背部疼痛。远端转移并不常见，但对这类病例进行腹部和胸部X线常规检查是很重要的，也应进行全面的腹部超声检查来探寻淋巴结和内脏的转移灶。

X线片上一些前列腺肿瘤会在骨盆骨出现“云隙状”反应，但这没有什么证病意义，可能是由其他转移性、原发肿瘤或侵袭性病变（如骨髓炎）引起的。X线检查不能够将前列腺肿瘤与前列腺肥大相区分，除非有淋巴结增大提示发生了转移性疾病。然而超声检查会很有效，一项研究显示多灶性，形状不规则，实质矿物密度（本病例所述）征象仅在犬的前列腺癌或前列腺炎中出现。然后应该采用尿液分析，细针抽吸或活检区分这两种疾病。超声对探寻局部淋巴结转移性疾病也很有用，也能够用于获得细针抽吸样本来进行细胞学评估。有人担心细针抽吸可能会使肿瘤细胞沿着针道进行种植性播散，但关于这一点临床的发现常是互相矛盾的，作者认为比起疾病本身尚未来确诊而言这种风险要小得多。

由于前列腺癌具有侵袭性，又有骨转移倾向性，且诊断时多已是晚期，因此对其治疗常常很难。前列腺癌对辅助化疗反应很差，这使前列腺癌的治疗进一步复杂化。因此，前列腺癌一般预后谨慎，保守治疗往往是正确的选择。虽然有前列腺癌切除术的报道，但常发显著的并发症，如尿失禁，因而也很少推荐使用。通过手术放置一个膀胱导尿管，有助于改善肿瘤导致的尿道阻塞并提高患犬生活质量，但这种措施只是短期疗法。光动力疗法在以后可能会更加有效，多项研究表明有几种不同的光敏剂能够靶向治疗前列腺癌，但在兽医领域还没有现成的技术。

环氧化酶2（COX-2）抑制剂（如美洛昔康）也有疗效，正常的前列腺组织不表达COX-2，但是多达75%的前列腺癌确实表达COX-2，这表明COX-2可能在肿瘤发生中起作用。然而，COX抑制剂的确切作用和临床疗效还不清楚。一项小型研究表明使用非甾体类抗炎药物治疗的前列腺癌患犬，比未进行治疗的患犬有更长的平均寿命。

14 跛行的患瘤动物病例

确认动物是由于肿瘤而发生跛行会使动物主人非常不安，因为他们要面对动物被截肢的可能。同时对于兽医外科医生来说，需要进行仔细的诊断检查，以确保发现的肿瘤是原发性而不是继发性的，确保没有可探查到的继发肿瘤存在，并且考虑所有可行的治疗方案。还要注意跛行可能是脊椎或神经疾病导致的，因此必须进行全面的临床评估，以完全确定疾病临床进展的程度。

临床病例14.1——犬骨肉瘤

动物特征

罗威纳犬，7岁，绝育，雌性。

表现

右后肢持续2周渐进性跛行。

病史

本病例相关病史包括：

- 该犬已进行免疫和驱虫，曾随动物主人在固定假日去欧洲旅行。
- 该犬在就诊10d前散步后开始跛行，口服NSAIDs药物后没有好转。
- 患犬外出返回庭院时，跛行突然加重，特别是在非负重情况下，因此前来就诊。

临床检查

- 对患犬右后肢进行非负重跛行检查，患犬对右后膝关节触诊检查有抵触表现。
- 心肺听诊检查显示该犬心动过速，其他未见异常。
- 腹部触诊未见异常。

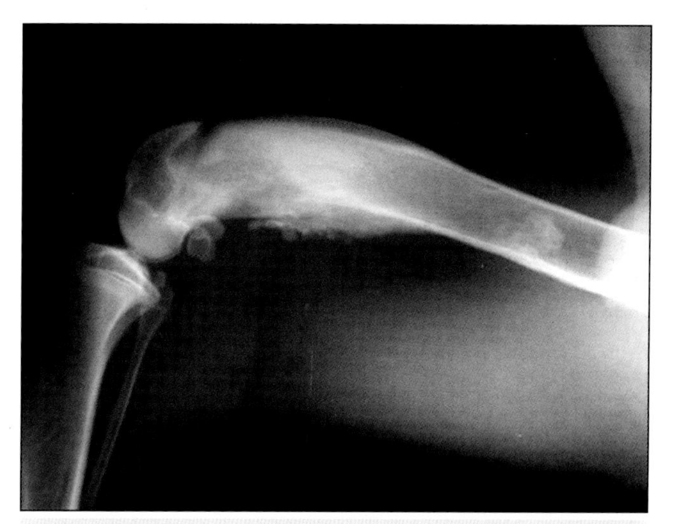

图14.1 病例14.1 股骨侧位X线片显示骨肿瘤，其特征是骨溶解和股骨后缘大片骨膜反应（图片由迪克怀特转诊中心的Herve Brissot博士惠赠）

诊断评估

根据临床症状，立即对患犬进行影像学检查，获得右后肢X线片。显示股骨有溶骨性病变，并有骨膜反应，如图14.1所示。

鉴别诊断

- 原发性骨肿瘤。
  - 骨肉瘤。
  - 软骨肉瘤。
- 转移性骨肿瘤。

治疗

- 根据影像学检查所见该犬患有骨肿瘤，很有可能是原发性骨肿瘤。
- 根据患犬非负重跛行肢明显的疼痛程度，决定不进行活检，因为无论何种肿瘤类型都不会影响首次治疗（即能考虑到的治疗方法就是截肢）。但是了解肿瘤类型会影响是否建议做术后化疗。

- 腘淋巴结经仔细检查未发现异常。
- 胸部左侧位和右侧位X线检查未发现肉眼可见转移性病变。
- 对患犬进行右后肢完整截肢术。
- 组织病理学确诊肿瘤为骨肉瘤。

结局

患犬接受化疗，化疗方案为卡铂和多柔比星交替使用，每3周1次，共6次。术后12个月患犬依然生存良好，且无肺部转移的迹象。

知识回顾

骨肉瘤（Osteosarcoma，OSA）是高度恶性的间质肿瘤，起源于原始骨细胞，据报道骨肉瘤占犬所有骨骼肿瘤的85%。本病在大型/巨型品种犬中特别常见。动物的身高与该病的发生呈正相关。因此，本病常发生在圣伯纳犬、大丹犬、杜宾犬、爱尔兰雪达犬、德国牧羊犬和金毛寻回猎犬就不足为奇。也有小型犬发病的报道，但是发病率非常低（占全部病例不到5%）。大多数病例的肿瘤发生在四肢骨，中老年犬多发，平均发病年龄是7岁（当然幼犬也会发病），但肋骨骨肉瘤多见于5岁左右的青年犬。可能有轻度的雄性倾向性，但是一些研究的数据表明OSA没有性别偏好，因此关于这个问题目前还没有定论。该肿瘤（如本病例）常发生在长骨干骺端，且前肢比后肢更易发病。

肿瘤有显著的局部影响，常同时出现新骨形成和骨溶解。这会导致骨膜变形，发生微骨折，且非常疼痛。仅根据X线片不能明确诊断OSA（尽管可能性很高），但如在做X线检查时发现这种混合性病理变化，即新骨周围出现“典型的”栅栏状外观，与皮质部骨溶解（有时散在）相混杂，又有明显的软组织肿胀，此时可做出确诊。除了局部侵袭性，OSA通常也表现很强的转移性，其继发性转移的主要部位是肺部。这就是为什么要在任何手术治疗前，需强制性获取胸部高质量左侧位和右侧位X线片的原因。其他潜在的转移部位包括骨骼或任何软组织。

因此，要对任何存在未能治愈的跛行并伴有软组织肿胀的犬都应进行影像学评估，如果犬是大型或巨型犬，则OSA是主要怀疑对象。然而，应牢记对犬做全面检查，因有可能该肿瘤只是继发性病灶。骨转移常来自其他癌，因此，需要采用直肠指检评估肛门囊及前列腺，也应对乳腺进行仔细触诊，这些均是详尽的临床检查的一部分，目的在于查实其他部位是否有肿瘤存在。

如果患犬的表现与原发性骨肉瘤潜在表现一致，则需要决定是否对病灶进行活检。虽然在大多数情况下，在考虑治疗方案（如截肢）前获得明确的诊断是至关重要的，但若犬（如本病例）显然处于极大的痛苦中，则主治医生选择截肢可能是解除患犬痛苦的最好方法，而手术切除肿瘤和术后组织病理学检查或许也可接受。如果动物主人不愿意截肢，则有必要获得活检样品。通常获得骨活检样品最简单和最安全的方法是采用Jamshidi针。这种针可能很长，操作时应在尽可能安全的情况下获得足量的组织，因为取样不同观察的结果会不同，浅表的或小的活检样品可能导致错误的诊断结果。一个简单的封闭活检操作通常在一个简单的全身麻醉下就可以进行，但必须告知动物主人由于活检部位存在骨薄弱和骨变形，因此有发生病理性骨折的风险。

一旦确诊，首要的治疗方法是手术截除病肢然后给予辅助治疗，因为实际上所有的病例中都有微小转移灶存在。截肢是犬和猫OSA最常见的手术治疗方法。因为大多数动物在手术前已本能地将负重转移到另外3只腿上，因此术后一般功能良好。即使犬其他三肢有轻度到中度的关节退化，实际上截肢术的禁忌证很少，在巨型犬上也是如此。然而，尽管大多数动物主人对治疗结果满意，但是对截肢的决定必须经过仔细讨论，并考虑到动物主人对手术的敏感性。

前肢容易施行完整的前1/4截肢术（包括肩胛骨），而不是肩关节切断术。使用该技术可使动物的术后外观很好，肩胛骨肌肉不发生萎缩，且局部病灶被完全切除。对于后肢若想将肿瘤完全切除，建议施行髋股截肢术，然而对于胫骨远端的肿瘤也可以进行股骨中段截肢

诊疗小贴士

花费时间止血和通过多层闭合来清除死腔，会加快创口愈合，减少并发症。如果操作结果不是很理想，可以放置引流管。

护理小贴士

术后放置舒适的绷带有助于防止小血管流血，并使患病动物感觉更加舒适。尤其要注意镇痛。

护理小贴士

长期疼痛的患病动物常会表现“神经紧绷”现象，因此在术前、术中及术后24～48h用药要求应有极好的镇痛效果，需要定期评估患病动物的疼痛水平。

术，很多外科医生倾向于后者，以给生殖器提供更多保护。对于任何截肢术，电烙是控制小血管出血的有效方法，然而，不应该过度使用。对大的动脉和静脉进行结扎是必要的。如有可能应尽量在肌肉起始处或附着处进行分离。对动脉和静脉分别结扎（按此顺序），若是大血管，则应在切断前做双重结扎。局部浸润麻醉后应迅速分离神经。闭合创口时应集中精力消除死腔，并控制出血，以避免伤口血清肿和伤口开裂等并发症。

患犬一旦完成截肢术并且恢复，则需要将注意力转移到辅助化疗上。若没有后续治疗，通常很快出现继发转移（可能在3个月内），这是因为大多数病例在就诊时都已存在微小转移灶。对不同化疗药物的评估发现，铂类药物已明确能大大改善患犬的生存期和结局。多柔比星也有抵抗OSA的作用，但单独使用与铂类药物相比疗效较差，因此目前作者采用每隔21d将卡铂、多柔比星交替使用共6次的化疗方案。一般情况下，与顺铂相比作者更愿意使用卡铂，因为操作更为容易，不良反应较小，引起健康和安全方面的问题较少。据报道该方案的MST是321d，1年生存率是48%，2年的生存率是18%。还有许多其他药物（顺铂、卡铂、洛铂、阿霉素）联合化疗方案的报道，使用的剂量及间隔期，间隔剂量不同，大多数方案的MST大约为1年，1年的生存率为30%～50%，但2年的生存率较低。

为了改善这些数据，还有其他可选用的治疗方法。保肢术已在美国科罗拉多州立大学动物癌症中心（CSU ACC）及世界各地其他研究中心进行研究和实施，已证明该技术对大多数病例是有效的，但需要有经验的和有敬业精神的外科医生，以及有奉献精神的动物主人全力合作。该技术可以对桡骨、尺骨、胫骨或腓骨的OSA施行，手术包括肿瘤切除，然后通常使用同种异体骨皮质更换缺损骨，也有使用金属假体的报道，在重新植入前应对骨肿瘤的切面进行巴氏消毒。始于20世纪90年代一份CSU 200个病例的回顾性报道中称，术后1年的生存率是60%，1年的局部无病率超过75%。目前这项技术在英国应用不是很普遍，但随着越来越多的外科医生在美国学习和接受培训，该技术很可能会在英国成为常规操作。

不管任何原因，如果不能进行手术，则可对OSA患病动物给予二分割外部放疗，可以产生大约3个月的显著镇痛效果，通常每分割给予10Gy。但放疗可能会使肿瘤位置的骨骼更薄弱，因此导致患犬病理性骨折的风险增加，尤其是当镇痛效果使患犬几乎可以正常使用患肢时最易发生。美洛昔康可增强镇痛效果，其不仅是高效的非甾体类抗炎镇痛药，而且还作为抗肿瘤药物被研究。此外，作者还有一些给OSA患病动物口服或注射使用双磷酸盐类药物的经验。双磷酸盐类药物是破骨细胞的抑制剂，破骨细胞活性是骨瘤中导致疼痛的主要原因之一，因此对这些细胞产生拮抗作用可能有利于OSA患病动物（图14.2和图14.3）。

如果不进行截肢术或保肢手术，则临床医生首先会联想到OSA是一种疼痛性疾病，患犬没有忍受不适的必要，尤其是晚期病例。

获得骨组织活检样品的重要性体现在骨肿瘤的鉴别诊断上。软骨肉瘤（chondrosarcomas，CS）是犬第二种常见的原发性骨肿瘤，占所有骨肿瘤病例的10%。与OSA不同，CS不表现很强的转移性，尽管CS是恶性肿瘤并且继发性转移也发生，但与OSA相比进程更缓慢。一项研究报道CS患病动物经截肢后未做辅助化疗的MST是640d（尽管这是一项只包含5个病例的小型研究）。未做辅助化疗的原因是目前还没有持续有效的针对犬CS的化疗方案。如果患犬被确诊为CS，则预后比确诊为OSA的要好。

对骨纤维肉瘤（fibrosarcomas，FSA）的报道很少，血管肉瘤（haemangios-arcomas，HSA）也如此，这两种肿瘤的预后也非常不同。原发性骨HSA高度恶

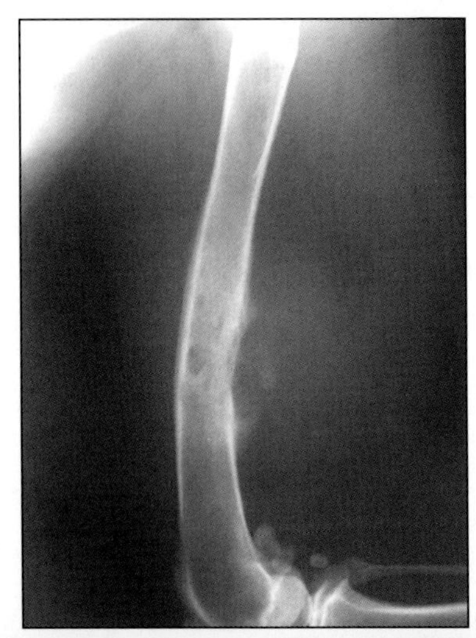

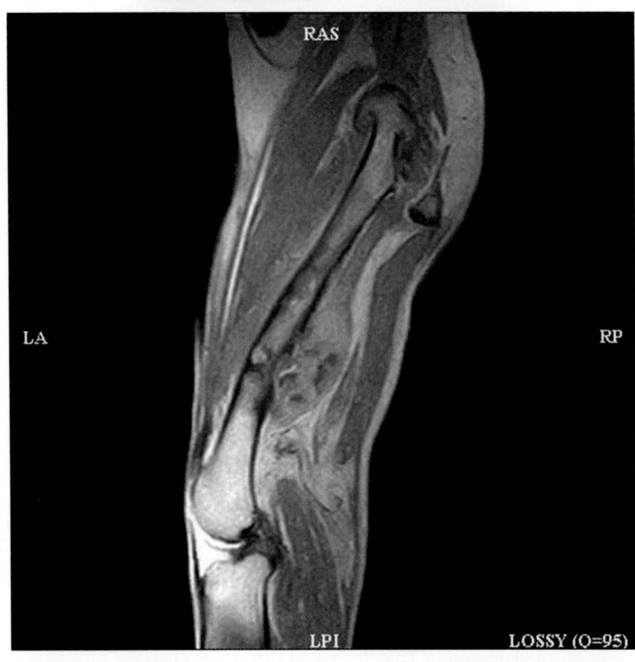

图14.2和图14.3 金毛寻回猎犬肱骨侧位X线片和T1增幅矢状MRI扫描显示在骨中段有一个大的骨肉瘤，伴随大范围的软组织受累。在MRI上明显可见肿瘤延伸到骨髓腔，但在X线片上没有表现。主人拒绝进行截肢术，给予患犬2个周期的外束线放疗，单剂卡铂化疗，口服美洛昔康和双磷酸盐类药物（阿仑磷酸钠）。患犬恢复健康，6个月没有发生跛行（图片由迪克怀特转诊中心的Herve Brissot博士惠赠）

性，通常在诊断后6个月导致继发转移，因此该病预后不良。另一方面，尽管FSA是恶性肿瘤，但转移较慢。很少有研究其生物学行为的报告。虽然尚无持续有效的化疗方案，但早期完全切除可能会有一个较长的无病期。

猫的原发性骨肿瘤罕见，一旦发生高达90%为恶性，并且最常见的肿瘤类型是OSA。有趣的是猫的OSA没有犬的OSA侵袭性强，据报道截肢后不进行辅助化疗的MST是24～44个月。目前治疗方法是手术切除。

兔子下颌有发生OSA的报道。表现为下颌硬性肿胀，容易与牙病相混淆。下颌OSA罕见，但如果怀疑是肿瘤则要进行适当的检查。X线检查是非常有效的诊断工具，当然如果具备相应设施，计算机断层扫描技术也非常有效。这两种检查均可显示在原发性肿瘤位置骨密度遭到破坏，以及发生在肺部、胸膜腔和腹部器官的潜在性转移病灶。如果未见转移病变，则可实施肿瘤切除术，已报道的方法有半下颌切除术。

临床病例14.2——犬转移性肛门囊癌引起的跛行

动物特征

可卡犬，9岁，绝育，雌性。

表现

右后肢3周以来渐进性跛行。动物主人发现犬逐渐停止摆尾，排便时很用力。

病史

本病例相关病史如下：

- 该犬免疫、驱虫完全，没有出境史（英国）。
- 动物主人第一次发现患犬跛行约在3个月前，但该症状是间断性的，遂以为是关节炎。
- 大约在就诊前6周，患犬排便比以前更费力，但没有对其进行检查。
- 右后肢的跛行慢慢变为持续性的，动物主人认为患肢变得虚弱，有时表现没有原因的“瘫倒”。
- 就诊前10d，该犬尾巴完全不动，但触摸不表现疼痛。
- 该犬体重稍有减轻，出现迟钝和嗜睡。

临床检查

- 检查时该犬表现安静，右后肢明显跛行，但可负重。
- 心肺听诊未见明显异常。
- 腹部触诊显示中腰部明显持续的疼痛反应，未见可触及的肿物，但犬对该区域的触诊表现明显抵触。

- 神经系统检查显示右后肢本体感觉缺失，并伴随轻度虚弱和肛周感知下降，但未见其他异常。右后肢没有发现疼痛点。
- 直肠指检显示右肛门囊内有直径大约为2cm的肿物。

诊断评估

- 对肛门囊进行细针抽吸检查确认肿物是肛门囊癌。
- 肺部X线检查未见显著异常。
- 腹部X线检查显示在L5有溶骨性病变，X线片呈现脊柱骨几乎完全破坏（图14.4）。
- 腹部超声检查显示右结肠和腰下淋巴结轻度增大。
- 在超声引导下对L5进行细针抽吸检查。综上结果确定恶性肿瘤的存在。

诊断

- 肛门囊癌伴发脊椎骨转移（第Ⅳ期）。

治疗

- 动物主人认为不需要手术切除，且化疗疗效很差，因此采取保守治疗，开始口服美洛昔康、曲马多和双磷酸盐类（阿仑磷酸钠）。

结局

- 患犬在前3个月的治疗中效果迅速而良好，几乎没有表现跛行，尾巴也能重新做一些局部活动。此外，之前的腰椎触诊不适感显著降低。然而治疗5个月后，发现患犬再次出现不适，且犬腰椎触诊疼痛。再次X线检查显示腰椎转移加重，因此决定对犬实施安乐术。

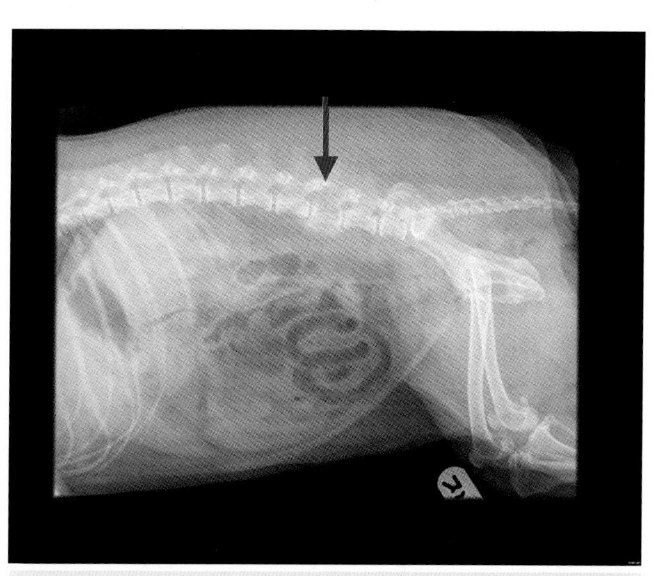

图14.4 病例14.2 腹部右侧X线检查显示L5内转移性病变，红色箭头所示

知识回顾

因为本书第10章有对肛门囊癌的介绍，因此这里不再重复。此处提及的病例是为了说明，多模式镇痛在一些短期保守治疗的病例中有很好的效果，可以带给患犬几乎正常的生活质量。在患犬处于疾病晚期并承受痛苦的情况下（如本病例），建议对其施行安乐术是没有错误的。然而也可采用7d疗程的药物治疗来看它是否有所好转，治疗第一周后患犬明显有一定程度的临床改善，因此疗程继续并且密切监视患犬。虽然只有很短的一段时间，但治疗提高了患犬的生活质量。

美洛昔康是一种环氧化酶-2（COX-2）选择性NASID药物，在人类医学和兽医学中都是一种获批的抗炎止痛剂，并且还被作为抗肿瘤药物进行研究，主要针对癌症。这也是本病例中选用该药的原因，且动物对该药有很好的耐受性。然而，在疾病初期单独使用美洛昔康对控制不适感效果欠佳，因此这就是使用曲马多的理由。曲马多是合成的阿片类受体激动剂，但与μ阿片类受体作用弱。能够拮抗单胺和5-羟色胺的作用，这些协同作用使该药产生了强大的镇痛作用。目前在犬还没有使用许可，但也没有其他经过许可的供使用药物，该药在级联系统下得到合理的应用。在人类医学，曲马多被用来治疗中度到重度的疼痛，特别是神经痛，因为本病例疼痛中有显著神经源性成分，那么使用阿片类受体激动剂似乎是合理的选择。推荐使用剂量是0.5~2.0mg/kg，每天2次，犬对该药耐受性良好。在本病例中前4周使用该药，但因为患犬表现不适而不再使用。

兽医肿瘤学中关于双磷酸盐类药物的潜在用途在12章有所提及。双磷酸盐类药物通过抑制破骨细胞而发挥作用，但该抑制作用并不干扰成骨细胞的功能，因此会加强现存骨的强度并潜在地促进新骨形成。增加现有的骨骼强度有助于降低骨折风险，并且会减少疼痛。实验研究显示双磷酸盐类药物对骨癌细胞有直接毒性作用，引起骨癌细胞死亡，这意味着其在未来可发挥抑制骨转移的作用。也有证据表明双磷酸盐类药物通过抑制肿瘤内血管生成而有助于抗癌。最后，目前虽然较少，但越来越多的证据表明使用双磷酸盐类药物可明显控制疼痛。此外，大规模兽医学研究试图确认这些疗效是否重现性好，以及双磷酸盐类药物以哪种给药形式（口服或注射）最有效，这类药物很有希望在未来作为许多肿瘤的辅助治疗用药。

临床病例14.3——柯利杂交犬趾鳞状细胞癌

动物特征

柯利杂交犬，7岁，绝育，雌性。

表现

左前肢2周以来轻度到中度渐进性跛行。动物主人还发现该犬舔舐左前爪明显多于平时。

病史

本病例相关病史如下：

- 该犬直到最近尚未接种疫苗，但近期做过驱虫，无旅行史。
- 该犬每天大约行走1h，之前没有骨科病史。
- 该犬在就诊前2周内左前肢出现轻度跛行，与以前相比不喜欢奔跑。
- 动物主人还发现该犬过度舔舐左前爪。动物主人估计左前爪有异物，但检查后发现一个趾有溃疡灶，因此带犬前来就诊。

临床检查

- 检查时犬表现活泼，警觉且体况良好，体重为22kg。
- 心肺听诊及叩诊、腹部触诊未见异常。
- 骨科检查确认该犬左前肢轻度到中度跛行，但能够持续负重。同时也注意到腕关节远侧有唾液痕迹。
- 检查显示第5趾的腹侧面有溃疡灶，剪毛后发现糜烂（图14.5和图14.6）。

诊断评估

- 由于病灶的糜烂性和溃疡性外观，强烈怀疑存在

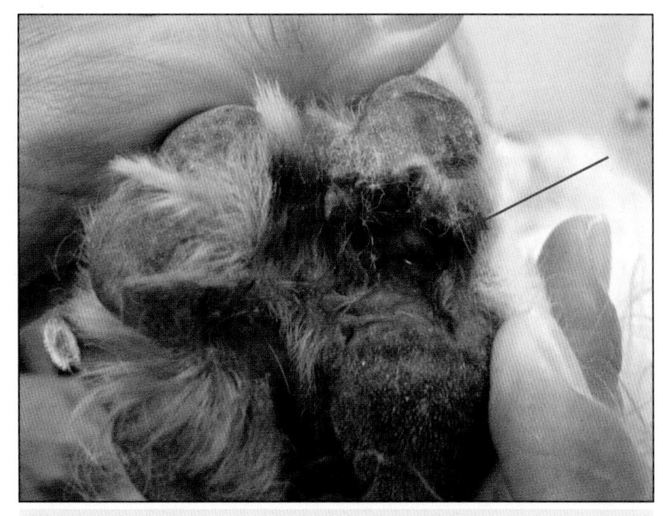

图14.5 病例14.3 病变最初始的外观，可见溃疡面，毛发因有渗出液而缠结

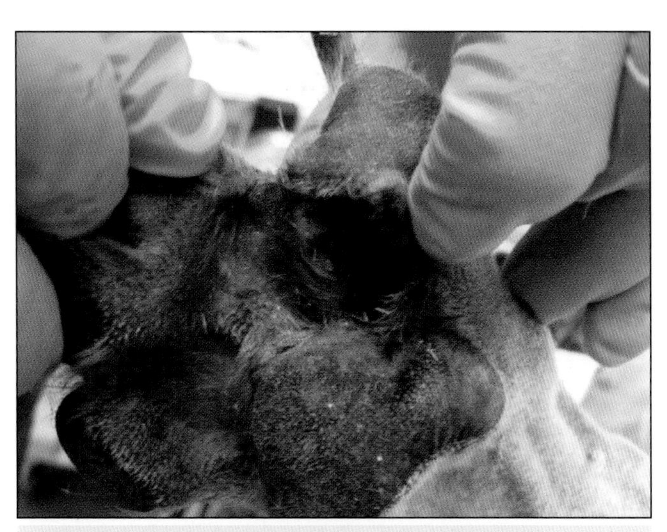

图14.6 剪去毛发后的病变外观，显示糜烂的外观

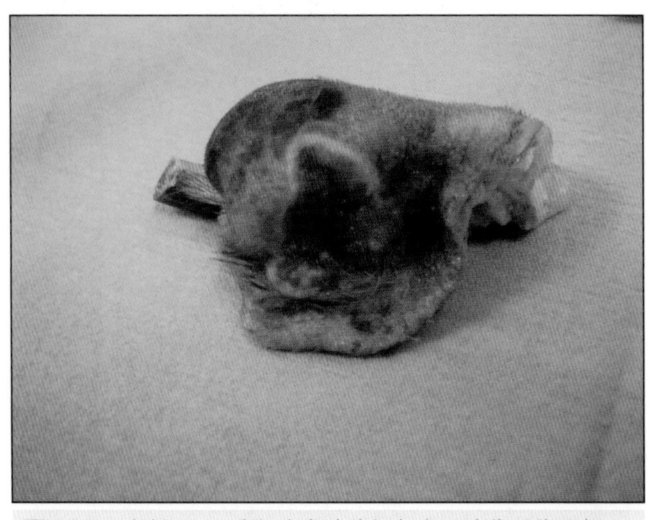

图14.7 病例14.3 进行腕掌关节切断术后被截下的趾部

肿瘤。制备抹片检查没有诊断意义。

- 仔细触诊肩前淋巴结未发现增大。
- 足部背掌位X线检查显示P5骨未受累和发生病变。
- 左侧和右侧位胸部X线检查未见异常。
- 实施腕部关节切断术对犬进行截趾，术后常规关闭创口（图14.7）。

诊断

- 整个足部被送检做组织病理学分析，确认肿瘤是鳞状细胞癌。

知识回顾

趾肿瘤可以在足部皮肤的任何一处发生，但与本病例不同，常常起源于甲床上皮细胞，引起趾甲下肿瘤。趾肿瘤在老年犬、大型犬常见，但这个位置的原发性肿瘤在猫罕见。在一项评估124只不同犬趾部肿物的研究中，61%的肿物是恶性肿物，20%是良性病变，19%是脓性肉芽肿炎症，因此对于在足部发现的任何肿物或溃疡病变，尤其是起源于甲床者都应怀疑是肿瘤，且很可能是原发性肿瘤。然而在猫，该位置的肿瘤最有可能是其他肿瘤转移而来的，如支气管腺瘤。患病动物前来就诊往往是因为存在肉眼可见的肿物或跛行，掌部有渗出液或出血，或者仅仅是因为患病动物比平时更加频繁地舔舐足部，这意味着首次就诊时最重要的鉴别诊断是异物。确实许多趾部肿瘤会继发细菌感染，这也解释了为什么许多病例若仅依据病变位置诊断，在开始时会被误诊为掌部皮炎或甲沟炎。

犬趾部最常见的肿瘤是SCC，其次是恶性黑色素瘤（MM）、软组织肉瘤和肥大细胞瘤。对于SCC的忧虑是，高达80%的病例肿瘤会潜在侵袭下层骨导致骨溶解，尤其是起源于甲床上皮的SCC。这里引述的病例中没有出现这一情况，但如果检查时发现足部有潜在的肿瘤病变，则必须要获得背掌部和侧位的高质量X线片。如上所述，SCC通常侵袭性很强，但这个位置出现潜在性转移的可能性低，尤其是发生在甲床者。肿瘤发生的位置似乎对肿瘤的行为有很重要的影响，如非甲床起源的肿瘤（这里引述的病例）与甲床肿瘤相比似乎有更高的转移风险，病例有较少的生存时间。必须仔细检查淋巴结，如果发现淋巴结增大则应该对其进行抽吸活检。不幸的是，趾部黑色素瘤常常是恶性的，因此临床医生初始检查时一定要警觉到这种风险，特别是明确诊断后。

趾部肿瘤的首选治疗方法是截断发病趾，包括近端指关节切断术，然后将所有切除组织进行组织病理学评估。在术前必须获得胸部左侧位和右侧位X线检查结果，因为虽然在就诊时SCC患犬仅13%出现肺部转移，但高达32%的黑色素瘤患犬会发生转移性疾病。到撰写本文时仍没有针对黑色素瘤的持续有效的辅助化疗方法可推荐使用，但若黑色素瘤得到确诊后，异种DNA疫苗疗法值得尝试，在病例6.2中有讨论。

患犬的预后可能非常不同。美国一项研究趾甲下SCC患犬1年和2年生存率的报告称，95%的患犬在1年后仍存活，高达75%的患犬在2年后仍存活。有趣的是，如果肿瘤不发生在趾甲下则这些数据会下降，即1年和2年的生存率分别降至60%和44%。与SCC相比，MM的预后不容乐观。在只进行手术治疗的情况下，据报道趾部黑色素瘤患犬的MST是12个月，1年和2年的生存率分别是42%和13%。发生在趾甲下的肥大细胞瘤（mast cell tumours，MCT）通常是分级高的肿瘤，表现侵袭性行为。与MCT相比，趾部软组织肉瘤（soft-tissue sarcomas，STS）有较低的侵袭性，术后有长期存活的可能性。

结果

本病例中患犬恢复良好，在确诊后18个月内没有疾病发展的迹象。随后失去联系。

15 皮肤肿瘤病例

大多数，或者至少可以说许多肿瘤患病动物到兽医处就诊的原因是，主人注意到一个生长的肿物，或外科兽医师在检查中触诊到一个肿物。通过这种方法而发现的肿瘤种类繁多，所以有一个可用于每个病例、可确保得出诊断结果、并且符合逻辑的分步诊断程序非常重要，而且该程序应尽可能在手术之前完成。如果因为种种原因无法做到这点，那么必须在术后做出确诊。基本的原则是：如果要切除肿物，就必须知道它是什么。如果主人无法支付组织病理学检查的开销，那么主治医师至少应该取得典型性的组织样本，并将其保存于福尔马林中2年，以备未来该肿物在手术部位或其周围复发时，仍有可能在二次手术之前做出诊断，虽然此时二次手术可能已经不是最佳治疗方案，而进行辅助性治疗更适合。

临床病例15.1——犬皮肤组织细胞瘤

动物特征

拳师犬，6个月，未去势，雄性。

表现

左侧面颊部皮肤有一个快速增大的肿物。

病史

该病例相关病史如下：

- 患犬已进行完全免疫和驱虫。
- 动物主人告知患犬状态良好，无明显异常。
- 动物主人最初注意到患犬左颊部表面皮肤上有一个小肿物。该肿物隆起并发红，但动物并不受影响。
- 该肿物在5d内增大了1倍，于是主人带患犬前来就诊。

临床检查

检查时该犬活泼而警觉。皮肤病学检查显示其左颊部有一处硬而隆起，发红呈圆形的肿物，直径为1.5cm。该肿物无明显痛感、不瘙痒，同时颌下淋巴结未见增大（图15.1）。

诊断评估

对肿物进行细针抽吸检查，显示有中等大小的圆细胞簇（略大于中性粒细胞），胞质为明显的淡蓝色，核质比低，细胞核呈圆形至卵圆形，内有细点状的染色质。一些细胞核内可见核仁，但并不是所有细胞都如此。

诊断

皮肤组织细胞瘤。

治疗

根据诊断及肿瘤具有潜在性自然消退的特点，并未

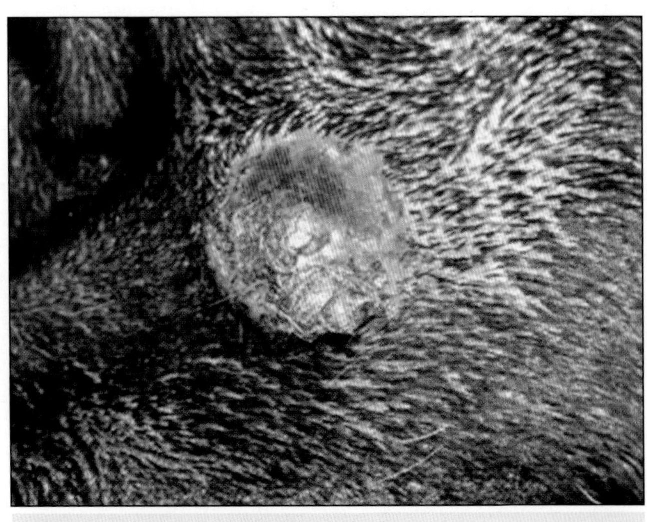

图15.1 病例15.1 肿物最初的外观

做进一步治疗，但患犬需要每7d进行1次复查，以确定肿瘤是否持续生长。虽然后来这个肿瘤的确有所增长，直径约达2.0cm，但5周后肿瘤开始减小，再过2周后则完全消退。

结局

患犬之后未再发生肿瘤。

知识回顾

组织细胞瘤是一种良性的肿瘤，虽然可能发生于任何年龄的犬，但多见于年轻犬的皮肤，尤其是1～2岁时。近期英国的一项投保动物调查显示，犬皮肤组织细胞瘤是最常见的一种单一的肿瘤类型，其发病率每年约为337/100 000。在其他报告中，组织细胞瘤约占犬所有皮肤肿瘤的12%，在全球都较常见，而在猫罕见。该肿瘤的发生未见明显性别倾向，但据报道苏格兰㹴、拳师犬、杜宾犬、拉布拉多猎犬和可卡犬的发病率高于其他品种。该肿瘤通常为单独的病灶，常发于头颈部，其他多个位置也见偶发。肿瘤隆起、常伴有红斑，最初为平滑的圆形肿物，生长迅速并可能出现溃疡。其组织学变化具有一定的迷惑性，如果不是兽医病理学家，镜检可误认为是分级高的恶性肿瘤，但其实是良性的，而且在很多病例中（如本病例），它会自发地消退。细针抽吸是一种值得推荐的方法。因为细胞学诊断简便，虽然不少组织细胞瘤需要手术切除，但也有许多可以顺其自然，进行保守治疗。如果肿瘤未发生溃疡，则建议定期复查，不必做进一步治疗。但如果肿物发生溃疡，或者给患犬造成极大影响，或者细胞学检查结果并不确定，则建议进行手术切除。方法为简单的皮肤切除并常规闭合创口。据报道冷冻外科手术效果不错。通常皮肤组织细胞瘤预后良好。

皮肤组织细胞增多症和组织细胞瘤在某些方面相类似，前者由于增殖的组织细胞聚集，导致头面部、躯干和四肢出现多发性结节和斑块，可能引起红斑、水肿以及鼻镜和鼻孔的色素脱失。它也见于年轻犬，但最近的研究显示发病的平均年龄为4岁（即略大于皮肤组织细胞瘤的最常发病年龄）。皮肤组织细胞增多症也为良性，但其自然消退不如皮肤组织细胞瘤常见，因此很多病例需要进行免疫抑制治疗，泼尼松龙是最常使用的首选治疗药物，其他药物（如硫唑嘌呤或环孢菌素）则用于顽固病例。有资料显示四环素和烟酰胺联合使用，再加上维生素E和必需脂肪酸，在一些病例中也有效。一些患犬需要长时间治疗，而且有鼻镜和鼻孔病变的患犬比该部位没有病变的患犬明显更易复发。

全身性组织细胞增多症与皮肤组织细胞增多症不同，增殖聚集的良性组织细胞导致皮肤出现上述病变，但是全身性组织细胞增多症涉及全身，并在内脏器官形成结节。因此，全身性组织细胞增多症和皮肤组织细胞增多症是两种不同的临床表现，但都是由相似的反应性增生性真皮树突细胞在不同部位聚集所致，故可统称为"反应性组织细胞增多症"。据报道全身性组织细胞增多症的靶位点包括肝脏、脾脏、肺脏、淋巴结、骨髓和眼组织。临床上这类病例多为中年，皮肤出现结节或斑块样病变，伴发嗜睡、食欲减退等非特异性症状。临床检查结果因发病器官不同而异。通过组织学检查进行诊断。临床病理损伤变化较大，但自发性恢复并不常见，因此通常需要进行免疫抑制治疗。有趣的是，一些研究显示全身性组织细胞增多症对皮质类固醇单独治疗的反应变数较大，而对环孢菌素和来氟米特等药物的反应则比较稳定。

弥散性组织细胞肉瘤（曾称为恶性组织细胞增多症）是一种严重的恶性肿瘤，虽然其名称和上述3种疾病类似，但是其表现和预后显著不同。该病首次报道于伯恩山犬，但在顺毛寻回猎犬及罗威纳犬也有发病倾向，且据报道其他品种犬也有发生。起始的临床症状根据疾病是位于单一器官（单一性组织细胞肉瘤）还是在全身弥散分布（弥散性组织细胞肉瘤或恶性组织细胞肉瘤）而不同。但症状一般都是非特异性的（如嗜睡、食欲减退、消瘦、呕吐、腹泻或咳嗽）。临床检查可显示淋巴结病变和器官巨大症，而做临床病理学检查则显示贫血（通常特点为再生性）、血小板减少症、肝脏指标升高和低蛋白血症。对本病根据组织病理学（包括骨髓穿刺）进行诊断。弥散性组织细胞增多症病情进展很快，常是致命的，据报道，病患的平均生存期约为3个月。化疗效果通常不佳，但有一项报道称洛莫司丁有一定的效果。单一性组织细胞肉瘤需要进行手术切除，但是复发快，预后谨慎。

临床病例15.2——犬肥大细胞瘤

动物特征

金毛寻回猎犬，10岁，绝育，雌性。

表现

尾根部不愈性溃疡。

病史

该病例相关病史如下：

- 该犬已进行完全免疫。
- 3年前切除了左、右大腿外侧两处Ⅱ级肥大细胞瘤。
- 除此之外无其他既往病史，是一只健康犬。

临床检查

尾部剃毛并清洁，发现如图15.2所示的一处大而隆起的溃疡病变。未触诊到其他肿物，未发现其他异常。

诊断评估

对该肿物进行细针抽吸并制作抹片。结果显示大量中到大型圆细胞，细胞质有明显的颗粒，姬姆萨染色后颗粒呈紫红色。细胞核大，核仁明显。一些细胞在制备过程中破碎，胞外有许多明显的颗粒。

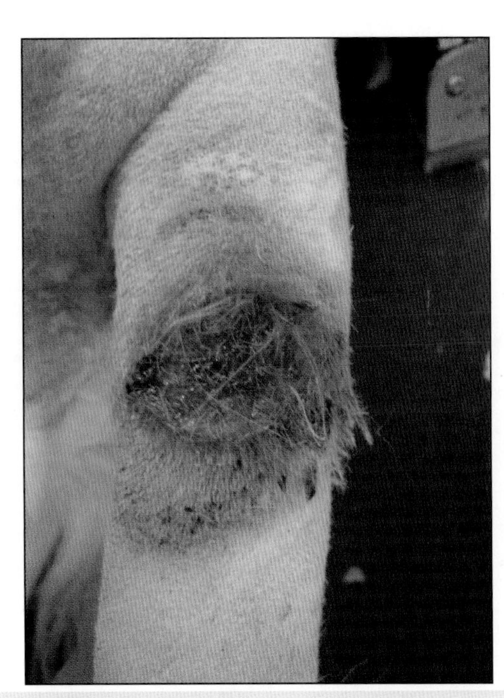

图15.2 病例15.2 尾根部剃毛后的肿物外观

诊断

肥大细胞瘤。

治疗

鉴于肿瘤的位置，手术切除是最合适的首选治疗方法，并将肿物做组织病理学检查及进行分期。肿瘤及其侧缘2cm和深一层筋膜一起被切除，如图15.3和图15.4所示。

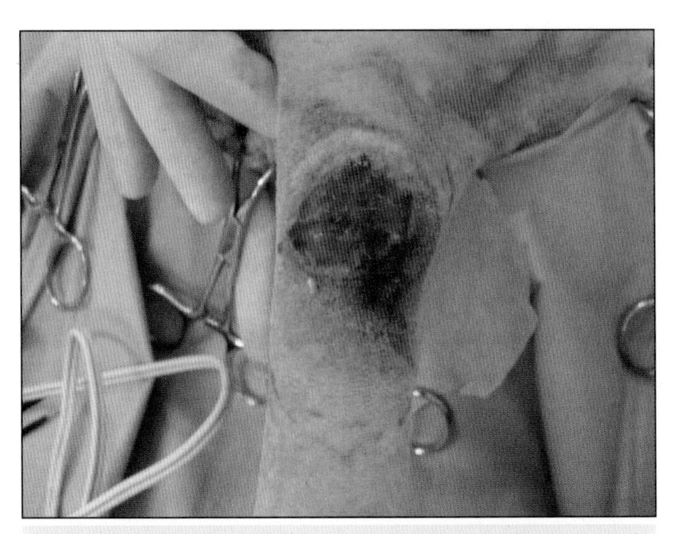

图15.3 病例15.2 使用手术标记笔标出要切除的肿瘤及其2cm侧缘

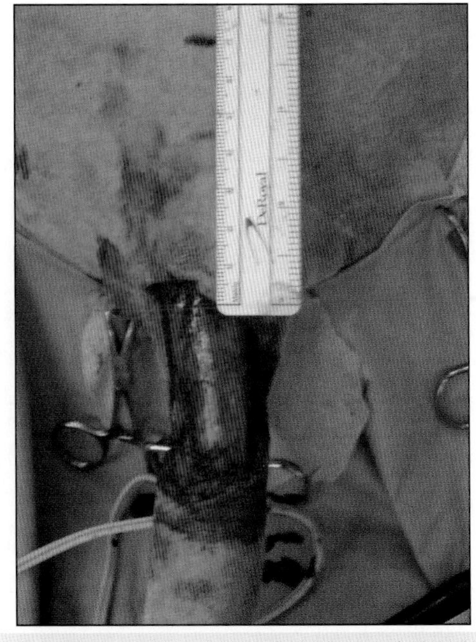

图15.4 病例15.2 按如前所述完成肿瘤切除的尾部，手术医师正在测量修复缺损以确定所需皮瓣的大小

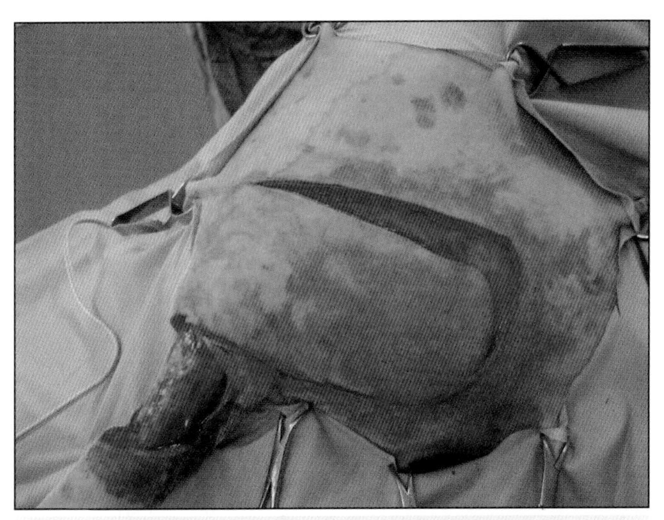

图15.5 病例15.2 使用右侧大腿外侧的皮肤作为闭合缺损所需皮瓣

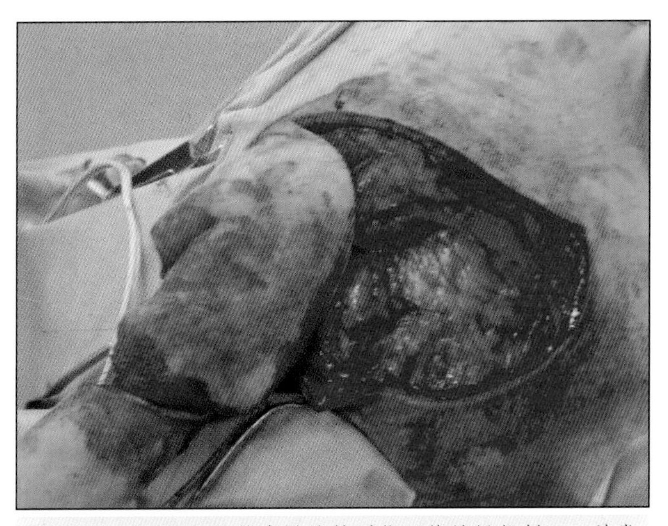

图15.6 病例15.2 将皮瓣旋转到位以修补尾部创口，并常规闭合

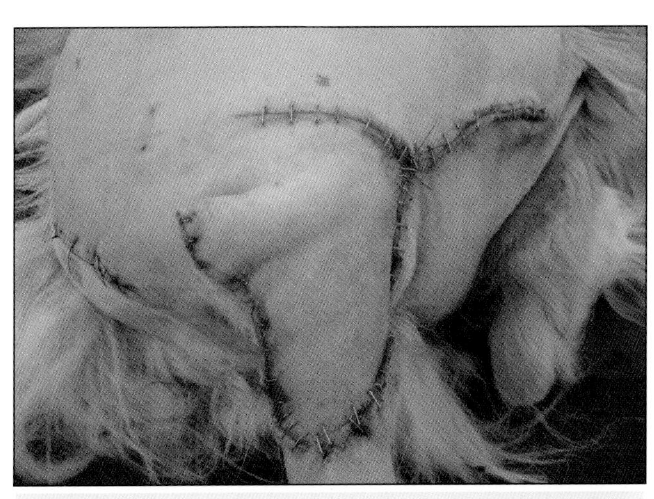

图15.7 病例15.2 闭合右侧大腿缺损，尽力避免创口张力

使用旋转皮瓣闭合缺损，如图15.5至图15.7所示。使用旋转皮瓣是为了避免手术修补部位的张力，在皮肤难以固定的部位尤其重要。在该位置仅进行简单的同位闭合将不可避免地造成术后开裂，为此需要更复杂的重建手术。

结局

组织病理学结果确认了肿瘤为Ⅱ级MCT，手术已彻底切除各层侧缘，所以未推荐进行进一步治疗。

知识回顾

肥大细胞是位于真皮层和皮下组织的炎性白细胞，在过敏反应、创伤愈合、急性和慢性炎症应答中发挥重要作用。肥大细胞胞浆内包含多种不同的炎症介质，如组胺、肝素、蛋白酶和糜蛋白酶等，所以一些MCT可导致周围局部炎症反应，还可能造成副瘤综合征，如刺激胃壁细胞而导致胃溃疡。MCT是一种常见肿瘤，在犬是最常发的皮肤肿瘤，而在猫是第二常发的皮肤肿瘤。犬的MCT约占所有皮肤肿瘤的20%，肿瘤的发生有一定的品种倾向性，如拳师犬、斗牛犬、斯塔福德郡斗牛㹴、波士顿㹴、罗得西亚脊背犬、巴哥、威玛猎犬、拉布拉多犬、比格犬和金毛寻回猎犬易发，提示该肿瘤在病因学上有一定的遗传因素。在猫，暹罗猫的发病报道较多。

MCT造成的病理损伤差异很大，动物与动物、肿

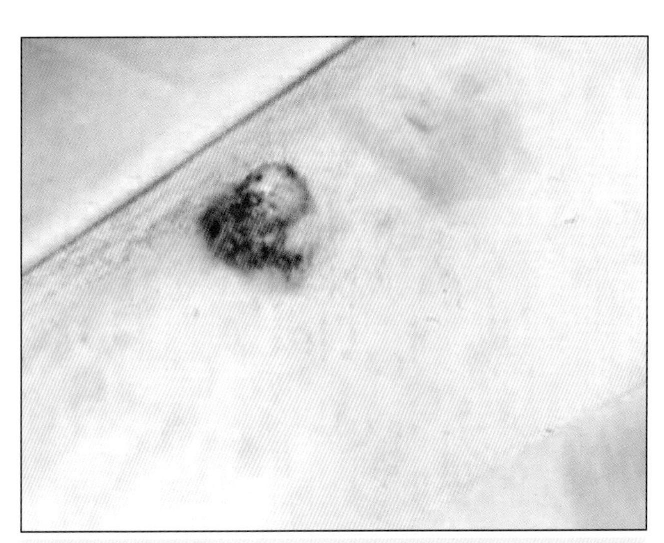

图15.8 病例15.2 一个小的界限清晰的皮肤病变，触感坚硬。细针抽吸检查显示该肿物为肥大细胞瘤

瘤与肿瘤之间症状与生物学行为的变化可能非常显著。肿瘤外观有时像界限清晰的结节，有或没有红斑和脱毛（图15.8）。肿瘤也可能衍生于一些已存在很久的病变，开始肿物并未引起注意，持续存在数月甚至数年。除了硬的皮肤肿物外，MCT也可能呈软的波动状皮下病变，触诊甚至可误诊为脂肪瘤（图15.9）。但是更具侵袭性的MCT可以迅速发展为大的溃疡性、渗出性病变，并导致患病动物发生较高的死亡率。

MCT外观和嗜好性的变化，可能与其他不同皮肤肿瘤很类似，因此作者推荐对所有的皮肤肿瘤在手术切除之前都先进行细针抽吸检查。同时，由于肥大细胞容易识别，做细胞学检查的价值就更大些。MCT脱落的大量单个细胞呈圆形，与细胞质相比，圆形细胞核常着染较淡。细胞质内包含大量颗粒，用瑞氏-姬姆萨染色呈紫红色，细胞周围常散在一些颗粒，是因肥大细胞在抽吸和制备抹片的过程中被破坏而释放的（图15.10）。也可使用Diff-Quick染色显示颗粒，但有时Diff-Quick染色对颗粒的显示效果不如姬姆萨染色，如有可能，推荐使用罗曼诺夫斯基染色后进行细胞学检查。

细胞学检查的不足是不能准确地确定肿瘤的分级，它只是术前简单鉴别肿瘤的一项实用技术。肿瘤分级只能由组织病理学完成，并将产生三种可能的结果：Ⅰ级（分化良好）、Ⅱ级（中等分化）和Ⅲ级（分化不良）。肿瘤分级很重要，它是肿瘤生物学行为最有力的预测因子；据一项研究报道Ⅰ级和Ⅱ级肥大细胞瘤患犬的MST超过1 300d，而Ⅲ级肥大细胞瘤患犬的MST仅为278d。

一旦确诊为MCT，考虑的重点会集中到治疗上。务必注意，所有MCT病例都有转移的可能，一些病例本是良性的，一些病例高度恶化，而绝大部分病例位于这两个极端之间。不同品种间的肿瘤行为有所差异；拳师犬、斗牛犬和巴哥犬易患MCT，但通常这些品种的肿瘤侵袭性较小。总之，已经有许多研究评估了MCT的行为及其对治疗的反应，以建立该疾病最优的处理方法。形成的一项明确的原则是：如果可能的话，MCT的首选治疗方法是手术切除。虽然在普遍使用的组织学分级系统以及不同的病理学家之间，仍有一些分歧和矛盾，但是目前认为，分化良好的肿瘤（Ⅰ级）的最佳治疗方法是单纯局部切除肿瘤，而对于中等分化程度的肿瘤（Ⅱ级），应该将肿瘤和2cm的侧缘以及深一层面进行切除。而对于分化不良的Ⅲ级肿瘤，手术仍是首选治疗方案，术后应考虑辅助治疗，但使用何种辅助治疗方案仍值得商榷。与Ⅰ级、Ⅱ级肿瘤相比，Ⅲ级MCT转移率更

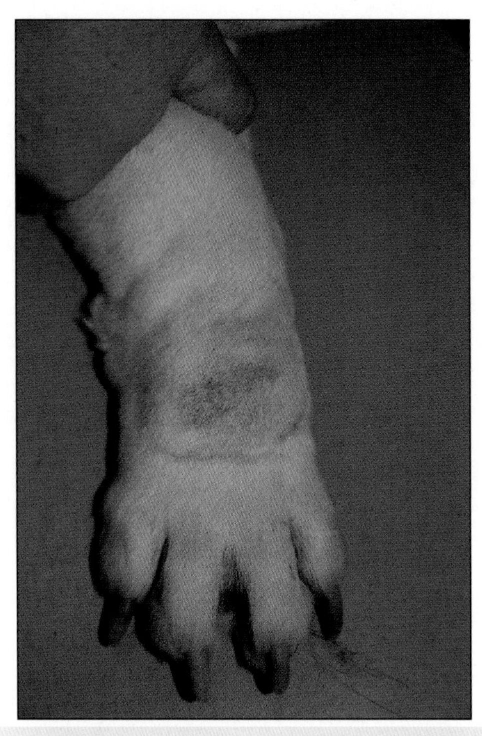

图15.9 2岁英国斗牛㹴腕部的一个软而又呈现波动的肿物，细针抽吸显示该肿物为肥大细胞瘤。该犬进行了7d的泼尼松龙治疗以缩减肿物体积，然后进行了手术切除。虽然用甾体类药物进行了缩瘤治疗，但是手术时发现仍不可能移除整个肿瘤。组织病理学检查证实为中等级别的肥大细胞瘤，因此术后采取低剂量分次放疗

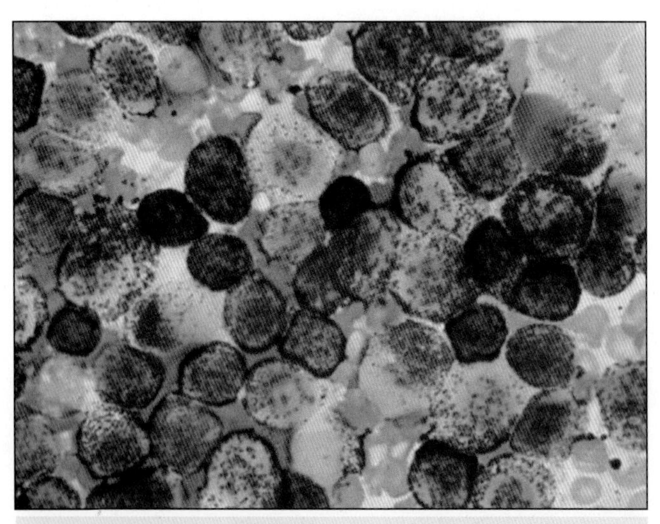

图15.10 高级别肥大细胞瘤的细针抽吸，细胞呈圆形，胞质内有大量特征性的红紫色颗粒。瑞氏－姬姆萨染色，×100（图片由迪克怀特转诊中心的Elizabeth Villiers女士惠赠）

高，经单纯手术治疗后动物的生存期更短，因此需要做进一步的处理以移除所有的瘤细胞或继发肿瘤。问题是目前没有大型研究报告给出对于这种病例最有效的化疗方案。而作者（RF）有3种方案可用于这类需要化疗的病例：

1. 泼尼松龙和长春花碱联合治疗（附录2）。据报道该方案的临床反应率为47%，当用于严重病例时，33%可见完全缓解。中位反应期为154d（范围为24～645d）。但是这一研究仅有15只患犬，因此难以确定这一结论。当于术后使用时，一项涉及61只患犬的研究成功率更高，据报道这些患犬的整体生存期为1 374d。

2. 苯丁酸氮芥和泼尼松龙联合治疗（附录2）。一篇新文献进行了报道，其吸引力在于这两种药都是口服给药，因此患犬不需要住院治疗。动物对该联合治疗的耐受性也很好。在一项涉及21只不能手术切除MCT的患犬研究中，整体反应率为38%（14%完全缓解），有效者的平均无病期为533d，该研究中患犬的MST为140d，无任何一只患犬出现毒性反应。

3. 洛莫司汀（CCNU）。该药在一项涉及19只MCT患犬的研究中有效，其中8只（42%）显示出可测反应，MST为109d（范围为21～254d）。

第4个新方案是最近研发的兽用酪氨酸激酶抑制剂马赛替尼。酪氨酸激酶在犬MCT的发病中发挥关键的作用，而马赛替尼阻断了该酶的KIT受体（KIT受体蛋白属于酪氨酸激酶受体家族，具有内源性酪氨酸激酶活性——译者注）。对于不可切除的Ⅱ级和Ⅲ级MCT患犬，该药可以安全有效地控制肿瘤生长。

总而言之，作者建议对所有Ⅲ级肿瘤病例进行化疗，同时化疗也可作为对不可手术切除的Ⅱ级肿瘤病例的保守治疗方法，根据不同动物的体况，可先使用马赛替尼，然后使用泼尼松龙和长春花碱，或苯丁酸氮芥和泼尼松龙，并将洛莫司汀用于对以上治疗无反应的病例。

放疗也是治疗犬MCT的一种有效方法，据报道作为对切除不完全Ⅱ级肿瘤的辅助治疗，1年的生存率可达97%。放疗也可用于较大肿瘤的术前减瘤治疗，或对难以进行切除的病例使用放疗以减小肿瘤体积，以便更容易或更完全地切除肿瘤。但是在照射较大肿瘤时，应注意大量肥大细胞可能发生严重的组胺释放，导致如胃十二指肠溃疡等副肿瘤综合征，更需关注的是，有引发低血压的风险。因此在进行放疗之前，常使用14d的泼尼松龙加/减长春花碱以预防这类问题。

有文献报道，根据肥大细胞对低渗冲击高度敏感的原理，可使用去离子水治疗切除不完全的肿瘤。它的有效性尚不明确，虽然最初的报道鼓舞人心，但一项研究显示它其实毫无益处。而荷兰最近进行的一项研究表明，它可能是一种有效的方法，故当需进一步研究以明确该方法是否有价值。但是现在作者并不推荐使用。

因此，临床检查MCT病例时必须尽可能地使用细胞学检查以做出精确诊断。同时作者强烈建议，任何皮肤肿物在考虑手术切除之前，均应先进行细针抽吸检查以明确诊断。完成上述检查后，应仔细触诊相关引流淋巴结，如果肿大，则必须进行抽吸。此外应该进行腹部超声检查，因为如果肿瘤为恶性，那么在原发肿瘤切除前，应评估腹腔淋巴结、肝脏或脾脏是否发生继发性转移。虽然MCT的肺脏转移很少见，但也应该考虑进行胸部X线检查。多数病例分级都是Ⅰ级和Ⅱ级，与Ⅲ级相比肿瘤潜在转移性较小，一旦抽吸确诊了该肿物为MCT，即使费用有限，也应进行彻底的手术切除（如果可能，连同2cm侧缘和深一层的筋膜层），并将切除组织进行组织病理学检查。趾甲下（甲床）和皮肤黏膜交界处的MCT除外，因为这些部位的肿瘤通常侵袭性强，须在术前就进行完全分期。如果组织病理学检查显示肿瘤为Ⅲ级，那么做好术后分期也非常关键。

在犬的病例中，作者认为血沉棕黄层检查是不必要的，因为犬的全身性肥大细胞增多症罕见，所以这个检查很少用于诊断，除非全血细胞计数显示有骨髓手术病变。同样，因为MCT转移至肺脏很少见，所以只有当临床检查有证据显示肺部病变（如呼吸急促、呼吸困难、肺音正常但出现发绀、咳嗽、胸部叩诊浊音等）时，才考虑进行胸部X线检查。

现在组织学分级依然是衡量MCT侵袭性最重要的预后因子，但一些新的评估MCT侵袭性的检测方法正在普及。Ki-67是一种在细胞周期中表达的抗原，与MCT预后密切相关，与组织学分级的关系不大。Ki-67定量免疫组化检测是评估MCT的一个重要工具，当病理学家不能确定分级，或临床怀疑肿瘤侵袭性强时（如病变发展迅速、位于皮肤黏膜交界处），值得一试。同样地，KIT是一种活化酪氨酸激酶的干细胞因子受体，通常位于细胞膜，但是许多MCT在胞浆内表达这种受体，提示编码KIT的原癌基因*c-kit*发生突变。因此，检测胞浆内异常的KIT也可能是预测MCT侵袭性的一种有效方法。

MCT切除后的一个常见问题是发现肿瘤为Ⅱ级，但边缘未清理干净。在这种情况下主要有3种选择：

1. 如果可能，应再次尝试将原来的疤痕连同2cm的侧缘和深一层筋膜一同切除。
2. 外束线放疗。如前所述，这是一种治疗MCT非常有效的方法，而且在边缘切除不净的病例中，手术部位（一旦愈合）的术后放疗也可能非常有效，尤其是对于远端肢体，因为可能二次手术后没有足够的软组织和皮肤进行重建。
3. 暂不治疗，密切监测。许多Ⅱ级肿瘤边缘切除不净的病例虽然没有治愈，但却未复发。这种选择并不理想，只能用于拟转诊做放疗的病例，但不会是肿瘤学专家的选择。这可能是这些病例的一种常用选择，如患病动物1年内至少每4周要仔细体检1次。任何复发的肿物都要尽快进行细针抽吸检查以评估是否存在肥大细胞。

多发性MCT是一种严重的挑战，传统分类上，犬多发性MCT为晚期疾病，因为根据WHO评估标准它属于疾病Ⅲ级（假设有严重的转移性）。但是，其临床表现不一定为急性过程，而且每一个肿瘤都需要单独进行评估，在这种情况下，WHO分级系统并不适用。多发性MCT患犬应该根据淋巴结触诊、适当的抽吸、切除术前的腹部超声、胸部X线检查以及术后组织分级来进行临床分期。治疗时需要对所有单个的、可切除的肿物进行手术切除。如果所有的肿瘤都是Ⅰ级或Ⅱ级，而且手术效果好，那么对这些病例作者通常不建议进行辅助治疗。

猫肥大细胞瘤

在英国，MCT并不是猫的常见肿瘤，但在美国它是第二常见的猫皮肤肿瘤。在皮肤型中，最常发于头颈部，而且通常表现为丘疹或结节样病变，可能有毛、无毛或表面发生溃疡。猫MCT主要分为两个类型，即皮肤型MCT和内脏型MCT。

皮肤型MCT更常见，据报道该肿瘤在猫有两个不同的亚型：

1. 肥大细胞性MCT，其组织学表现与犬MCT的类似。
2. 组织细胞性MCT，其表现更像组织细胞性肥大细胞。

多数猫皮肤型MCT发展成多种肥大细胞性类型，其中有一种亚型为“密集型肥大细胞性MCT”。肿瘤通常表现为良性，局部生长并不显示转移性。肥大细胞性MCT的第二种亚型被称为“弥散型肥大细胞性MCT”，这种肿瘤相对更具有侵袭性，而且切除后局部复发的可能较大，转移风险也较大。但是，这类肿瘤不如密集型肥大细胞性MCT常见（仅约占肥大细胞性MCT病例的15%）。组织细胞性MCT通常表现为良性，据报道，许多病例出现自发消退，有的可能需2年。组织细胞性MCT最常发生于青年猫（小于4岁）。暹罗猫可能有品种倾向。而更常见的肥大细胞性MCT多发于中年动物（平均年龄为9岁），没有品种和性别倾向。肥大细胞性MCT常表现为单发、硬实、呈圆形、界限清楚、大小不同（直径为0.5～3.0cm）的肿物，存在于真皮表皮或皮下组织内；而组织细胞性MCT通常为多发、隆起、硬实、呈圆形、边界清楚的丘疹和结节，通常较小（直径0.2～1.0cm）。需要注意的是，有的可见多发性肥大细胞性MCT，故多发性病变并不一定诊断为组织细胞性MCT。

猫MCT的第二种主要类型是内脏型，原发肿瘤位于脾脏或小肠，并由此继发转移。这一类型的MCT猫比犬更常见，而猫MCT中约有20%是发生于脾脏的。内脏型MCT的转移潜力远远高于皮肤型MCT，据报道猫小肠型MCT是侵袭性最高的，可转移至局部淋巴结和肝脏，经常转移至脾脏，而转移至肺脏的情况较少见。内脏型患病动物常因一些非特异性症状来就诊，如消瘦和嗜睡。脾脏型的患猫常出现呕吐和厌食，因为释放到循环中的组胺导致恶性胃泌素瘤，进而造成胃、十二指肠溃疡。小肠型MCT患猫比脾脏型MCT患猫呕吐发生率低，目前认为是这类疾病的肿瘤细胞中缺乏组胺颗粒所致。

猫疑似MCT的皮肤肿物的诊断程序，与前述犬的程序相似，即首先进行详细的临床检查以确认是否有局部淋巴结肿大或其他全身性疾病。然后对原发的肿物及任何增大的淋巴结进行抽吸以做细胞学评估。如果确认了一个单发性肿物是MCT，那么建议的治疗方案是在可能的情况下切除肿物，但是由于这类肿瘤通常是良性的，所以与犬相比，大量切除边缘在猫并不那么重要。切除的组织必须进行组织病理学检查，以进行确诊，如果可能，应如前所述对该肿瘤做亚型鉴定，这具有重要的预后意义。如果肿瘤确诊为组织细胞性MCT，则通常不需要进一步治疗，因为这类病变可能自发消退。如果诊断为密集型肥大细胞肿瘤，由于通常为良性，所以也不需进行进一步治疗，但是必须密切监测，因为有些病例可能会复发，而且也不能完全排除这类肿瘤的转移潜力，毕竟少量病例也可能发生远端转移。进一步的检查包括分级评估和定期复查（但并非必须），在实践中这是一种好的做法。如果诊断为弥散型肥大细胞肿瘤，那么这些病例复发和/或远端转移的风险为20%～30%。若术前未用腹部超声和胸部X线检查完成全面诊断分级，那么在做出诊断后应立即完成分级。在这种情况下，建议术后至少12个月应进行定期复查。如果单纯的皮肤型肿瘤复发，则应做进一步手术治疗，但因转移的风险增大，复发肿瘤通常预后较差。

当患病动物表现为可疑的内脏型MCT，则诊断相对简单。需要进行详细的腹部超声，但也可以并建议对小肠或脾脏肿物进行抽吸检查。中老年、呕吐或食欲不振的患猫，超声检查如果发现明显的异质性脾肿大，则高度怀疑为脾脏肿瘤，此时可不必进行抽吸，因为必须要进行脾脏切除术。如果计划进行手术，强烈建议在术前进行详细的腹部超声检查，以评估引流淋巴系统（根据原发肿瘤选择肠系膜淋巴结或胃脾淋巴结）和肝脏的转移，并进行左侧位和右侧位的胸部吸气时X线检查。据估计约30%的脾脏型MCT患猫腹腔或胸腔内有渗出液，如果存在这些情况，则需要在术前进行抽吸并进行肿瘤恶性程度评估。一般认为小肠型MCT患猫预后较差，因为该肿瘤转移率高，但如果未发现转移性病灶，则仍然建议进行切除。手术必须切除肿瘤两侧至少5cm的肠道，因为肿瘤经常会扩散至可见边缘之外。

脾脏型MCT患猫应做脾脏切除术，有报道显示，即使肿瘤已经侵袭骨髓，患猫术后生存期仍可达18个月。但对这些病例做出预后显然还要谨慎，与皮肤型MCT相比，其生存期较短。30%～50%的内脏型MCT患猫的骨髓受累，从而导致循环肥大细胞增多症，所以与犬不同，在猫值得进行血沉棕黄层检测。原发肿瘤切除后，血沉棕黄层问题不一定能够解决，而且棕黄层中肥大细胞的出现也不一定会改变治疗方案，但是检测结果有助于动物主人决定是否进行辅助治疗，而对于部分动物主人甚至有利于决定是否有必要进行初期手术。除非动物明显表现不适，否则作者仍建议对这些病例进行手术。

诊疗小贴士

如果患猫因呕吐就诊，并怀疑为脾脏型MCT，那么术前应给予西咪替丁或雷尼替丁等H_2拮抗剂，以降低手术时脾脏肿瘤细胞组胺释放的影响。术后继续这种治疗也很重要，尤其是如果患病动物持续呕吐或食欲不振时，有助于降低胃十二指肠溃疡的发生。

在猫MCT的大规模研究中，使用了如下的分级系统，因为提供了预后信息，故有一定的临床作用（表15.1）。

表15.1 猫肥大细胞瘤分级系统

肿瘤分级	肿瘤分级标准
1	未扩散至局部淋巴结，一处皮肤肿瘤
2	扩散至局部淋巴结，一处皮肤肿瘤
3	累及局部淋巴结，多个皮肤肿瘤或大的浸润性肿瘤
4	伴发远端转移的肿瘤，或转移复发的肿瘤
亚型a	未见全身性疾病（任一级）
亚型b	全身性疾病（任一级）

在本研究中，1级或2级肿瘤病例未获得生存期数据，因为在完成研究报告时超过一半的患猫都活着。3级肿瘤患猫的MST为582d（3～994d），而4级肿瘤患猫为283d（1～375d）。这些数据证实MCT患猫预后变化较大，而未发生局部淋巴结转移的单发性猫皮肤型MCT

通常表现为良性，且生存期相对较长。但多发性皮肤肿瘤、复发肿瘤和原发性脾脏或淋巴结肿瘤则预后谨慎，这些病例的MST相对较短。

对猫MCT的化疗作用尚不明确。有的实例研究报道显示一些病例对泼尼松龙有反应，但并不确定该药是否有稳定的反应。最近一篇报道显示，对不同分级的病例使用约50mg/m^{2}洛莫司汀（CCNU），有18%的病例发生了完全缓解，31%的病例发生了部分缓解，平均反应持续时间为168d（范围为25~727d）。作者建议对不能进行局部切除的病例，或发生转移而不可进行手术的病例，使用上述剂量的洛莫司汀，以4~6周的周期，和/或泼尼松龙进行辅助治疗。如果使用该治疗方案，无论是单独治疗还是作为术后的辅助治疗，向主人解释清楚预后难以确定还是非常重要的。猫使用洛莫司汀时，限制剂量的主要毒性表现为中性粒细胞减少和血小板减少，因此要细心地进行血液学检测，每使用不同剂量前必须进行全血细胞计数。

临床病例15.3——母犬乳腺癌

动物特征

巴赛特猎犬，10岁，未绝育雌性。

表现

左侧第2乳区有一快速生长的肿物。

病史

该病例相关病史如下：

- 该犬常规免疫、驱虫，无出境史（英国）。
- 有反复性外耳炎史，考虑为过敏症所致，但对此未做过全面检查。
- 主人在家定期检查时注意到该肿物，最初肿物直径约2cm，位于皮肤下面，坚实但可移动。
- 12周后肿物继续生长并开始触及地面，导致患犬行动不便，故前来就诊。

临床检查

- 检查时患犬较安静，但不太配合。触诊肿物并未表现出不适。现在肿物直径为15cm（图15.11）。肿物触感坚实，外形不太规则。皮肤没有擦伤，相应乳头无分泌物。
- 心肺听诊未见异常。
- 腹部触诊未见异常。
- 仔细触诊腋下淋巴结，未发现增大。

诊断评估

- 考虑肿物的大小及其生长迅速，非常可能是乳腺肿瘤。进行左侧位和右侧位胸部吸气X线检查，未见转移。
- 进行腹部超声检查，尤其是腹股沟淋巴结、肝脏和脾脏，均显示正常。

诊断

- 检查结果高度提示该肿物为Ⅲ期乳腺癌。

治疗

- 考虑分期检查中的不良结果，对该犬进行了局部乳腺切除术，将左侧第1、第2和第3乳区全部切除。

图15.11 病例15.3 肿物的原始外观

- 使用了主动引流管以减少大肿瘤切除后的液体聚积。该犬术后恢复良好，并在3d后出院。

结局

- 组织病理学证实了该肿物为分级高的复合癌。动物主人拒绝了所有的辅助治疗，直到写本文时该犬已良好生活了8个月。

知识回顾

乳腺肿瘤是临床兽医最常见的肿瘤类型之一，也是母犬最常见的肿瘤。一项对英国投保犬只的调查显示，标准化发病率为205/100 000，另一项瑞典（常规卵巢子宫切除术少于英国）的调查显示发病率更高，为111/10 000。瑞典的调查结果很有意义，现在已经公认母犬的激素环境对乳腺肿瘤的最初生长起到了关键性作用，对犬孕酮可诱导肿瘤生长（通过多种机制，包括上调乳腺组织内生长激素浓度）。公犬乳腺肿瘤少见（且通常为良性生长），与未绝育母犬的发病率相比，绝育母犬的乳腺肿瘤发病率显然低得多。20世纪60年代末的一项研究显示，与未绝育母犬相比，第一次发情期前绝育的母犬发生恶性乳腺肿瘤的风险仅为0.05%。第二次发情期前绝育母犬发生的风险为8%，第二次发情期后绝育母犬发生的风险上升至26%。年龄再大些的母犬绝育似乎并不影响恶性乳腺肿瘤的发病率，但可降低发生良性肿瘤的风险。乳腺肿瘤的发病率随着年龄的增长而递增；犬乳腺肿瘤的平均发病年龄为10岁，4岁以下很少见，年龄增长则发病率增加。对母犬在第一次或第二次发情前做绝育确实显著降低其后发生乳腺肿瘤的风险，但是，在讨论是否对犬进行绝育时，显然还有其他因素需要考虑，而不能只顾及防止乳腺肿瘤方面。

其他影响乳腺肿瘤发生的因素包括1岁以内的肥胖，以及饲喂自制饲料而不是商业犬粮。这两个因素都会增加发生本病的风险。

约一半的犬乳腺肿瘤是恶性的，而且其中约50%在诊断时已经发生了转移。最常诊断出的是上皮起源的肿瘤（即癌）。组织学上这些肿瘤可以细分为多种不同的亚型，根据世界卫生组织分类系统，可通过肿瘤组织形态学进行分类。乳腺癌可分为非浸润性癌、复合癌和单纯癌（包括导管乳头状癌、实体癌和退行性癌3种），分别反映各自恶性递增的潜力。这种分类系统的唯一缺陷是它没有涉及“小叶癌”这一许多病理学家常用的术语。对所谓的“炎性癌”有一种独特的分类方法，这类肿瘤分化不良，生长迅速，表现为明显的皮肤炎症和水肿。炎性癌转移率高，预后不良（图15.12）。

如前所述，乳腺肿瘤通常发生于中老年犬。肿瘤可为单个或多个，约有2/3的肿瘤发生于最后两个乳腺（即第4、第5乳腺），这些部位的肿瘤与第1、第2或第3乳腺的肿瘤相比并没有任何行为特点的不同。肿瘤好发于第4、第5乳腺仅与其体积更大有关。肿瘤可累及乳头，但通常都位于乳腺组织内。良性肿瘤常较小，界限清晰，但所有肿瘤都应怀疑为恶性并尽早检查。对肿物完成触诊后，应使用细针抽吸对乳腺肿瘤进行初诊，最近巴西的一项研究显示，这种方法进行细胞学检查的准确率可达92%。但是细胞学检查并不能准确地分辨肿瘤亚型，因此，需要进行组织病理学检查。手术切除是犬乳腺肿瘤的首选治疗方法。因此，可在诊断评估过程中省略细针抽吸，因为事实上肿瘤的类型并不会改变临床治疗方法，即手术切除。但是在手术前，进行临床分期以确立疾病的程度是必要的，TNM系统提供了确定分期的合理框架和重要的预后信息。乳腺肿瘤TNM分期在1980年由世界卫生组织公布，详见表15.2。

据此，可将该病分为5期（表15.3）。

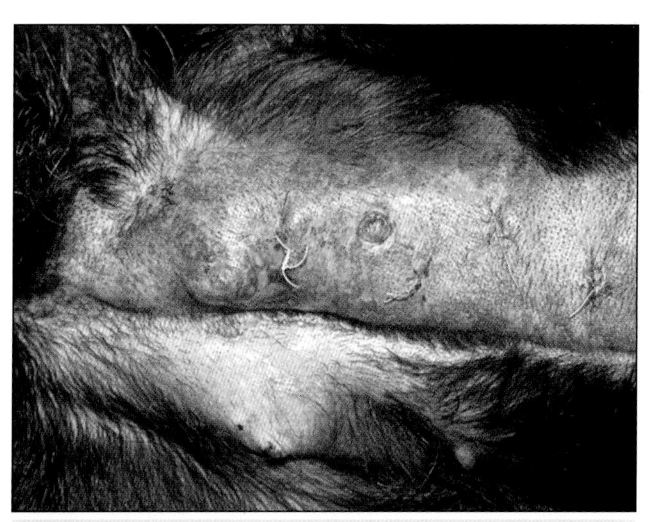

图 15.12 一只拉布拉多母犬的炎性癌，显示活检部位的破溃以及这类肿瘤皮肤炎症的特点（图片由迪克怀特转诊中心的 Dick White 教授惠赠）

表15.2 乳腺肿瘤TNM分类

T1	肿瘤直径不大于3cm
T2	肿瘤直径为3～5cm
T3	肿瘤直径大于5cm
N0	细胞学或组织学检查无淋巴结转移
N1	细胞学或组织学检查发现淋巴结转移
M0	未发现远端转移
M1	发现远端转移

表15.3 根据乳腺肿瘤TNM分类，将该病分为5期

Ⅰ期	T1N0M0
Ⅱ期	T2N0M0
Ⅲ期	T3N0M0
Ⅳ期	任何TN1M0
Ⅴ期	任何TN1M1

为了确立临床分期，对任何有乳腺肿物或结节的患犬都应进行彻底详细的临床检查，尽可能仔细地触诊所有乳腺组织和淋巴结。还要重视评估患犬呼吸系统损伤的迹象，这些迹象可提示肺部转移，而如果后肢出现水肿，可提示肿瘤扩散造成淋巴结肿大。虽然所有乳腺之间都有淋巴联系，因此使得引流变得复杂，但是通常第1、第2乳腺淋巴液沿头侧流入腋下淋巴结，而第4、第5乳腺沿尾侧流入腹股沟浅淋巴结，第3乳腺可沿头侧或尾侧引流。腋下淋巴结肿大时通常容易触摸到，但是在超重的患犬，腹股沟淋巴结可能不易触摸，因此有时需要使用超声检查，同时超声引导也便于进行细针抽吸。腹部超声可用于检测腹股沟淋巴结、髂下淋巴结和肠系膜淋巴结，以及肝脏和脾脏是否出现转移。任何肿物在手术切除前，都应做高质量的胸部吸气X线检查（至少包括左侧位和右侧位），以确定没有肉眼可见的肺部转移。

一旦建立了疾病的临床分期，即可决定患犬是否应该/能够进行原发肿瘤的手术切除，连带或不连带肿大的淋巴结，如果没有出现明显转移，手术切除肿瘤都是一种治疗方法。如果发生远端转移，考虑到生存时间短，通常不做手术切除。然而，如果未见远端转移，采用何种手术方案切除原发肿瘤仍有待讨论。虽然临床上广泛采用乳腺全切，但研究显示对单个肿瘤病变进行乳腺全切术（即带状单侧全切）和简单的局部乳腺切除术相比，前者的疗效并没有明显改善。因此提出以下方案可能更加合理：

1. 如果肿瘤直径小于1cm，硬实但并不黏附于下层结构（可能为良性），那么可进行简单的“乳腺局部病灶切除术”，即通过简单的皮肤切开、钝性分离并移除异常肿物。如果组织病理学显示该肿物为恶性，则应做广泛的切除手术。
2. 如果肿物大于1cm，但位于一个乳腺的相对中间位置，和/或比较固定，则该乳腺应被整体切除，即进行“乳腺切除术”。沿腺体做一个椭圆形的切口，在肿物周围留出至少2cm的边缘，再移除所有的皮肤、腺体组织和任何黏附的皮下组织。
3. 另一个处理大于1cm或较固定的肿物的方法是“局部乳腺切除术”。该方案将乳腺按淋巴引流分组并切除，当肿物单独出现于任意一个乳腺时，都会将第1、第2、第3、第4、第5乳腺一同切除。如果邻近的乳腺同时出现了肿瘤，则选择局部乳腺切除术。手术操作出现类似乳腺切除术，但切口应延伸超过整个切除的组织。如果要切除第5乳腺，建议将腹股沟浅淋巴结同时摘除，因为其与乳腺组织密切相关。
4. 如果出现多发性肿瘤，则可通过单侧乳腺全切（即带状单侧全切）移除一侧的所有乳腺。为此，必须确定并结扎腹壁后动（静）脉，其他操作与上述方案类似。考虑到切口的长度，应该注意使用电烙术减少出血，闭合时必须消除张力，以减少开裂的风险。虽然临床上经常进行单侧或双侧乳腺切除术，但如前所述，目前尚无研究显示这种彻底全切术和局部切除术相比，是否延长了生存时间，因此只有在真正必要时才推荐这种手术。

关于是否要在切除乳腺肿瘤的同时，对未绝育母犬进行绝育术，目前仍没有确切答案。有少数研究显示，卵巢子宫切除术的确降低了复发率和改善了生存期，但也有更多的研究显示，乳腺肿瘤移除时进行卵巢子宫切除术在无病间隔期、复发率或生存期方面并不会改善患犬的结局。因此，目前的文献提示绝育术并不显著改善患乳腺癌犬的预后。但是，如前所述，对青年犬进行子宫卵巢切除术的确有预防保护作用。如果认为在患犬移除乳腺肿瘤的同时进行绝育对犬有利（如可杜绝该犬发生子宫蓄脓的风险），那么应在乳腺切除之前进行子宫卵巢切除，而且对进行绝育术犬的皮肤和腹部切口须仔细定位和操作，以避免乳腺癌细胞污染剖腹手术。

如果经组织病理学确认为恶性乳腺肿瘤，则应考虑辅助治疗，尤其在人类医学，现在已有一些广为人知的药物治疗方案。兽医学的问题是尚无确切有效的治疗方案。希腊一项涉及16只Ⅲ期或Ⅳ期患犬的小型病例报告中，8只患犬仅进行了局部乳腺切除术，而另外8只在相同的手术之后，连续4周、每周1次使用环磷酰胺（100mg/m^2）和5-氟尿嘧啶（150mg/m^2）进行化疗。手术组的无病间隔期为2个月，MST为6个月，而化疗组术后又活了2年。虽然只是一项小型研究，但结果是令人鼓舞的，提示辅助化疗可能有一定的作用，同时仍需要进行更多工作以确定这一结果的稳定性。同样，使用顺铂的电化学疗法在一项涉及7只罹患不同肿瘤、包括乳腺癌患犬的研究中，也产生了令人鼓舞的结果，提示这可能成为未来的有用工具，但还需要更多研究证明其对犬乳腺肿瘤的一致有效性。

涉及抗雌激素药物的激素治疗方法，如他莫昔芬已经成为许多人类乳腺肿瘤患者的标准治疗方法，而且成功率很高，但不幸的是这一方法用于患犬并不成功。一项关于他莫昔芬在犬乳腺肿瘤作用的研究总结称，在犬不推荐使用这一药物，因为雌激素不良反应发生率高，如明显的外阴水肿、阴道分泌物、发情期征象和尿失禁，且由于这些不良反应，尚不能确定他莫昔芬是否对生存有益。因此直到撰写本文时，犬乳腺肿瘤激素的辅助治疗尚未证实有确切作用。同样，对于人类乳腺肿瘤，术后放疗是一种重要的治疗方法，而对于犬乳腺肿瘤仍有待研究，对术后放疗也不作为常规推荐。

恶性乳腺肿瘤患犬的预后变化较大，而且受许多因素的影响。研究结果提示影响预后的主要临床因素包括：

1. 原发肿瘤大小。肿瘤小于3cm的患犬比肿瘤大于3cm的患犬预后好。一篇报道称，直径小于3cm的恶性肿瘤患犬平均生存期为22个月，而当原发肿瘤直径大于3cm时，病患的平均生存期仅为14个月。另一项研究报道称，肿瘤直径大于5cm的患犬MST为10个月，而如果原发肿瘤切除时小于5cm，则患犬的MST可达26个月。
2. 肿瘤组织学类型。不同的乳腺癌亚型预后不同，与非侵袭性癌相比，单纯癌预后更差。炎性癌预后极差，据报道如果进行单纯的保守治疗，平均生存期仅为25d。同样，乳腺肉瘤预后谨慎，大部分患犬在做出诊断后1年内死亡。
3. 肿瘤组织学分级。与分级高的肿瘤相比，肿瘤分级低的患犬无病间隔更长，复发率更低。有研究报道称，肿瘤分级低的患犬在术后2年内的复发/转移率为19%~24%，而组织学分级高的患犬在术后2年内的复发/转移率高达90%~97%。
4. 淋巴结受累情况。淋巴结内出现转移瘤细胞与生存期明显较短相关，据报道这类患犬在诊断后的6个月内复发率高达80%，2年内死亡率为86%。
5. 是否出现远端转移。出现超过引流淋巴结范围的远端转移患犬预后差。一项研究报道，就诊时已经有远端转移的乳腺肿瘤患犬，其原发肿瘤切除后的MST仅为5个月，而未见远端转移的患犬MST则为28个月。

总之，目前尚难以准确预测个体患病动物的结局，但是可用上述数据与其主人进行商议，以表明患犬疾病的严重程度。这些数据也证明了术前进行准确临床分期的重要性，以及将全部样本送至病理学专家处进行分析的价值，这样才能对每一个病例做出准确的诊断。

临床病例15.4——母猫乳腺癌

动物特征

家养长毛猫，13岁，绝育，雌性。

表现

胸腹头侧区域溃疡性肿物。

病史

该病例相关病史如下：

- 该猫为户外饲养猫，已完全免疫并驱虫。
- 主人之前曾注意到猫左胸腹部毛上有一些血迹，进一步检查发现出血与一处肿物相关。
- 出血为间歇性的，患猫被带至兽医院做进行进一步检查。

临床检查

- 患猫活泼、警觉，未见其他临床症状。
- 心肺听诊和腹部触诊未见异常。
- 胸腹部检查发现一肿物，约为3cm×2cm，位于左侧前部乳腺区。该肿物部分发生溃疡（图15.13），皮肤表面结痂。
- 双侧其他乳腺触诊未见其他肿物。
- 局部腋下淋巴结触诊不明显。

诊断评估

- 对腋下淋巴结和腹股沟淋巴结进行仔细触诊，未发现增大。
- 进行胸部X线检查（左侧位、右侧位和腹背位），未见明显转移。
- 对该肿物进行细针抽吸，显示有恶性上皮细胞。

诊断

乳腺肿瘤，可能为腺癌。

治疗

由于该肿瘤可能为恶性，因此对患猫进行了单侧带状乳腺切除术，包括左侧的所有4个乳腺（图15.14）。患猫呈仰卧位，肿物及其周围2cm边缘被切除。切口延伸至尾侧，包括同侧的其他乳腺组织。在更换手套和器械后，使用可吸收线对皮下组织层做连续缝合，用尼龙缝线对皮肤进行简单结节缝合，完成闭合。对切除的整个乳腺进行组织病理学检查。

结局

患猫术后恢复良好，在48h内进行经常性创口复查、使用全身阿片类药物和非类固醇类抗炎镇痛药，之后出院。缝线在术后10d拆除，创口无并发症，愈合良好。经组织学诊断该肿物为导管乳头状癌。该肿瘤被完全切除。切片观察未见明显的淋巴细胞浸润，但可见较多有丝分裂象和中度坏死。

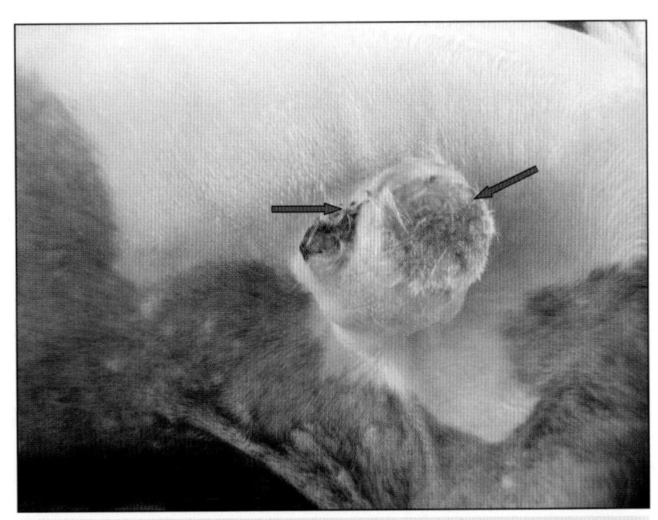

图15.13 病例15.4 乳腺肿物就诊时及术前外观。可见发生溃疡的区域（红色箭头）

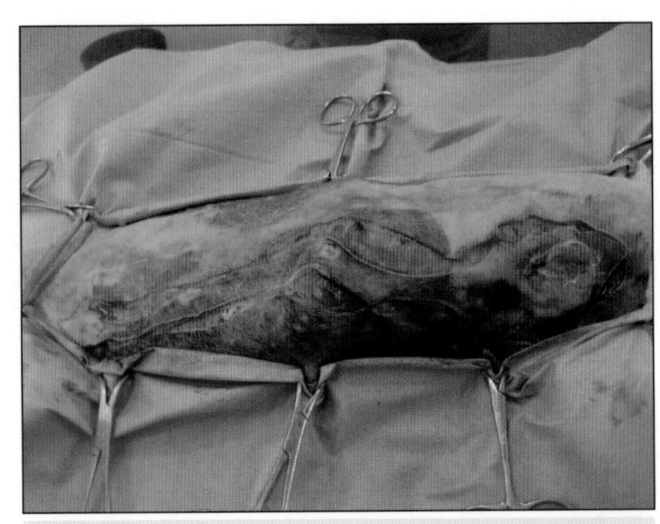

图15.14 对病例15.4，使用单侧带状乳腺切除术治疗孤立性乳腺肿瘤

知识回顾

猫乳腺肿瘤相对常见，约占所有肿瘤的17%。但是与犬不同，绝大多数猫乳腺肿瘤（85%～90%）都为恶性，而暹罗猫更为多发。患猫最显著的特点是淋巴结侵袭以及肺脏、肝脏和肾脏等器官的高转移率。在恶性肿瘤患猫，约有一半发生淋巴结转移。猫的绝大多数乳腺肿瘤为腺癌，可细分为导管状癌、乳头状癌、实体癌和筛状癌。其他类型的乳腺癌和肉瘤并不常见。但是，乳腺肿瘤应与一种称为纤维上皮增生的疾病相鉴别，后者与未绝育猫的发情有关。其临床表现为一个乳腺增大，并可能出现溃疡和坏死。治疗方法包括卵巢子宫切除术，通常几周后临床症状消失，也可能自发消退。

如果未发生远端转移，猫乳腺肿瘤的治疗方法是进行手术，和犬类似，术前进行全面的临床分期检查非常重要。手术联合化疗（多柔比星）可能有一定作用，会使结局更好，但仍需要进行更多研究以确定这一联合治疗的效果。在手术方面，由于大多数乳腺肿瘤都为恶性，因此建议进行根除性手术以减少局部复发的可能，这一点与犬不同。如果乳腺肿瘤仅位于一侧，则建议进行单侧乳腺切除术。如果两侧都有肿物，则建议进行双侧带状乳腺切除术，可以进行阶段性手术先切除一侧，为减少手术部位的张力，数周之后再切另一侧。虽然预防性地切除腋下淋巴结并没有任何益处，但如果腋下淋巴结增大，则应将其切除。腹股沟淋巴结通常与尾侧乳腺一同切除，切除也比较容易。卵巢子宫切除术并不能改善患猫的生存情况或防止恶性肿瘤复发，但是对一些良性疾病，如纤维上皮增生可能有一定的益处。

猫所有乳腺肿瘤的预后均应谨慎，因为恶性率高，即使做了手术，患猫的平均存活时间也仅为15个月。诊断时的年龄和品种与预后没有关联。但是，影响预后的两个主要临床因素已经确定：

1. 肿瘤大小。和犬类似，诊断时原发肿瘤的大小可协助预测结局。据报道，手术时肿瘤小于2cm的患猫MST超过3年，肿瘤直径小于3cm的MST小于2年（约21个月），而肿瘤直径大于3cm的MST仅为4～12个月。因此较大的肿瘤预后一定较差，这充分支持“早期诊断和治疗是最重要”这一事实。

2. 肿瘤组织学分级。和直觉预料的一样，组织学分级较低的肿瘤与较长的生存期相关。同时肿瘤的类型也很重要。和犬一样，复合乳腺癌的患猫（即肿瘤细胞源于乳腺管状上皮细胞和肌上皮细胞）和乳腺单纯癌患猫相比，前者的生存时间显著延长，据一项最近的研究报道，两者的平均生存期分别为32个月和15个月。

手术的范围也可能具有一定的预后影响，一项研究显示更大范围的手术的确能延长生存期，也有研究显示根除性手术只能延长无病期，而不能延长整体生存期。在结论尚不清晰的情况下，考虑到猫的恶性肿瘤发病率高，仍推荐进行完全乳腺切除术。

临床病例15.5——猫肩胛部肉瘤

动物特征

家养短毛猫，6岁，绝育，雌性。

表现

肩胛间有一个快速生长的肿物，位于中线左侧。

病史

该病例相关病史如下：

- 该猫完全免疫（FHV、FCV、FPV、FeLV）并在4个月前完成了最后一次疫苗注射。未接种过狂犬病疫苗，无出境史（英国）。
- 该猫没有其他既往病史。
- 就诊4周前主人注意到这一肿物，约为豌豆大小，此后发现其生长迅速。
- 除此之外该猫表现活泼、良好。
- 转诊外科兽医，进行了切开活检，该肿物被确诊为分级高的软组织肉瘤，与疫苗相关性肉瘤的特点相一致。

临床检查

- 全身性临床检查未见异常，但肩胛间区域可触诊到一实质性肿物，直径约2cm。
- 未见其他异常。

诊断评估

- 不幸的是，就诊时没有使用MRI或CT扫描对肿瘤边界进行精确评估。
- 左侧位、右侧位和腹背位的胸部吸气X线检查，未见肺转移迹象，未见肿瘤明显累及背部棘突。

治疗

- 考虑到肿物是一种分级高的软组织肉瘤，与疫苗相关性肉瘤特点相一致，故对患猫肿瘤进行了手术切除（图15.15至图15.19）。

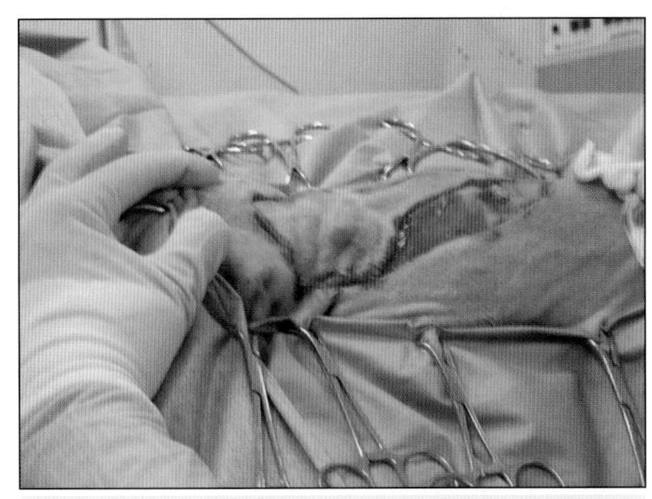

图 15.17　病例 15.5 手术目的为完整切除肿物和 3cm 侧缘及背部棘突

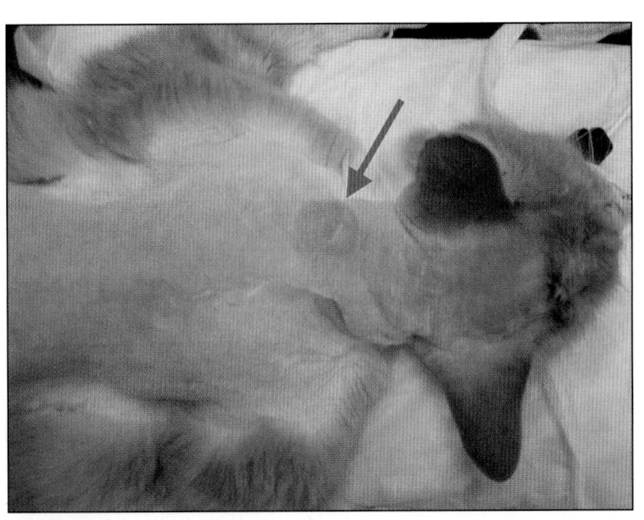

图 15.15

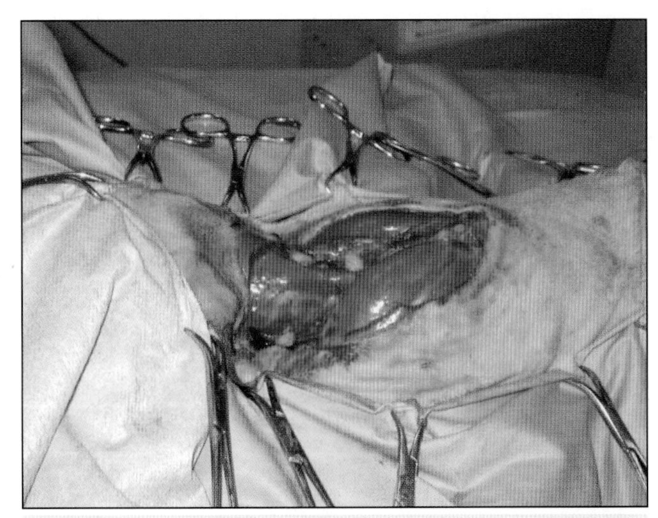

图 15.18　病例 15.5 的肿物已切除，遗留下明显的组织缺损

图 15.16

图 15.15和图 15.16　病例 15.5 术前肿物的背腹位和侧位观

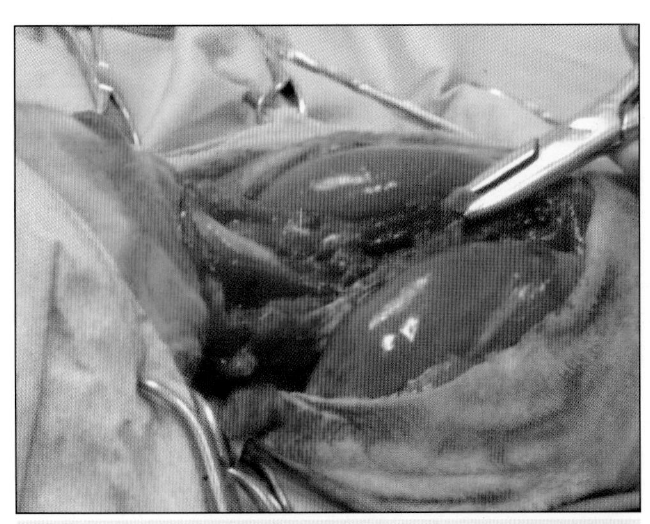

图 15.19　病例 15.5 最后在闭合前，将背部棘突切除，以试图确保所有污染的组织已被移除

结局

- 患猫在手术后迅速完全恢复，仅为了止痛而住院72h。
- 患猫在8个月内体况良好，直到主人在原发肿瘤的外侧发现了另一个肿物。转诊外科兽医再次进行活检，发现肿瘤复发。主人拒绝做进一步治疗或手术，因此，6周后患猫被施行安乐术。

知识回顾

疫苗相关性肉瘤（VAS）是一种仅发生于猫的软组织肉瘤（soft-tissue sarcoma，STS）的特殊亚型，于20世纪90年代早期在美国被首次报道。流行病学研究显示该肿瘤与注射灭活疫苗有很强的联系，尤其是FeLV疫苗和狂犬病疫苗，可在疫苗接种位置发生一种侵袭性的STS。但狂犬病疫苗接种并不常做，提示接种疫苗这一行为实质上只是触发敏感个体发生肿瘤。支持这一论点的根据是，VAS的一个特点是肿瘤周围出现炎性细胞浸润，导致不可控的成纤维细胞和肌成纤维细胞增殖，并最终引起肿瘤性转变和肿瘤形成。组织学上，VAS和猫眼部创伤后发生的STS类似，再次印证了炎症在肿瘤形成中的重要作用。此外，加州大学戴维斯分校的一项研究发现，有证据显示特定的长效注射剂可能与肉瘤形成有关，因此将这些肿瘤称为“注射位点肉瘤”可能更恰当。但是，在撰写本文时这种肿瘤的确切病因学尚不明确。

针对这一问题，美国成立了“猫疫苗相关性肉瘤工作组”，该组织提出了许多关于该疾病预防和最佳治疗的建议。VAS的主要难题是：分级高，生长迅速；缺乏包膜，对周围组织有高度侵袭性；其可沿筋膜面延伸一段距离，使得完全切除非常困难。基于这些原因，尤其是最后一点，在可能的情况下推荐术前进行MRI或CT扫描，以确定该肿瘤的大小和位置。VAS的大小几乎总是大于触诊时对其预估的大小，因此主治医师应当始终假设触诊到的肿物仅是“冰山一角”。建议进行胸部X线检查（完全吸气左侧位和右侧位观，以及完全吸气背腹位观），因为VAS的肺转移率达20%。

猫肩胛间区域的任何肿物都可怀疑为VAS，该肿瘤可在疫苗最后一次接种后10年发生。不要尝试切除性活检，因为这会减少之后完全切除的可能性。相反，采取切开活检或穿刺活检更合适，因为活检通道可在手术时随肿瘤一道切除。2000年的一项研究明确显示，这些病例最好是尽快转诊给在切除术和重建术方面经验丰富的外科专家，一旦检查出VAS，应遵从专家的忠告。

按照工作组的推荐，手术处理的目标是切除至少2cm的侧缘并到达肿瘤边缘的深度。即使按照这一程序，据报告也只有35%的病患达到1年无病间隔期，MST为19个月。因此，理论上辅助治疗的作用非常重要，但是化疗的作用并不明确。一项研究中，多柔比星使术后的无病间隔期大大增加，但另一项研究并未重复出这样的结果。在大量研究中，放疗也可延长无病间隔期和生存期，但是即使进行了联合治疗，局部病灶的控制仍是一个问题，由于存在辐射导致脊髓损伤的风险，因此，与放射肿瘤学专家讨论具体病例是否能从该治疗中受益非常重要。

因此，VAS预后不良，如该病例所见。由于VAS是侵袭性肿瘤，即使进行了最成功的手术，病程从初期发展到末期也不足2年。

虽然VAS是间质起源的，但其行为与绝大多数STS有显著区别。术语“STS”特指一群具有共同点的异质性肿瘤。STS可发生于任何组织结构的间质，根据来源组织分区为不同亚群，但通常并不包括起源于造血或淋巴组织的肿瘤。STS亚群包括纤维肉瘤、黏液肉瘤、平滑肌肉瘤、外周神经鞘肿瘤（也称血管外皮细胞瘤）、横纹肌肉瘤和脂肪肉瘤。这些肿瘤共有的特点包括：

- 它们表面看似有良好的包囊，但是有星芒状边缘，生长方式极具局部侵袭性。
- 完全切除困难，局部复发率高。
- 通常转移率低（一定程度上与组织学分级有关），但一旦发生，通常通过血液转移。

组织细胞肉瘤、血管肉瘤和淋巴肉瘤等肿瘤不属于STS分群，而被视为其他不同疾病。

临床病例15.6——德国牧羊犬软组织肉瘤

动物特征

德国牧羊犬，2岁，绝育，雌性。

表现

面部有一处生长迅速的肿物，位于前额中部到左眼内眦之间。

病史

该病例的相关病史如下：

- 该犬完全免疫，没有出境史。
- 主人6周前首次注意到该犬眼附近出现一个肿块，观察发现生长平稳，并没有给患犬造成不适。
- 对该犬，使用了阿莫西林-克拉维酸和卡洛芬，但没有明显效果，肿物仍继续增大。后进行细针抽吸，但没有诊断价值，因此将患犬转诊以便做进一步检查。

临床检查

- 检查时该犬活泼、警觉。唯一的异常是其左眼旁的肿物（图15.20）。肿物大小为2.5cm × 1.5cm × 2cm，触诊紧实。它黏附于下层组织，但有一定活动性。
- 左侧下颌淋巴结未触摸。
- 患犬左眼流泪，但未见结膜炎或巩膜充血。

诊断评估

- 使用5mL注射器进行细针抽吸，显示有大量间质细胞，细胞大小不一，有少量到中等量淡蓝染胞浆，在不同形状和大小的核内可见明显的核仁。主观判断许多细胞不像正常间质细胞一样具有梭形外观，而是呈卵圆形。这一表现与反应性纤维增生或间质肿瘤（如纤维肉瘤）一致。
- 左侧位和右侧位胸部X线检查未见明显异常。
- MRI扫描显示该实质性肿物位于皮下组织，但未明显侵袭下方骨骼（图15.21）。
- 由于肿物外观很类似肿瘤，但细针抽吸不能明确诊断，因而进行了穿刺活检，确认该肿物为纤维肉瘤。

诊断

- 中级（Ⅱ级）纤维肉瘤。

治疗

- 鉴于肿物接近眼睛及该犬的年龄较小，保守手术联合术后放疗并不理想，治愈率低，而且可能出现放射介导性眼损伤。因此，决定对肿瘤进行完全手术切除。由于肿物的位置和大小特殊，担心手术闭合时该区域可能没有足够的皮肤。因此，

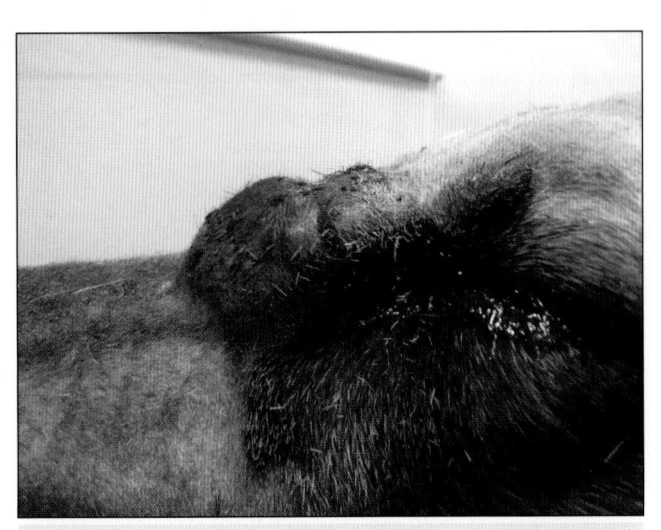

图15.20 病例 15.6 患处剃毛后的肿物，从左侧面观察

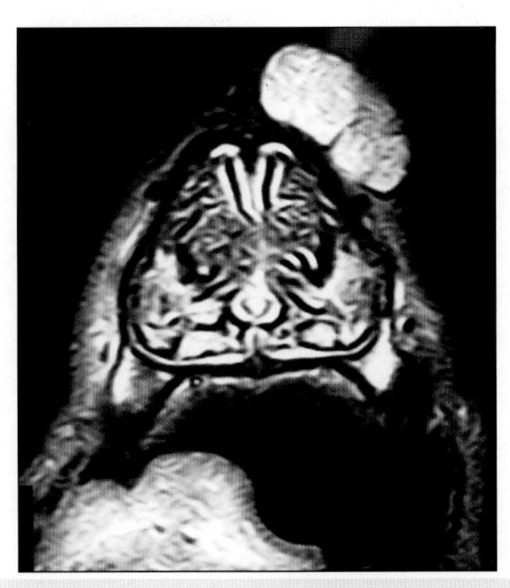

图15.21 病例 15.6 肿物的MRI 横截面观，显示鼻背侧有不连续的高信号肿物，未明显侵袭下层骨骼

计划制作一种基于颞浅动脉皮支的轴向皮瓣（图15.22至图15.26）。手术将肿物及其周围2cm侧缘和深层筋膜切除，以尾侧颧弓和头侧眶外缘为界制作皮瓣。皮瓣的长度可延伸至对侧眼部眶缘背侧的中间，然后对皮瓣进行仔细检查，并旋转90° 以覆盖初始的皮肤缺口，在放置负压引流管后闭合创口。患犬顺利康复。

结局

患犬术后顺利恢复。72h后移除引流管，14d后移除皮肤钉。组织病理学检查显示切除完全。之后每

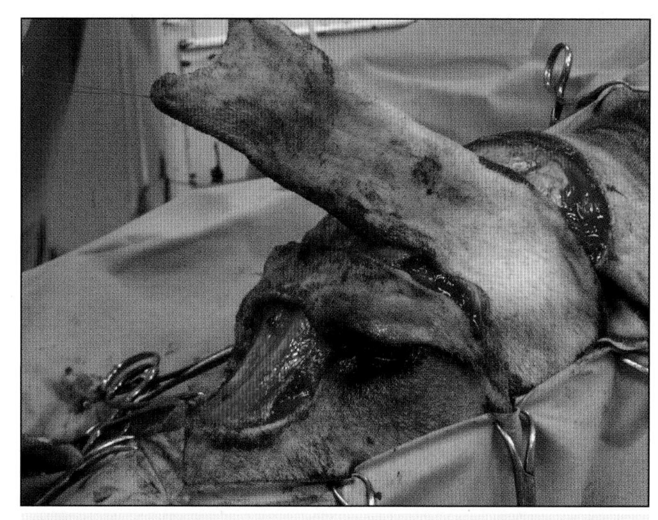

图15.24 病例15.6 制作皮瓣，使用牵引线处理组织，以减少损失，避免损害皮瓣活力

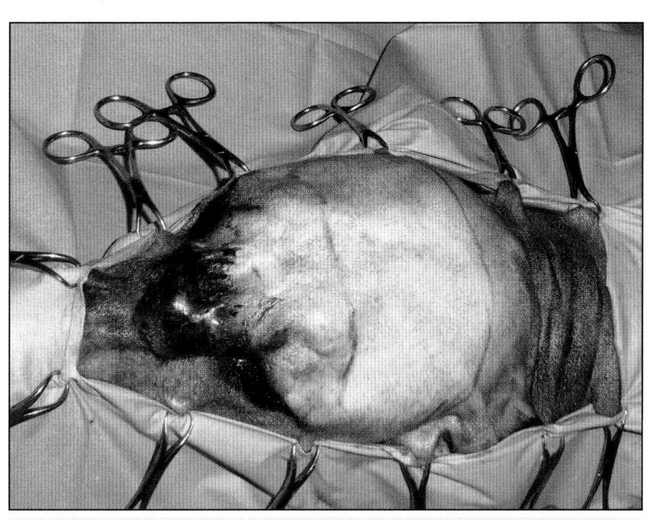

图15.22 病例15.6 患犬呈俯卧位，使用无菌标记笔指示出基于颞浅动脉皮支所做的轴向皮瓣的切口位置，以覆盖肿瘤部位的皮肤缺口

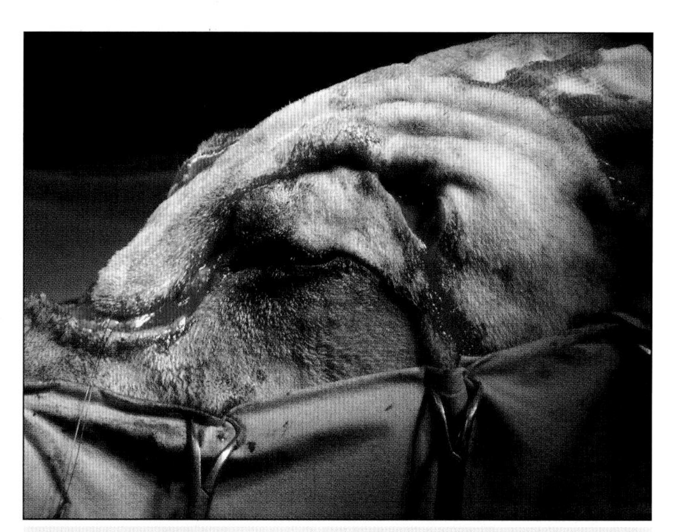

图15.25 病例15.6 将前移皮瓣向嘴侧旋转，建立一个桥形切口覆盖缺损

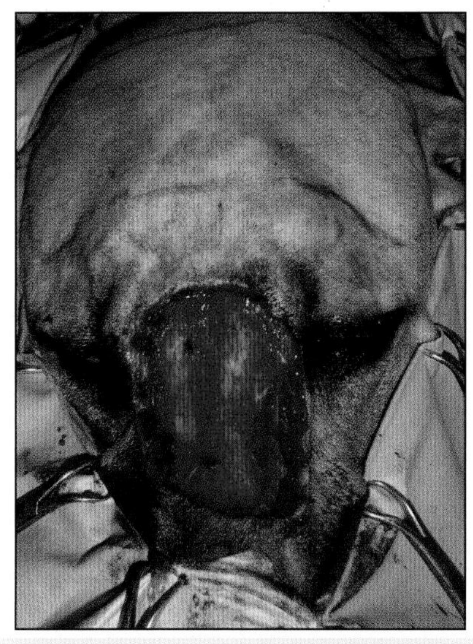

图15.23 病例15.6 术中广泛切除原发肿瘤后患犬的外观

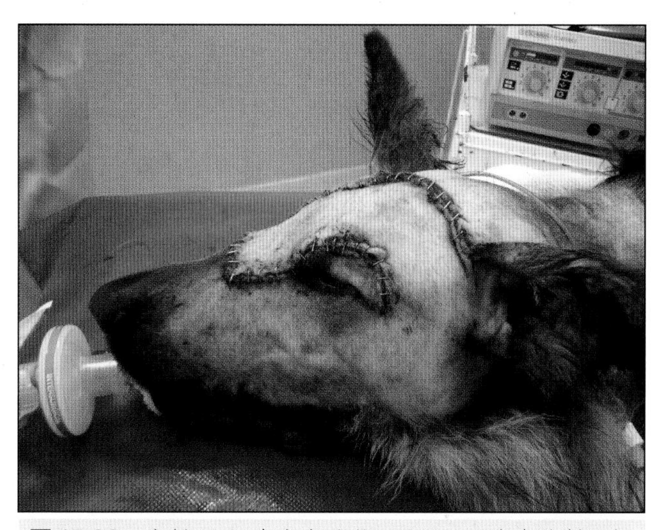

图15.26 病例15.6 患犬术后观，显示了无张力的创口闭合，以及无损伤的左眼

2个月复查1次，并在术后15个月未发现任何肿瘤的征象。

知识回顾

STS很常见，分别约占犬猫所有皮肤肿瘤的15%和所有皮下肿瘤的7%。多发生于中老年动物，肿物生长缓慢，通常由主人偶然发现。不过STS如上述病例也可能发生于青年动物并迅速发展。这类肿物应该先做细针抽吸进行细胞学检查，但STS起源于间质，细胞团常牢牢附着在一起，而不容易剥落。因此，作者推荐先进行非负压细针抽吸，如果样本质量较差，再将针连接于5mL注射器。保持注射器负压，然后快速但不要太过用力地在多个方向移动细针数次。在细针拔出肿物前撤去负压，然后将针内容物推到显微镜载玻片上，按照标准方法制备样本。使用注射器形成的真空通常可获得足量的样本。但要注意STS细针抽吸并不总是具有诊断价值，它最大的问题是结果可能为假阴性。因此为了得到明确的术前诊断，需要进行实质组织活检，可使用穿刺活检（如本病例）、切开活检或切除活检。手术切除需要留出3cm的侧缘，不推荐使用切除活检。如第1章所述，使用任何活检方法都必须考虑到活检通路要在最后的手术中被移除，所以在安排最后的手术计划时应选择最合适的活检方法。

虽然大多数STS病例的转移性相对较低，但仍建议在切除手术前进行吸气胸部X线检查以获取肺部转移的诊断性影像。其他先进成像技术如MRI和CT，对于切除前协助确定肿瘤的大小和范围也非常有用。尤其是当肿瘤较大，需要进行大量的重建手术时。一旦完成了分级程序，对STS的首选治疗方法是手术切除。因为STS具有局部侵袭性，所以肿瘤细胞常可生长转移至假包膜外。STS切除时侧面边缘应当包括2～3cm的正常组织，深部应当包括一层筋膜层。务必牢记第一次手术是实现完全切除的最好的手术时机。如果可能，应将整个切除的肿瘤进行组织病理学评估、分级和边缘检查，如果边缘部分切除不净，则有可能发生跳跃式转移，需要采取进一步治疗措施。组织学分级也很重要；STS分级有低、中、高3级（分别为Ⅰ级、Ⅱ级和Ⅲ级）。

- Ⅰ级（低）：分化良好，每个高倍镜视野只见少量有丝分裂象和肿瘤坏死。
- Ⅱ级（中）：每个高倍镜视野可见10～19个有丝分裂象，但是坏死＜50%。
- Ⅲ级（高）：每个高倍镜视野可见有丝分裂象＞20，且肿瘤坏死＞50%。

犬STS的组织学分级有助于预测转移和预后。一项研究显示，仅13%的Ⅰ级肿瘤患犬发生转移，而41%的Ⅲ级肿瘤患犬发生转移。每个高倍镜视野中有丝分裂象＞19的患犬MST为236d，而每个高倍镜视野中有丝分裂象＜10的患犬则为1 444d。肿瘤组织坏死的比例也可预测生存情况（坏死＞10%的患犬，因肿瘤相关原因，其死亡率可能是坏死＜10%患犬的3倍）。

这类肿瘤具有局部侵袭特性，所以发现边缘没有切除干净是很常见的。进一步的治疗包括切除第一次手术的瘢痕，但考虑到瘢痕的位置和可用于重建的组织数量，这一方法有时也不能实施。美国的一项回顾性调查显示切除的41个STS瘢痕中，有9个被证实有残留肿瘤，该报告的结论是如果STS切除不完全，那么即使可切的组织边缘已经很窄，也应切除局部组织，肿瘤外科专家进行第二次手术后，局部复发率仅为15%。

如果二次手术不能进行，可选择外束线放疗。虽然传统上认为STS对辐射相对不敏感，用作单一治疗，并无明显的效果，但有两项研究显示对切除不完全的STS辅助使用放疗也有一定作用，术后1年的局部控制率为80%～95%，2年为72%～91%。因此将切除不完全STS病例转诊至放射肿瘤学家也是一种选择，尤其是在很难切除瘢痕时。不推荐对STS病例使用化疗，因其缓慢的生长速度及遗传抗药性，化疗效果不良。一些研究显示STS对以多柔比星为基础的治疗方案有反应，在实例研究中，作者也遇到过对卡铂反应很好的Ⅲ级肿瘤，但通常据报道仅有1/3的病例有反应。而最近一项有趣的报道提到，对STS切除不完全的犬使用环磷酰胺（10mg/m^2）和吡罗昔康（0.3mg/kg）节律给药。55只患犬每天或隔天给药，结果显示任何部位（躯干、四肢）发生STS的病例，接受化疗后比未进行化疗的对照犬的无病间隔期（disease-free interval，DFI）显著延长。而对发生于不同部位的STS病例（躯干、四肢）做比较时，DFI也有明显延长。因此作者认为该治疗方案是否可作为切除不完全STS患犬，以及高度转移性肿瘤（如骨肉瘤和黑色素瘤）患犬等的辅助治疗，仍需做进一步评估。

作者通常推荐将广泛、完全手术切除作为STS的最佳治疗方案，如本病例的情况。某些STS病例，如果初诊医师不确定是否能完全切除肿物并闭合创口，应该转诊至外科专家。如果边缘不干净，则应考虑二次手术，如果难以进行二次手术，患病动物应该进行放疗，节律化疗在未来也可能是一种选择。如果肿瘤组织学分级结果为Ⅲ级，则应该考虑辅助化疗，单独使用多柔比星或卡铂（每3周给药1次，总共5次），或如前所述使用环磷酰胺和吡罗昔康节律给药。

总之，STS的预后依赖于其组织学分级和原发部位，但绝大多数病例经适当治疗的情况良好。STS患犬的MST在仅手术治疗时约为1 400d，手术和化疗联合治疗时可超过2 200d。

临床病例15.7——兔间质细胞肿瘤

由爱丁保大学Kevin Eatwell提供。

动物特征

8岁，未去势雄兔。

表现

单侧睾丸增大。

病史

该病例相关病史如下：

- 患兔表现正常。
- 患兔摄食、排便正常。
- 主人注意到患兔后部有一肿物，前来就诊。
- 患兔为单独家养。
- 患兔接种了兔黏液瘤病毒疫苗。

临床检查

- 患兔体重为2.6kg。
- 患兔活泼、警觉。
- 心肺听诊未见异常。
- 腹部触诊未见异常。
- 左侧睾丸增大。
- 该睾丸无痛感，没有炎症迹象。
- 右侧睾丸较小。
- 会阴部有少量尿液和粪便污物。
- 未见其他异常。

诊断评估

- 患兔入院做进一步检查。
- 血液学检查显示有轻微的中性粒细胞增多（60%），属于应激白细胞象。无中毒迹象。
- 生物化学检查未见异常。
- 胸腹腔X线检查未见异常。
- 牙齿有病理损伤，但不足以造成临床症状。

初步诊断

- 睾丸肿瘤。

治疗

考虑到临床病史和临床检查，对患兔进行了去势术。病变睾丸和较小的右侧睾丸均被切除（图15.27和图15.28）。因患兔年龄较大，术前使用丁丙诺啡（0.03mg/kg）进行麻醉，使用七氟烷面罩给药。患兔呈仰卧位，在阴囊及周围仔细剃毛，对皮肤做无菌处理。用手术刀在左侧阴囊做一切口，再用手术剪扩大切口。将皮肤与被膜做钝性分离，把睾丸先取出。进一步钝性分离所有附属结构，以便进行去势术闭合。将两个动脉夹置于睾丸近端，使用可吸收缝线进行结扎（2-聚二噁烷酮缝线）。把缝线残端放入伤口，然后使用间断水平褥式缝合闭合阴囊切口。另一侧睾丸做相同处理，但只需一根缝线。术中皮下给予美洛昔康（0.6mg/kg）、甲氧氯普胺（0.5mg/kg）、甲氧苄啶/氨苯磺胺（30mg/kg）以及温热的乳酸林格液（10mL/kg）。患兔在术后当天出院回家。

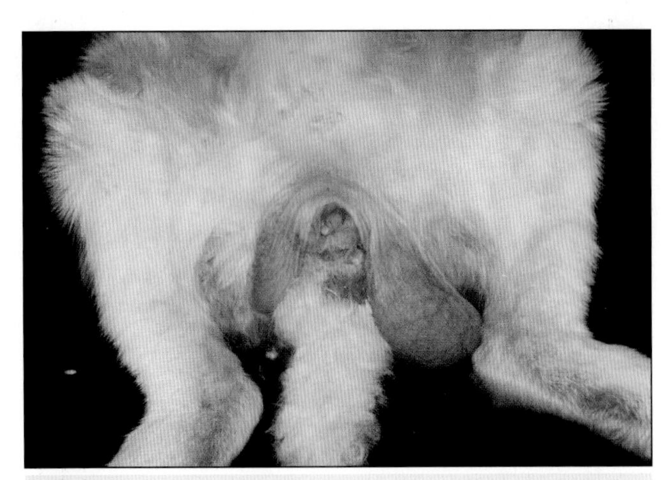

图 15.27 病例 15.7 就诊时睾丸外观

图 15.28 病例 15.7 切除后睾丸大小区别明显

诊断

- 组织学检查确诊该肿瘤为间质细胞瘤。

结局

患兔顺利恢复，并在出院72h后进行术后复查。一周后拆除缝线。患兔6个月后接种疫苗时一切良好。之后失去联系。

知识回顾

越来越多的宠物兔主人带它们到兽医处寻求医疗帮助，被发现的宠物兔睾丸肿瘤病例数量也不断增多。据报道已发现4种肿瘤（精原细胞瘤、间质细胞瘤、支持细胞瘤和畸胎瘤）。引起睾丸肿大需要进行鉴别诊断的其他疾病包括外伤、兔黏液瘤病、兔梅毒密螺旋体感染、睾丸炎、附睾炎和睾丸扭转。这些疾病可通过询问病史和临床检查进行排除。

本病的临床症状常局限为兔生殖器解剖学变化。偶尔发现阴囊区域的污物增多，可能是由于睾丸体积的变化使清理皮毛不太容易。通常另一侧睾丸体积会缩小。一些兔子可能会表现出性欲和攻击性增强。

诊断主要基于临床检查所见。密螺旋体感染和兔黏液瘤病可经病变睾丸组织的活检或组织病理学而排除。虽然这些疾病可用药物治疗，但兔黏液瘤病预后不良。

睾丸炎和附睾炎通常会导致阴囊内睾丸疼痛、肿胀。这些疾病也可进行药物治疗，但如果患兔不做种用，那么建议进行手术治疗（去势术）以减少上行感染的风险。未绝育雄兔的睾丸外伤也可能由彼此争斗造成。对一些可能涉及种用雄兔的病例，则需对睾丸进行细针抽吸细胞学检查，应尽可能在术前确诊。睾丸超声检查也可显示睾丸内细小的肿物。

治疗方法是利用闭合术进行去势，以预防腹腔内容物经开放的腹股沟环形成疝。该病可100%治愈。未见发生转移的报道。如果阴囊部显著增大，可能需要进行阴囊烧灼术以预防外伤和擦伤。所有需要进行麻醉的兔都应采用常规镇痛和肠道蠕动刺激药物。

依据对病变睾丸的组织病理学检查来进行确诊。通常一个小的结节应在术后通过切片检查进行判定。可对兔进行常规绝育术以预防睾丸肿瘤的发生。通常在4～5个月龄时进行该手术，以控制雄兔的不良行为。

临床病例15.8——犬支持细胞瘤

动物特征

13岁，未去势雄性。

表现

后肢非瘙痒性脱毛。

病史

该病例相关病史如下：

- 患犬完全免疫，无既往病史。

- 主人注意到该犬后肢和尾部不断恶化的进行性脱毛，背部和肋腹部被毛变稀。主人称未见患犬抓挠或过度舔舐脱毛部位。
- 其他方面正常，主人称患犬最近衰老加速，行动缓慢。
- 主人还称患犬一侧睾丸比另一侧睾丸明显增大。

临床检查

- 患犬安静但警觉。
- 心肺听诊未见异常。
- 腹部触诊未见异常。
- 皮肤检查显示为双侧、对称性、非瘙痒性脱毛，皮肤下层有轻度的色素沉着，主要位于后肢下侧和尾部。被毛较干燥，蓬乱。
- 触诊检查发现右侧睾丸显著增大（图15.29和图15.30）。

诊断评估

- 对脱毛部位进行皮肤刮片和胶带粘贴检查，但未见异常。
- 除了生化全项检查外，还检测了总T4和内源性TSH，结果均在正常范围内，该犬生化指标无明显异常。
- 直肠指检显示有轻度至中度的前列腺增大，与患犬为老龄未绝育犬相一致，但未见疼痛反应和不对称现象。
- 全血细胞计数显示患犬有轻度非再生性贫血（PCV为31%）。
- 腹部超声检查未见腹部淋巴结增大，证实为全身性、均质性前列腺增大。
- 睾丸超声检查发现右侧睾丸内有一肿物。

诊断

睾丸肿瘤及副瘤性（可能为内分泌性）脱毛。

治疗

对患犬进行了去势术，将睾丸进行组织病理学检查。右侧睾丸被确认为支持细胞瘤（塞尔托利细胞瘤）。

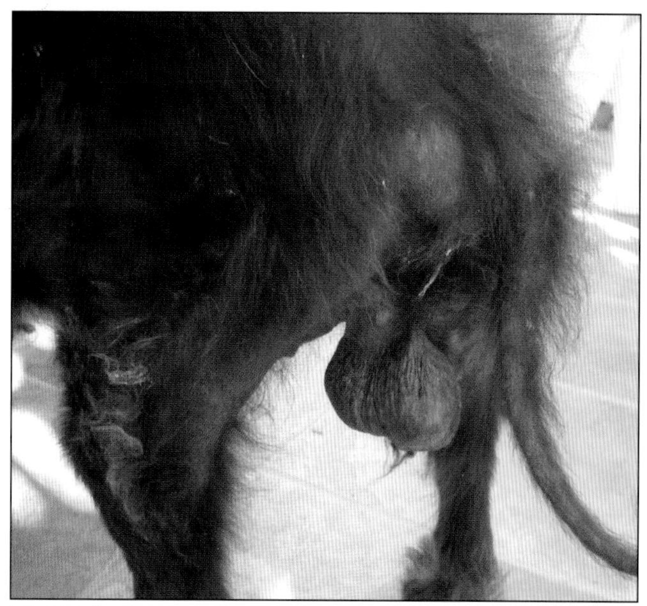

图 15.29

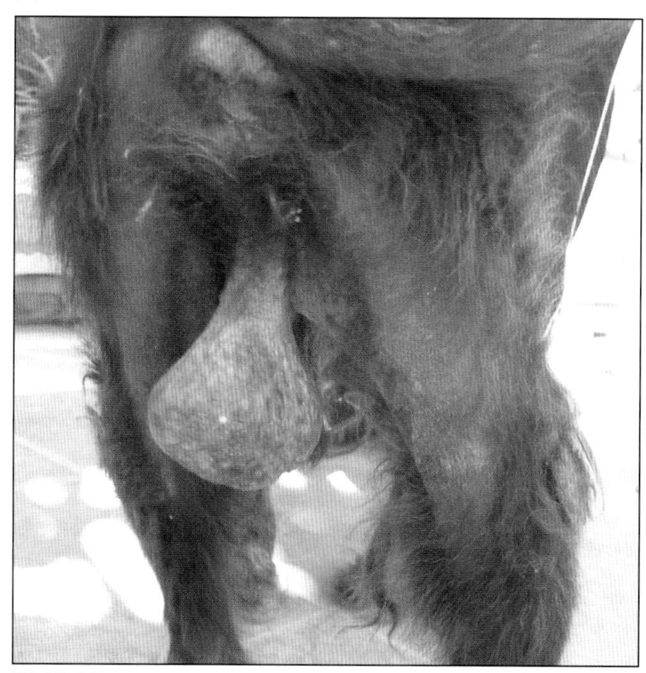

图 15.30

图 15.29 和图 15.30　病例 15.8 患犬就诊时的外观

结局

患犬被毛情况改善，6个月后脱毛现象消失。

知识回顾

在统计学上睾丸肿瘤是公犬生殖系统最常发生的肿瘤，但是在猫少见，而在英国大多数犬进行了去势术，因此本病并不常见。其发生原因尚不明确，但是公认的风险因素之一是隐睾，因此在隐睾犬身上发现位置异常的睾丸并进行去势，对犬健康很有益处。隐睾是一种遗传病（可能属于性连锁常染色体隐性遗传），对隐睾动物应进行双侧睾丸移除，不是仅将位置异常的睾丸移除，而留下阴囊内的睾丸。睾丸肿瘤通常只发生于老年犬（在一项研究中平均年龄为9.5岁，在另一项研究中为10.7岁）和特定品种，如拳师犬、凯恩㹴、拉布拉多犬、边境牧羊犬、德国牧羊犬和刚毛牧羊犬。最近意大利一项研究称，死后剖检时发现睾丸肿瘤的发生率可达27%，表明犬睾丸精原细胞瘤的发病率在增加，这与人类在20世纪后期的情况类似，提示环境因素可能是引起睾丸肿瘤发生的因素之一。

犬睾丸原发性肿瘤主要有3种类型，反映了3种不同的细胞起源。起源于睾丸间质细胞的间质细胞瘤（interstitial cell tumours，ICT），起源于睾丸支持柱状细胞的支持细胞瘤（Sertoli cell tumours，SCT），以及起源于生精上皮细胞的精原细胞瘤。意大利的一项研究提及先前发现的肿瘤50%为ICT，42%为精原细胞瘤，8%为SCT。该研究还发现大量犬（31%）同时有一种以上的肿瘤。

睾丸肿瘤常表现为睾丸增大，而不疼痛。但是，如本病例所述，任何睾丸肿瘤都可导致皮肤症状（双侧非瘙痒性脱毛和明显的色素沉积；图15.31），以及雌性化征象，如包皮下垂和雄性乳腺发育症。这种异常的副肿瘤综合征，是由于肿瘤同时诱导雌性生殖激素（如雌二醇-17β和睾酮）、其他类固醇激素内源性生成，结果使性激素相对比例改变，进而导致上述皮肤变化。

雌激素过多还可通过影响骨髓导致更严重的副肿瘤反应，引发再生性贫血和全血细胞减少等疾病。在移除原发肿瘤后这些疾病的影响不会马上消失，因此，对患瘤动物进行诊断评估时，高质量的全血细胞计数对确保没有发生此类疾病非常重要。患睾丸肿瘤的病例可能因非再生性贫血来就诊（见第11章）。但是对这些患病动

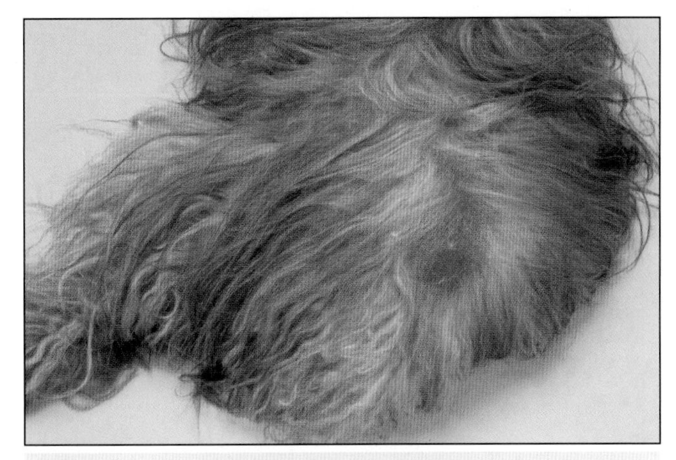

图 15.31　一只老年英国牧羊犬因背部脱毛就诊。该犬被诊断为支持细胞肿瘤，去势术后脱毛症状消失（图片由迪克怀特转诊中心的 Simon Tappin 先生惠赠）

物检测雌二醇等雌性激素几乎没有诊断意义[①]。

如果没有危及生命的骨髓问题，所有病例首选的治疗方案是单纯的去势术。因为睾丸肿瘤侵袭性不强，所以其转移率很低（低于15%）。如果确实发生了转移，则先转移到局部淋巴结，其次是远端淋巴结，再次到肺脏和其他器官。故建议对睾丸肿瘤病例在术前应进行腹部超声检查和胸部X线检查，以确认没有发生继发性转移。通常仅有局部病灶的患犬预后良好，手术治疗较好。但是发生转移的患犬预后不明确，主要是因为睾丸肿瘤化疗效果不明确。在人类医学，顺铂是常用药物，据称在治疗睾丸肿瘤转移患犬时也比较成功，但是研究的病例较少，因此还需要进行更多研究以确立继发转移患犬的最佳治疗方案。

① 译者对此持反对意见。

附录

1 附录 世界卫生组织家畜淋巴瘤的临床分期原则

此分类系统首先根据病变的解剖位置，其次根据疾病的程度来划分淋巴瘤，如下所示：

A. 全身性

B. 消化道

C. 胸腺

D. 皮肤

E. 真性白血病

F. 其他部位

第Ⅰ期：病变仅局限于单一淋巴结或单一器官（不包括中枢神经系统和骨髓）。

第Ⅱ期：病变影响一组局部的淋巴结，通常只会影响横膈膜的一侧。

第Ⅲ期：全身淋巴结受累。

第Ⅳ期：不论是否存在第Ⅲ期病变，疾病已经影响到肝脏和/或脾脏。

第Ⅴ期：疾病影响到骨髓和/或上文未提及的其他器官。

除了Ⅰ～Ⅴ分期以外，每期还可被细分为“a”组或“b”组。尚未出现疾病临床症状的都被分到“a”组，已经出现全身症状的都被分到“b”组。

2 附录 化疗方案

改良式麦迪逊－威斯康星（Madison-Wisconsin）化疗方案

第1周	静脉注射长春新碱0.7mg/m² 肌内注射L-天门冬酰胺酶400IU/kg 口服泼尼松龙2mg/kg，每天1次
第2周	静脉注射或口服环磷酰胺250mg/m² 口服泼尼松龙1.5mg/kg，每天1次
第3周	静脉注射长春新碱0.7mg/m² 口服泼尼松龙1.0mg/kg，每天1次
第4周	静脉注射阿霉素30mg/m² 口服泼尼松龙0.5mg/kg，每天1次
第5周	无治疗并且停服泼尼松龙
第6周	静脉注射长春新碱0.7mg/m²
第7周	静脉注射或口服环磷酰胺250mg/m²
第8周	静脉注射长春新碱0.7mg/m²
第9周	静脉注射阿霉素30mg/m²

第10～25周，重复上述化疗方案（不使用L-天门冬酰胺酶或泼尼松龙），并且将用药间隔增加为14d。总体治疗时间为25周。

据报道，第1个9周诱导治疗方案可以获得疗效，之后再次使用的时候就可能会有复发的风险。

高剂量COP方案

第1周	静脉注射长春新碱0.7mg/m² 环磷酰胺300mg/m² 泼尼松龙2mg/kg，每天1次
第2周	静脉注射长春新碱0.7mg/m² 泼尼松龙2mg/kg，每天1次
第3周	静脉注射长春新碱0.7mg/m² 泼尼松龙1mg/kg，每天1次
第4周	静脉注射长春新碱0.7mg/m² 环磷酰胺300mg/m² 泼尼松龙0.5mg/kg，隔天1次
第7周	静脉注射长春新碱0.7mg/m² 环磷酰胺300mg/m² 泼尼松龙0.5mg/kg，隔天1次

这种治疗要持续6个月，此后每次治疗的时间间隔由3周转变为4周。

MOPP化疗方案

- 在第1天和第7天静脉注射氮芥3mg/m²。
- 在第1天和第7天静脉注射长春新碱0.7mg/m²。
- 第1～14天口服甲基苄肼50mg/m²，每天1次。
- 第1～14天口服泼尼松龙30mg/m²，每天1次。
- 第15～28天内不需要任何治疗，然后在第4周的时候重复上述用药方案。

D-MAC化疗方案

第1天：地塞米松1mg/kg，口服、皮下注射或静脉注射。静脉注射放线菌毒D 0.75mg/m²。阿糖胞苷300mg/m²，皮下注射或4h缓慢静脉滴注。

第8天：地塞米松1mg/kg，口服、皮下注射或静脉注射。口服美法仑20mg/m^2。

每隔2周，重复一次循环，直至病情缓解或稳定。如果出现骨髓抑制、特别是血小板减少症的迹象，那么可以使用苯丁酸氮芥代替美法仑，使用剂量为20mg/m^2。

如果患犬的病情确实得到完全的缓解，则建议5～8个周期后将化疗方案换成维持的“LMP”方案。

“LMP”方案包括：隔周口服苯丁酸氮芥20mg/m^2，每周2次口服甲氨蝶呤2.5～5.0mg/m^2，隔天口服泼尼松龙20mg/m^2。

长春花碱和泼尼松龙联合用于肥大细胞瘤的化疗方案

第1周	静脉注射长春花碱2mg/m^2 每日1次口服泼尼松龙40mg/m^2
第2周	持续每日1次口服泼尼松龙40mg/m^2
第3周	静脉注射长春花碱2mg/m^2 每日1次口服泼尼松龙，剂量减少为20mg/m^2
第4周	持续每日1次口服泼尼松龙20mg/m^2
第5周	静脉注射长春花碱2mg/m^2 剂量减为隔天1次口服泼尼松龙20mg/m^2
第6周	持续隔天1次口服泼尼松龙20mg/m^2
第7周	静脉注射长春花碱2mg/m^2 持续隔天1次口服泼尼松龙20mg/m^2
第8周	持续隔天1次口服泼尼松龙20mg/m^2
第9周	静脉注射长春花碱2mg/m^2 完全停用泼尼松龙
第11周	静脉注射长春花碱2mg/m^2
第13周	静脉注射长春花碱2mg/m^2
第15周	静脉注射长春花碱2mg/m^2

另一种方法是在前4次每隔1周注射长春花碱。

苯丁酸氮芥和泼尼松龙联合用于肥大细胞瘤的化疗方案

第1、2周	隔天1次口服苯丁酸氮芥4～5mg/m^2 每日1次口服泼尼松龙40mg/m^2
第3、4周	隔天1次口服苯丁酸氮芥4～5mg/m^2 每日1次口服泼尼松龙20mg/m^2
第5周起	隔天1次口服苯丁酸氮芥4～5mg/m^2 隔天1次口服泼尼松龙20mg/m^2

治疗6个月后，停用泼尼松龙和苯丁酸氮芥。

多柔比星和卡铂联合用于骨肉瘤的化疗方案

第1周	卡铂300mg/m^{2}静脉滴注，超过20min
第4周	多柔比星30mg/m^{2}静脉滴注，超过20min
第7周	卡铂300mg/m^{2}静脉滴注，超过20min
第10周	多柔比星30mg/m^{2}静脉滴注，超过20min
第13周	卡铂300mg/m^{2}静脉滴注，超过20min
第16周	多柔比星30mg/m^{2}静脉滴注，超过20min

研究人员建议，给予任何剂量的多柔比星之前，应静脉给予扑尔敏，以减少由肥大细胞脱颗粒而引发急性过敏反应的风险。

环磷酰胺和吡罗昔康联合用于不完全切除的软组织肉瘤的化疗方案

- 口服环磷酰胺10mg/m^2，每天1次或隔天1次。
- 口服吡罗昔康0.3mg/kg，每天1次。

持续治疗至少6个月，旨在用连续的治疗以获得症状持续的缓解。

5-氟尿嘧啶和环磷酰胺联合用于乳腺癌的化疗方案

第1周	5-氟尿嘧啶150mg/m^2 环磷酰胺100mg/m^2 静脉滴注，一种药在另一种药之后给予
第2周	5-氟尿嘧啶150mg/m^2 环磷酰胺100mg/m^2 静脉滴注，一种药在另一种药之后给予
第3周	5-氟尿嘧啶150mg/m^2 环磷酰胺100mg/m^2 静脉滴注，一种药在另一种药之后给予
第4周	5-氟尿嘧啶150mg/m^2 环磷酰胺100mg/m^2 静脉滴注，一种药在另一种药之后给予

该方案应于手术切除原发病灶后1周开始实行。

米托蒽醌和吡罗昔康联合用于膀胱移行细胞癌的化疗方案

第1周	米托蒽醌5mg/m^2静脉滴注，超过20min 口服吡罗昔康0.3mg/kg，每天1次
第4周	米托蒽醌5mg/m^2静脉滴注，超过20min 口服吡罗昔康0.3mg/kg，每天1次
第7周	米托蒽醌5mg/m^2静脉滴注，超过20min 口服吡罗昔康0.3mg/kg，每天1次
第10周	米托蒽醌5mg/m^2静脉滴注，超过20min 口服吡罗昔康0.3mg/kg，每天1次
第13周	米托蒽醌5mg/m^2静脉滴注，超过20min 只要患犬的症状持续好转，就继续口服吡罗昔康0.3mg/kg，每天1次

3 附录 禁水试验方案

1. 患病动物禁食12h，然后安置一个静脉导管。
2. 完全排空膀胱（理想方法是导管导尿），测量尿相对密度和患病动物的体重。如果有设备可测量渗透压，那么该方案的重点是需要测尿相对密度（USG），然后要测量尿渗透压和血浆渗透压。
3. 计算患病动物试验前体重的5%是多少。
4. 完全停止患病动物的水供应。
5. 每1～2h清空膀胱，测量尿相对密度并且在清空膀胱后称量患病动物的体重。
6. 继续测试，直到：a. 尿相对密度的测量值上升到正常范围之内；如果尿相对密度上升到1.015或更高，则几乎不可能诊断为尿崩症。b. 患病动物体重减少了5%。
7. 如果体重下降5%而尿相对密度很少或没有升高，则该病例患有尿崩症。要鉴别中枢性和肾性尿崩症，可肌内注射抗利尿激素类似物去氨抗利尿激素。如对于上述治疗没有或很少有反应，且尿相对密度仍维持在很低的水平上，患病动物体重降低，并出现严重的脱水，则为肾性尿崩症。而大多数中枢性尿崩症的病例，尿相对密度/尿渗透压在注射去氨抗利尿激素后2～4h内明显上升。

4 附录 犬猫每日热量计算

在正常动物体内，能量以3种形式储存：

- 肝糖原。
- 脂肪细胞内的甘油三酯。
- 氨基酸。

如果动物开始挨饿，那么首先被使用的是肝糖原，其次是甘油三酯，最后是蛋白质，并且动物体新陈代谢会降低以节约能量。对于患病动物，分解代谢加速的形式不是能量守恒，具体表现在：

- 肝糖原调动提前。
- 氨基酸的需求更高。
- 脂肪分解不能满足能量的需求，因此蛋白质的需求增加。这可引起应激性激素（如皮质醇和儿茶酚胺）的浓度升高，从而导致机体代谢率升高。

因此对患病动物需要特别注意其日常饮食，癌症病例尤其如此。所有住院动物应计算其每天的能量需求，可按下式计算：

- 犬：{[30×体重(kg)]+70}×疾病因子

疾病因子为1.2～1.7，但对于大多数住院的患病动物而言，疾病因子可被视为1.4。

- 猫：50×体重(kg)

上述计算结果可以给出每个患病动物每天需要的千卡数，依据知名食品制造商公布的每克食物卡路里含量，即可制订一个非常准确的饲养计划。

对人类癌症患者而言，有很多口口相传或文字介绍的对健康有潜在益处的不同类型食物。在兽医营养方面，也应建立给予癌症动物饲喂高质量和高生物学价值食物的理念。然而，几乎见不到好的兽医科学出版物，指明某种特定类型的食粮与其他食粮（比较家常的食物，或未加工的食物和商业上可用的食物）相比对健康的好处。有研究证明对于淋巴瘤患犬补充ω-3脂肪酸可产生有益的影响。此外，也有证据显示，饲喂高脂肪、高蛋白、低糖类的食物，有助于淋巴瘤患犬疾病的缓解，也有助于延长缓解期。对此的解释是，淋巴瘤细胞优先利用葡萄糖，产生了参与再循环的乳酸，而肿瘤周围的健康细胞需要消耗ATP来代谢那些可被瘤细胞重新利用的乳酸，导致瘤细胞生长受阻。饲喂高脂肪的食物可能通过减少瘤细胞的主要能量底物使其“挨饿”，从而降低瘤细胞代谢率。因此，确保住院患瘤动物适宜的饲喂是兽医护士/医疗助理的重要工作，这样做对于患瘤动物在接受治疗时增加反应强度，提高有效率特别有益。

5 附录 前列腺的冲洗方法

在乙酰丙嗪和布托啡诺镇静或短暂的全身麻醉的前提下，使用润滑无菌的导尿管插入犬尿道并且缓慢逆向回插。随之临床医生进行直肠指检并感觉导管在其指尖下前行，放置在前列腺的中线（即尿道的沿线）上。当导管的尖端触到医生指尖时，导尿管停止前进。向导管中引入10mL生理盐水，把导管向前侧推压一点。进行前列腺按摩之后，使用注射器将生理盐水抽回，并将样本提交做细胞学诊断。

选择题

1. 有关细针抽吸活组织检查样本的细胞学评估，下列说法中最准确的是：
   A. 简单、不昂贵，但是样本通常不足以用于建立肿瘤分级
   B. 简单、不昂贵，并且对于评估肿瘤级别是十分有用的
   C. 困难、昂贵，并且通常不能用于建立肿瘤分级
   D. 需进行大量的镇静或麻醉，才能使得到的样本具备诊断价值

2. 有一种最佳的细胞学“通用”染色液，它既可以清晰地呈现细胞质和细胞核的细节，又可用于肥大细胞的颗粒着色和细菌鉴定，它是：
   A. 甲苯胺蓝制剂
   B. Diff-Quick和其他快速染色液
   C. H&E染色剂
   D. 罗曼诺夫斯基染色剂，如姬姆萨染色剂

3. 下列肿瘤性疾病中，属于圆形细胞肿瘤的是：
   A. 移行细胞癌
   B. 脾脏血管肉瘤
   C. 组织细胞瘤
   D. 周围神经鞘瘤

4. 核仁组成区嗜银染色（运用银染色剂使细胞核内的核仁组成区可见）对于细胞学检查和组织病理学检查都有潜在的作用，它可以：
   A. 诊断肿瘤细胞的来源
   B. 判断是否出现了肿瘤转移性疾病
   C. 帮助建立肿瘤分级
   D. 帮助确定肿瘤在化疗后的反应情况

5. 下列选项中，哪项不是肿瘤细胞的特征？
   A. 有自给自足的生长能力
   B. 对于天然的抗生长信号不敏感
   C. 可以促进血管持续形成
   D. 细胞凋亡率增加

6. 外周血液循环中中性粒细胞的即时计数在治疗前低于多少时，则化疗需推迟进行：
   A. 3.5×10^9个/L
   B. 2.5×10^9个/L
   C. 1.5×10^9个/L
   D. 0.5×10^9个/L

7. 用环磷酰胺治疗犬Ⅲ级多中心性淋巴瘤时，若患犬表现为出血性膀胱炎时，则需将环磷酰胺更换为以下哪种药物？
   A. 卡铂
   B. 吉西他滨
   C. 美法仑
   D. 泼尼松龙

8. 必须在层流通风橱内配制有细胞毒性的药物，因为这有助于防止：
   A. 药物与临床医生皮肤的直接接触
   B. 药物混合不充分
   C. 无意中将化疗药物溅入临床医生的眼睛
   D. 吸入雾化的细胞毒性颗粒

9. 对于犬耳廓的疑似肥大细胞瘤，首选的检查方法是哪一种？
   A. 切除活组织检查
   B. 切开活组织检查

C. 皮肤钻孔活组织检查
D. 细针抽吸检查

10. 切除活组织检查是哪种肿瘤性疾病的首选诊断方法?
A. 猫注射部位肉瘤
B. 脾脏血管肉瘤
C. 口腔黑色素瘤
D. 皮肤淋巴瘤

11. 下列药物中，哪种可使猫出现具有潜在致命性的肺水肿，并因此禁用于该种动物?
A. 顺铂
B. 卡铂
C. 表柔比星
D. 长春花碱

12. 有关切开活组织检查，下列说法中正确的是:
A. 需在细针抽吸检查之后进行
B. 确定手术的范围需包含切开活组织检查时留下的瘢痕
C. 对于口腔肿瘤，不推荐使用这种活组织检查方法
D. 是皮肤肥大细胞瘤的首选采样方法

13. 结肠腺癌切除后进行关腹时需更换手套，其主要原因是:
A. 防止外界环境污染创口
B. 防止外科医生经由刺破的手套而遭受污染
C. 防止肿瘤细胞的种植性传播
D. 防止创口因为感染而愈合不佳

14. 下列活组织检查技术中，哪种最适用于棘皮型齿龈瘤的诊断?
A. 细针抽吸检查
B. 切除活组织检查
C. 切开活组织检查
D. 压印涂片检查

15. 长春新碱的作用机制为:
A. 引发自由基的产生，使DNA链交联
B. 通过插入烷基，使DNA链交联
C. 抑制拓扑异构酶Ⅱ
D. 与组装的微管结合，抑制有丝分裂

16. 有关犬肘部纤维肉瘤的切除，下列说法中正确的是:
A. 切除肿瘤时，切缘为肿瘤外旁开并深入3cm
B. 切除肿瘤时，切缘为肿瘤外旁开3cm并深入一个筋膜层
C. 对于微观病变，使用放疗作为辅助治疗是无效的
D. 单独使用化疗对该类肿瘤有效

17. 下列选项中，哪项不是犬多发性骨髓瘤的诊断特征?
A. 多克隆丙种球蛋白血症
B. 本周氏蛋白尿
C. 骨溶解损伤
D. 浆细胞骨髓痨

18. 许多化疗药物都可代谢为具有潜在细胞毒性的物质，对畜主造成了重大的健康和安全隐患。顺铂即为该类药物之一，顺铂代谢产物的主要排泄途径为:
A. 通过肝脏进入胆汁，再进入粪便
B. 通过肝脏，再进入唾液
C. 通过肾脏，再进入尿液
D. 代谢物不外排，而是积聚在患畜的脂肪中

19. 将3种不同形式的体外放射束按组织穿透力大小进行排列，下列哪项是正确的?
A. 电子束 < 常压放射束 < 高压放射束
B. 常压放射束 < 高压放射束 < 电子束
C. 高压放射束 < 常压放射束 < 电子束
D. 电子束 < 高压放射束 < 常压放射束

20. 手术与放疗联合可有效治疗哪种肿瘤性疾病?

A. 上颌前部鳞状上皮癌

B. 膀胱移行细胞癌

C. 胸侧壁的肥大细胞瘤

D. 乳腺癌

21. 空肠中部腺癌切除后，行端-端吻合术时，需使用哪种缝合方式?

A. 内翻缝合

B. 外翻缝合

C. 库兴氏缝合

D. 对接缝合

22. 将3种不同类型的犬鼻腔肿瘤按发病率大小进行排列，下列哪项是正确的?

A. 淋巴型 > 上皮型 > 间质型

B. 上皮型 > 间质型 > 淋巴型

C. 间质型 > 淋巴型 > 上皮型

D. 上皮型 > 淋巴型 > 间质型

23. 移行细胞癌切除后，进行膀胱闭合时，推荐使用哪种缝合材料?

A. 丝线

B. 聚丙烯线

C. 羊肠线

D. 聚对二氧环己酮线

24. 有关原发性肺肿瘤，下列说法中正确的是:

A. 首选的手术方法为胸骨正中切开术

B. 预后在一定程度上与局部淋巴结的大小有关

C. 为判断肿瘤级别，通常应在术前行针芯活组织检查

D. 与缝合法相比，外科缝合器更易引发气胸

25. 下列手术方法中，最适用于下颌骨骨肉瘤切除的是:

A. 分区切除

B. 边缘性切除

C. 囊内切除

D. 广泛性切除

26. 结扎分度吻合器适用于哪类手术?

A. 胃部分切除术

B. 肝切除术

C. 脾切除术

D. 肺叶切除术

27. 犬最常见的口腔恶性肿瘤是:

A. 鳞状上皮癌

B. 纤维肉瘤

C. 淋巴瘤

D. 黑色素瘤

28. 下列肿瘤中，哪种最不可能转移到肺部?

A. 恶性黑色素瘤

B. 尺骨骨肉瘤

C. 乳腺癌

D. 表皮血管肉瘤

29. 多种因素均可导致恶性体腔积液，其中之一为:

A. 血管通透性降低

B. 淋巴管阻塞

C. 静水压降低

D. 血浆胶体渗透压升高

30. 下列卵巢肿瘤亚型中，哪种能刺激雌激素的大量产生并引发外阴肿胀和脱毛的表现?

A. 精索间质肿瘤

B. 上皮细胞肿瘤

C. 原始生殖细胞肿瘤

D. 转移性血管肉瘤

31. 切除猫右前侧第2乳腺处肿物的最适方法为:

A. 只包含第2乳腺的局部乳房切除术

B. 包含第1、2乳腺的区域乳房切除术

C. 双侧带状乳房切除术

D. 单侧带状乳房切除术

32. 一只8岁未绝育母犬的左侧腹股沟处有一直径为2cm的乳腺肿物，下列说法中正确的是：

A. 恶性的可能性很大

B. 手术切除肿物，同时进行卵巢子宫切除术，可防止肿物复发

C. 与局部乳房切除术相比，单侧带状乳房切除术的预后会更好

D. 无须进行细针抽吸，因为它的结果并不会影响手术切除的范围

33. 诊断膀胱移行细胞癌的最佳活组织检查方法为：

A. 导尿管抽吸活组织检查

B. 超声引导下进行细针抽吸

C. 超声引导下进行穿刺活组织检查

D. 切开活组织检查

34. 经过手术切除，哪种口腔肿瘤的预后最佳？

A. 下颌后部骨肉瘤

B. 上颌后部纤维肉瘤

C. 下颌前部鳞状上皮癌

D. 上颌前部黑色素瘤

35. 如果肿瘤病例表现为吞咽困难，那么肿瘤不可能来自于哪里？

A. 口腔

B. 食管

C. 胃

D. 内耳

36. 一只拳师犬的皮肤上有一柔软的直径为2cm的肿物，细针抽吸涂片如下图所示。样品经姬姆萨染色。由此可给出何种诊断？

A. 淋巴肉瘤

B. 组织细胞瘤

C. 肥大细胞瘤

D. 血管肉瘤

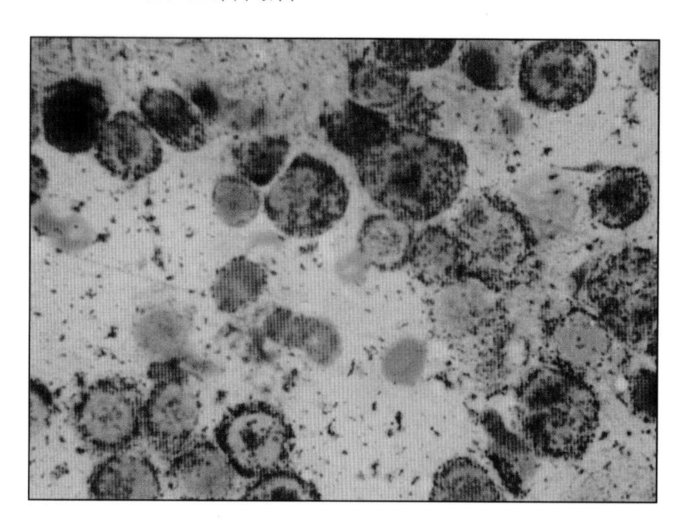

37. 切除犬腹侧大片感染溃烂的肥大细胞瘤时，最佳的抗生素方案为：

A. 切第一刀时皮下注射阿莫西林-克拉维酸

B. 切第一刀前30min静脉注射头孢唑啉

C. 切第一刀时静脉注射阿莫西林-克拉维酸

D. 闭合创口时皮下注射头孢唑啉

38. 为直径3cm的肛囊腺癌进行临床分期时，除胸部X线片检查外，还需进行的检查为：

A. 血沉棕黄层分析

B. 对侧肛门囊腺的细针抽吸

C. 髂内淋巴结的超声检查

D. 降结肠的超声检查

39. 有关肥大细胞瘤，下列说法中正确的是：

A. 对于中级别肿瘤，推荐进行手术切除，切缘为肿瘤外旁开2cm并深入一个筋膜层

B. 对于所有未能完全切除的中级肿瘤，推荐使用化疗作为辅助治疗

C. 该类肿瘤通常对放射线不敏感

D. 易患多发性肥大细胞瘤的犬预后不良

40. 有关软组织肉瘤，下列说法中正确的是：

A. 假包膜具有保护性，其位于肿物的中央，内含肿瘤细胞

B. 临床行为和预后与肿瘤的级别有关

C. 该类肿瘤常见远端转移
D. 肿瘤细胞在细针抽吸时很容易脱落

41. 犬发生高钙血症时，需进行鉴别诊断的疾病不包括下列哪项?
A. 甲状旁腺机能亢进
B. 肛囊腺癌
C. 胃癌
D. 多中心性淋巴瘤

42. 有关结肠直肠息肉，下列说法中正确的是:
A. 通常会转移，因此预后不良
B. 需进行大范围的腹腔手术才能将其切除
C. 通常会引发便秘
D. 尽管起初是良性的，若不进行治疗则会发生恶变

43. 下列哪项为犬鼻腔肿瘤的最佳治疗方法?
A. 高能线性加速器作用下的体外放射治疗
B. 使用多柔比星进行全身化疗
C. 通过背侧鼻切开术进行切除
D. 内镜引导下的吸除性减瘤手术

44. 一只犬的下颌淋巴结和肩前淋巴结出现明显肿大，细针抽吸涂片如下图所示（姬姆萨染色，x100）。由此可做出何种诊断?

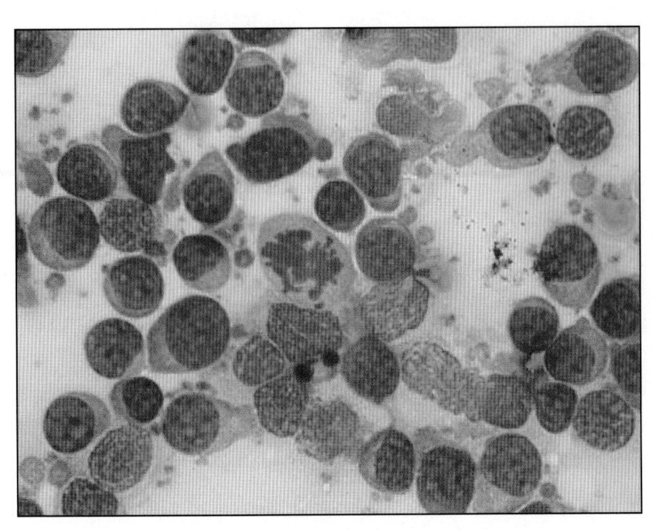

A. 恶性组织细胞增多症
B. 转移性口腔黑色素瘤
C. 转移性肥大细胞瘤
D. 多中心性淋巴瘤

45. 使用哪种化疗方案治疗犬的淋巴瘤可以获得最高的初始缓解率、最长的缓解时间和最低的复发率?
A. CHOP
B. 高剂量COP
C. 单独使用多柔比星
D. 单独使用泼尼松龙

46. 有关犬肾脏肿瘤，下列说法中正确的是:
A. 原发性肾肿瘤最常表现为间质型
B. 犬肾肿瘤常为转移性疾病而非原发性肿瘤
C. 原发性肾肿瘤通常会引发严重的腹部不适
D. 犬原发性肾癌通常表现为双侧性

47. 有关猫肾脏肿瘤，下列说法中正确的是:
A. 猫肾肿瘤常为转移性疾病而非原发性肿瘤
B. 原发性肾肿瘤通常会引发严重的腹部不适
C. 淋巴瘤比肾癌常见
D. 猫肾脏肿瘤通常为良性

48. 对于犬膀胱变移细胞癌，使用哪种治疗方法时中位生存期最长?
A. 手术切除肿瘤后进行体外放射治疗
B. 手术切除肿瘤后单独应用吡罗昔康进行治疗
C. 手术切除肿瘤后联合应用吡罗昔康和米托蒽醌进行治疗
D. 单独应用吡罗昔康进行治疗

49. 下列哪项全部为犬前列腺癌的常见临床表现?
A. 里急后重、疼痛性尿淋漓和腰部疼痛
B. 多尿、血尿和呕吐
C. 尿失禁、尾麻痹和腹部膨胀
D. 疼痛性尿淋漓、呕吐和尿频

50. 猫腺癌最常发生于胃肠道的哪一个部位？
A. 食管
B. 胃
C. 小肠
D. 大肠

51. 犬腺癌最常发生于胃肠道的哪一个部位？
A. 食管
B. 胃
C. 小肠
D. 大肠

52. 猫最常见的肝胆恶性肿瘤是：
A. 胆管腺瘤
B. 胆管癌
C. 肝脏类癌
D. 血管肉瘤

53. 用脾切除术治疗脾脏血管肉瘤时，最常出现的手术并发症是：
A. 血栓栓塞性疾病
B. 出血
C. 败血症
D. 腹膜炎

54. 下列犬口腔肿瘤中，中位生存期最短的是：
A. 齿龈鳞状上皮癌
B. 上颌纤维肉瘤
C. 扁桃体鳞状上皮癌
D. 下颌棘皮型齿龈瘤

55. 有关软组织肉瘤的切除，下列说法中正确的是：
A. 需在假包膜外的反应区进行切除，以涵盖所有的跳跃性转移
B. 需在假包膜内进行切除，然后再进一步地移除组织
C. 切除范围应包括局部淋巴结
D. 应进行广泛切除并完整保留假包膜

56. 有关犬皮肤组织细胞瘤，下列说法正确的是：
A. 非兽医学的病理学家进行显微镜检查时，可能会将其诊断为高度恶性肿瘤，然而实际上它们是良性的且有时可自行消退
B. 它具有很强的恶性潜能，需进行手术治疗并辅助以化疗
C. 由于它的恶性潜能，尽管进行手术治疗也应预后谨慎
D. 它也是猫的常见皮肤肿瘤

57. 在进行肘侧部软组织肉瘤的切除后，应使用哪种轴型皮瓣来重建创口？
A. 肩胛颈动脉皮瓣
B. 颞浅动脉皮瓣
C. 腹浅前动脉皮瓣
D. 胸背动脉皮瓣

58. 在进行手术切除后，哪种口腔肿瘤最常出现局部复发？
A. 下颌前部鳞状上皮癌
B. 上颌犬齿齿周的恶性淋巴瘤
C. 上颌后部臼齿内侧的纤维肉瘤
D. 下颌后部的棘皮型齿龈瘤

59. 经手术治疗后，胃癌的中位生存期约为：
A. 6个月
B. 12个月
C. 18个月
D. 24个月

60. 对于后肢趾部的中级别肥大细胞瘤，初步检查其转移情况的最佳方法为：
A. 胸部X线检查以及肝、脾超声检查
B. 触诊以及腘淋巴结抽吸检查
C. 髂骨翼的骨髓抽吸检查
D. 血沉棕黄层结合髂下淋巴结超声检查

61. 膀胱肿瘤最常发生于犬的哪个品种?
A. 苏格兰㹴
B. 金毛寻回猎犬
C. 拳师犬
D. 贵宾犬

62. 尽管一些皮肤组织细胞瘤会自行消退，但更多的病例还是需要进行药物治疗的。推荐使用的药物为:
A. 全身化疗药物，如多柔比星
B. 环氧合酶-2选择性非甾体抗炎药，如美洛昔康
C. 免疫抑制剂，如类固醇或环孢菌素
D. 有良好透皮性的抗生素，如头孢氨苄

63. 弥散性组织细胞性肉瘤（又称“恶性组织细胞增多病”）常见于犬的哪个品种?
A. 德国牧羊犬
B. 拳师犬
C. 伯恩山犬
D. 西高地白㹴

64. 猫肥大细胞瘤中，哪一型的浸润性最强?
A. 皮肤密集性肥大细胞性肥大细胞瘤
B. 皮肤弥散性肥大细胞性肥大细胞瘤
C. 皮肤组织细胞性肥大细胞瘤
D. 内脏型肥大细胞瘤

65. 有关犬乳腺肿瘤，下列说法中正确的是:
A. 在母犬第一次发情前进行绝育并不能预防恶性乳腺肿瘤的发生
B. 在母犬生育一窝幼犬后进行绝育可有效预防恶性乳腺肿瘤的发生
C. 在母犬第一次发情前进行绝育可有效降低恶性乳腺肿瘤的发病率
D. 母犬的乳腺肿瘤大多为良性

66. 下列恶性乳腺肿瘤中，哪种的恶性潜能最高?
A. 非浸润性癌
B. 复合癌
C. 单纯癌
D. 炎性癌

67. 下图显示的为某肿瘤患犬的一簇肿瘤细胞。这些细胞提示何种肿瘤?
A. 恶性上皮细胞肿瘤
B. 良性上皮细胞肿瘤
C. 间质性肿瘤
D. 圆形细胞肿瘤

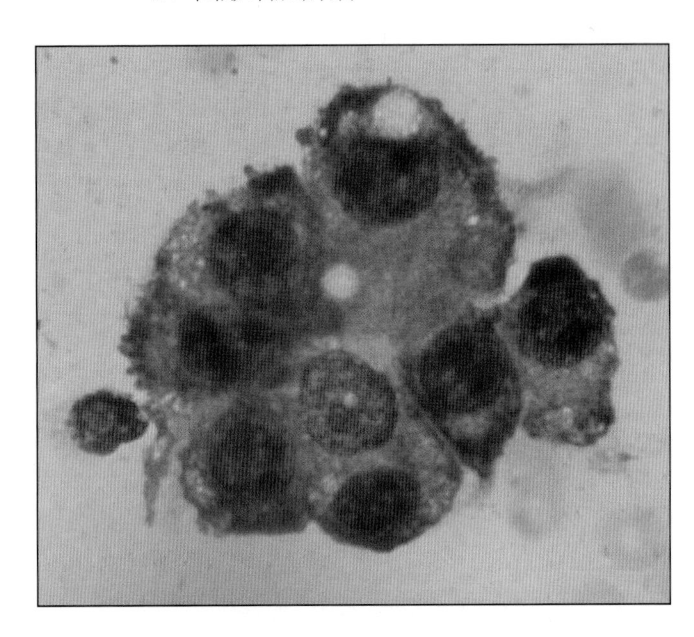

68. 下列哪种化疗药物经多次使用后最易引发过敏反应?
A. 长春新碱
B. L-天门冬酰胺酶
C. 米托蒽醌
D. 泼尼松龙

69. 哪类犬最易发生鼻腔肿瘤?
A. 中年到老年的长头犬
B. 幼年的长头犬
C. 幼年的短头犬
D. 中年到老年的短头犬

70. 在诊断出急性粒细胞性白血病后，犬的平均生存期约为多久?

A. 3d
B. 3周
C. 3月
D. 3年

71. 下列哪项不是兔子宫腺癌的常见表现?
A. 血尿
B. 体重减轻
C. 排便减少
D. 咳嗽

72. 何种品种的犬更易发生前列腺癌?
A. 德国牧羊犬
B. 拳师犬
C. 弗兰德牧羊犬
D. 爱尔兰猎狼犬

73. 有关骨肉瘤，下列说法中正确的是:
A. 四肢骨骨肉瘤最常见于中年到老年的大型犬
B. 四肢骨骨肉瘤最常见于幼年的大型犬
C. 肋骨骨肉瘤最常见于老年的大型犬
D. 肋骨骨肉瘤不是恶性肿瘤

74. 有关猫骨肉瘤，下列说法中正确的是:
A. 猫骨肉瘤通常为良性的
B. 猫骨肉瘤是恶性的，但转移潜能比犬骨肉瘤要低得多
C. 猫骨肉瘤是猫的常见疾病
D. 为获得更长的生存期，猫骨肉瘤需进行积极的治疗，即截肢，并在术后辅以放疗和化疗

75. 猫的趾部肿瘤常为:
A. 原发的良性肿瘤，并无大碍
B. 原发的恶性肿瘤，转移潜能较低
C. 原发的恶性肿瘤，转移潜能较高
D. 转移性疾病，原发肿瘤在远处

76. 异种DNA疫苗对于哪种肿瘤的治疗有效?
A. 注射部位肉瘤
B. 乳腺癌
C. 口腔黑色素瘤
D. 多中心性淋巴瘤

77. 犬最常发生趾部的恶性肿瘤为:
A. 骨肉瘤、肥大细胞瘤、皮肤淋巴瘤
B. 鳞状上皮癌、恶性黑色素瘤、软组织肉瘤
C. 骨肉瘤、鳞状上皮癌、恶性黑色素瘤
D. 皮肤淋巴瘤、肥大细胞瘤、软组织肉瘤

78. 结肠腺癌切除后，用端-端吻合术闭合创口时，推荐使用哪种缝合材料?
A. 聚丙烯线
B. 单丝尼龙线
C. 巨卡普隆线
D. 聚二氧六环酮线

79. 有关猫注射部位肉瘤，下列说法中正确的是:
A. 它的表现与低级别的软组织肉瘤相似，切除时，切缘距肿瘤的距离应为2cm
B. 用针芯或切开活组织检查诊断后，进行切除时，切缘距肿瘤的距离应至少为2cm
C. 它的表现与高级别的软组织肉瘤相似，需用切除活组织检查进行诊断
D. 进行边缘性切除后，通常预后良好

80. 犬鼻腔肿瘤的最佳治疗方法为:
A. 化疗
B. 冷冻手术
C. 放疗
D. 手术

81. 多柔比星对犬可产生何种副作用?
A. 肝脏毒性
B. 肾脏毒性
C. 心脏毒性

D. 神经毒性

82. 洛莫司汀（CCNV）对犬可产生何种副作用?
   A. 肝脏毒性
   B. 肾脏毒性
   C. 心脏毒性
   D. 神经毒性

83. 流式细胞术对于何种疾病的诊断非常有效?
   A. 淋巴细胞肿瘤
   B. 上皮细胞肿瘤
   C. 间质类肿瘤
   D. 骨髓纤维化

84. 源于大肠（结肠）腹泻的全身性表现，下列说法中正确的是?
   A. 排便次数减少、便血、便中常见黏液
   B. 排便次数增多、便血、便中常见黏液
   C. 排便次数正常，常无血便和黏液样便
   D. 体重减轻、常见低蛋白血症

85. 犬小肠腺癌的何种特性对于评估预后有重要的作用?
   A. 原发肿瘤的大小
   B. 肿瘤在小肠内的发生部位
   C. 有无淋巴转移
   D. 患癌病犬出现呕吐

86. 判断再生与非再生性，下列指标中哪个最重要?
   A. 网织红细胞的百分比
   B. 网织红细胞的绝对值
   C. 红细胞的多染性
   D. 红细胞大小不等的程度

87. 犬的间质类肿瘤中，哪种最常引发脑部的转移性疾病?
   A. 口腔纤维肉瘤
   B. 皮肤血管肉瘤
   C. 脾脏血管肉瘤
   D. 脂肪肉瘤

88. 犬最常发生的睾丸肿瘤为:
   A. 精原细胞瘤
   B. 支持细胞瘤
   C. 间质细胞瘤
   D. 畸胎瘤

89. 临床上发生猫注射部位肉瘤时，最需关注的问题是:
   A. 它可以发生广泛的局部浸润，故很难完全切除
   B. 它有坚硬的纤维囊，故很难完全切除
   C. 猫的免疫应答减弱，故术后易感染
   D. 肿瘤距离脊髓很近，故患猫在术后需进行镇痛

90. 顺铂是一种十分有效的化疗药物，可用于许多不同种类的肿瘤性疾病。有关顺铂的使用，下列哪项是不正确的?
   A. 顺铂的代谢产物经肾脏排泄，并在尿液中达到高浓度，意味着在给药24h后需收集尿液并以细胞毒性废物的标准进行处理
   B. 顺铂会引发严重的呕吐，每次使用时均需给予止吐药
   C. 与卡铂相比，顺铂的肾毒性不高，因此给药时无须使用静脉注射液
   D. 猫使用顺铂后会发生急性肺水肿，因此不推荐将其应用于猫

91. 经吡罗昔康和米托蒽醌治疗后，膀胱移细胞癌患犬的平均无病生存期约为:

A. 19d
B. 190d
C. 290d
D. 390d

92. 在治疗犬附肢骨肉瘤时，与只进行截肢相比，使用截肢并辅以化疗的治疗手段可使患犬的生存期增加约：
A. 4倍
B. 3倍
C. 2倍
D. 生存期不会增加

93. 有关猫附肢骨肉瘤，下列说法中正确的是：
A. 猫附肢骨肉瘤是一种浸润性的恶性肿瘤，无论使用何种治疗手段，生存期都不长，因此与犬附肢骨肉瘤相比，猫附肢骨肉瘤是一种浸润性更强的肿瘤
B. 猫附肢骨肉瘤是一种浸润性的恶性肿瘤，尽管进行截肢并辅以化疗，肿瘤转移仍然时常发生，导致与附肢骨肉瘤患犬生存期相似
C. 猫附肢骨肉瘤是一种潜在的恶性肿瘤，然而截肢后，患猫的生存期一般比骨肉瘤患犬要长，因此，在无严重继发转移的前提下，通常需考虑进行治疗
D. 目前尚无猫附肢骨肉瘤的相关报道

94. 犬口腔恶性黑色素瘤的生存期很短，最主要的原因为：
A. 原发肿瘤复发快，导致食欲不振和恶病质
B. 肿瘤对放疗的敏感性非常低
C. 该肿瘤的高转移率
D. 有效的化疗药物都有毒性不良反应

95. 下列肺部的肿瘤性疾病，哪种在化疗后可产生良好的缓解？
A. 原发性支气管癌
B. 肺淋巴瘤
C. 间皮瘤
D. 肺淋巴瘤样肉芽肿

96. 胸腔内化疗对于哪种肿瘤性疾病是一种有效的治疗方法？
A. 原发支气管癌
B. 恶性胸腔积液
C. 胸腺淋巴瘤
D. 无法切除的肺肿瘤

97. 经手术切除后，哪种类型的结肠肿瘤病例的生存期最长？
A. 犬结肠的胃肠道间质瘤
B. 犬结肠腺癌
C. 猫结肠腺癌
D. 猫结肠肥大细胞瘤

98. 在进行犬脾脏肿瘤的组织病理学检查时，非恶性肿瘤所占的百分比约为多少？
A. 25%
B. 45%
C. 65%
D. 85%

99. 在淋巴瘤或肛门囊腺癌等疾病中，引发恶性高钙血症的主要为哪种激素？
A. 甲状旁腺素
B. 降钙素
C. 1,25-二羟维生素D
D. 甲状旁腺激素相关肽

100. 有一只雄性、6岁的拉布拉多犬，主人在它的右前肢上发现了一块肿物。肿物直径约为2cm，触诊时发现它与深部组织相连，且游离性小。对肿物进行了细针抽吸检

查。检查结果是样本中细胞很少，少数可被识别形态的细胞如下图所示。若需给出一种诊断结果，那么下列选项中，可能性最大的是：

A. 肥大细胞瘤

B. 组织细胞瘤

C. 软组织肉瘤

D. 皮肤淋巴瘤

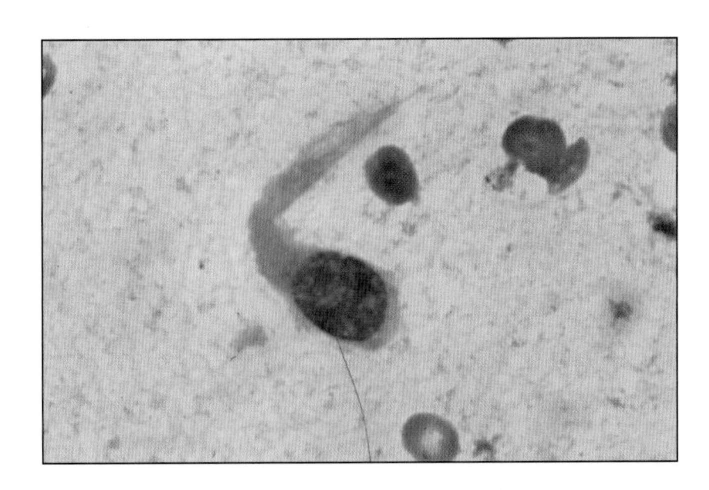

选择题答案

1. A
2. D
3. C
4. C
5. D
6. B
7. C
8. D
9. D
10. B
11. A
12. B
13. C
14. C
15. D
16. B
17. A
18. C
19. A
20. A
21. D
22. B
23. A
24. B
25. A
26. C
27. D
28. D
29. B
30. A
31. D
32. D
33. A
34. C
35. C
36. C
37. B
38. C
39. A
40. B
41. C
42. D
43. A
44. D
45. A
46. B
47. C
48. C
49. A
50. C
51. D
52. B
53. B
54. C
55. D
56. A
57. D
58. C
59. A
60. B
61. A
62. C
63. C
64. D
65. C
66. D
67. A
68. B
69. A
70. B
71. D
72. C
73. A
74. B
75. D
76. C
77. B
78. D
79. B
80. C
81. C
82. A
83. A
84. B
85. C
86. B
87. C
88. C
89. A
90. C
91. C
92. B
93. C
94. C
95. D
96. B
97. A
98. B
99. D
100. C

图书在版编目（CIP）数据

小动物肿瘤基础 / （英）罗柏·福勒（Rob Foale），（英）杰基·德美特拉（Jackie Demetriou）编著；董军主译. —北京：中国农业出版社，2019.11
（世界兽医经典著作译丛）
ISBN 978-7-109-20460-7

Ⅰ. ①小… Ⅱ. ①罗… ②杰… ③董… Ⅲ. ①兽医学—肿瘤学 Ⅳ. ①S857.4

中国版本图书馆CIP数据核字（2015）第097199号

北京市版权局著作权合同登记号：图字01-2016-6400号

中国农业出版社出版
（北京市朝阳区麦子店街18号楼）
（邮政编码100125）
责任编辑　弓建芳　王森鹤

北京通州皇家印刷厂印刷　　新华书店北京发行所发行
2019年11月第1版　　2019年11月北京第1次印刷

开本：889mm × 1194mm　1/16　印张：11.25
字数：265 千字
定价：180.00元